Werkstoffe im Bauwesen

Eduardus Koenders · Kira Weise · Oliver Vogt

Werkstoffe im Bauwesen

Einführung für Bauingenieure
und Architekten

Eduardus Koenders
Institut für Werkstoffe im Bauwesen
Technische Universität Darmstadt
Darmstadt, Deutschland

Kira Weise
Institut für Werkstoffe im Bauwesen
Technische Universität Darmstadt
Darmstadt, Deutschland

Oliver Vogt
Institut für Werkstoffe im Bauwesen
Technische Universität Darmstadt
Darmstadt, Deutschland

ISBN 978-3-658-32215-1   ISBN 978-3-658-32216-8   (eBook)
https://doi.org/10.1007/978-3-658-32216-8

Die Deutsche Nationalbibliothek verzeichnet diese Publikation in der Deutschen Nationalbibliografie; detaillierte bibliografische Daten sind im Internet über http://dnb.d-nb.de abrufbar.

Lektorat: Ralf Harms
Springer Vieweg ist ein Imprint der eingetragenen Gesellschaft Springer Fachmedien Wiesbaden GmbH und ist ein Teil von Springer Nature.
Die Anschrift der Gesellschaft ist: Abraham-Lincoln-Str. 46, 65189 Wiesbaden, Germany

Vorwort

Das Werk wurde als vorlesungsbegleitendes Skript für den Teil Baustoffkunde des Moduls „Werkstoffe im Bauwesen" an der Technischen Universität Darmstadt verfasst. Die Veranstaltung ist als Pflichtmodul Bestandteil der Bachelorstudiengänge Bauingenieurwesen und Geodäsie, Umweltingenieurwissenschaften sowie Wirtschaftsingenieurwesen mit der technischen Fachrichtung Bauingenieurwesen.

Das Buch richtet sich insbesondere an Studierende des Bau- und Umweltingenieurwesens, der Architektur sowie verwandten ingenieurwissenschaftlichen Disziplinen. Es kann als vorlesungsbegleitendes Lernmedium sowie im Selbststudium verwendet werden und dient Baupraktikern als nützliches Nachschlagewerk.

Die Mitautoren Koenders und Vogt danken Frau Weise für die Organisation und das enorme Engagement zur Realisierung dieses Werkes.

Darmstadt	Eduardus Koenders
im Oktober 2020	Kira Weise
	Oliver Vogt

Inhaltsverzeichnis

1 Beton

Bereits vor 7000 Jahren wurden erste betonähnliche Kompositbaustoffe (Verbundwerkstoffe) eingesetzt, wobei das vorteilhafte Zusammenfügen von Gesteinskörnung und Bindemittel vermutlich zufällig entdeckt wurde. An der Grenze zwischen dem heutigen Rumänien und Serbien wurden Überreste einer Zivilisation aufgefunden, die schon um ca. 5000 v. Chr. die Fußböden ihrer Hütten mit einer Art Mörtel ausstatteten. Der Weg bis zum heutigen Beton nahm seinen Ursprung um etwa 300 v.Chr. bei den Griechen in Süditalien. Sie bauten zwei Wände aus Natursteinen, zwischen die sie kleine und große Bruchsteine füllten und verdichteten. Darüber wurde ein Kalkmörtel gegossen, der die Materialien fest miteinander verband. Bernard Forest de Bèlidor, ein Bauingenieur aus Frankreich, beschrieb im 18. Jahrhundert eine Art Grobmörtel, aus Gesteinskörnung und hydraulischem Kalk, als „bèton" und prägte somit den Namen dieses Baustoffes. [1]

> **Beton** ist ein Baustoff, der durch Mischen von Zement, grober und feiner Gesteinskörnung und Wasser, mit oder ohne Zugabe von Zusatzmitteln und Zusatzstoffen oder Fasern, hergestellt wird und seine Eigenschaften durch Hydratation des Zements erhält. (DIN EN 206)
> **Mörtel** ist als Beton mit einem Größtkorn (D_{max}) von 4 mm definiert. (DIN EN 206)

Beton und Mörtel sind bis heute die meist verwendeten Stoffe im Bauwesen und folglich für den Bauingenieur von besonderer Bedeutung.

Das erste Kapitel dieses Vorlesungsskriptes dient der ausführlichen Beschreibung des Verbundwerkstoffs Beton. Hierzu werden in den nachfolgenden Kapiteln zunächst die Ausgangsstoffe erklärt. Sie umfassen neben dem Zugabewasser insbesondere das Bindemittel, die Gesteinskörnung und optional Zusatzstoffe und Zusatzmittel. Anschließend werden die Eigenschaften und Prüfverfahren von Frisch- und Festbeton erläutert. Das darauf folgende Kapitel dient der Beschreibung und Kategorisierung von Umwelteinflüssen, denen Betonbauteile ausgesetzt sein können und die bei der Rezepturentwicklung des Betons anhand von Expositionsklassen berücksichtigt werden müssen. Das Vorgehen bei der Entwicklung der Betonzusammensetzung und die Berechnung der jeweiligen Anteile der Ausgangsstoffe, zum Erreichen von bestimmten Betoneigenschaften, werden im Kapitel Mischungsentwurf beschrieben.

© Der/die Herausgeber bzw. der/die Autor(en), exklusiv lizenziert durch
Springer Fachmedien Wiesbaden GmbH, ein Teil von Springer Nature 2020
E. Koenders et al., *Werkstoffe im Bauwesen*,
https://doi.org/10.1007/978-3-658-32216-8_1

1.1 Mineralische Bindemittel

Die ältesten Bindemittel, die zum Bauen verwendet wurden, waren vermutlich Ton und Lehm. Menschen errichteten Behausungen, wie beispielsweise Hütten, aus Ästen und füllten die entstandenen Zwischenräume mit nasser Erde. Dieses natürliche Bindemittel „erhärtet" durch Austrocknung und ist im luftgetrockneten Zustand relativ robust. Im Unterschied zu Bindemitteln die ihre Festigkeit durch Trocknungsprozesse erlangen, läuft bei der Erhärtung von mineralischen Bindemitteln, die heutzutage im Bauwesen eingesetzt werden, meist ein chemischer Prozess ab. [1]

Unter dem Begriff **Bindemittel** sind Stoffe zu verstehen, die primär dazu dienen, eine Vielzahl separater Partikel oder Fasern miteinander zu verbinden und auf diese Weise einen Teilchen- oder Faserverbundwerkstoff zu erzeugen. Dabei werden die Vorteile der jeweiligen Komponenten hinsichtlich eines spezifischen Anwendungszwecks miteinander kombiniert.

Ein Beispiel für einen Verbundwerkstoff ist Beton. Das Bindemittel Zement reagiert mit dem Zugabewasser zu einer festen Bindemittelmatrix, dem sogenannten Zementstein. Dieser dient primär dazu, die Gesteinskörnung miteinander zu verbinden. Somit liegt ein Verbundwerkstoff, bestehend aus den Komponenten Gesteinskörnung und Zementstein vor. Dabei werden die Vorteile beider Komponenten in betontechnologischer und ökonomischer Hinsicht genutzt. Gesteinskörnung ist deutlich kostengünstiger als Zement und hat in der Regel einen höheren E-Modul, sodass Kräfte in einem Normalbeton hauptsächlich über das Gesteinsgerüst abgetragen werden. Der Zementstein wiederum dient nicht nur dem Zusammenhalt der Gesteinskörnung, sondern auch dazu, dem Beton einen erhöhten pH-Wert (>13) zu verleihen. Durch das alkalische Milieu wird die Stahlbewehrung im Beton vor Korrosion geschützt. Dieses Beispiel zeigt, dass die jeweiligen Vorteile unterschiedlicher Komponenten in einem Verbundwerkstoff durch den Einsatz von Bindemittel miteinander kombiniert und auf einen spezifischen Anwendungszweck hin abgestimmt werden können. Dieses Erfolgsrezept hat dazu geführt, dass Verbundwerkstoffe – gemessen an ihrer Baumasse und an ihren Bauvolumina – die heute weltweit meistverwendeten Baustoffe darstellen.

Die Abgrenzung des Bindemittels vom klassischen Kleber erfolgt anhand von zwei wesentlichen Unterschieden:

- das Verfahren, mit dem das Bindemittel bzw. der Kleber in das System eingebracht wird (Mischen bzw. gezieltes Auftragen) und
- die Lage der ursprünglichen Feststoffkomponenten im Verbundsystem (vollständig umschlossene Bestandteile versus an bestimmten Oberflächen miteinander verklebte Bauteile).

Bindemittel werden mit Stoffen wie zum Beispiel Partikeln, Fasern und weiteren Komponenten (bspw. Wasser) gemischt, sodass sie diese Bestandteile vollständig umhüllen. Kleber hingegen werden gezielt auf den Oberflächen zweier oder mehrerer Bauteile aufgetragen, um diese miteinander zu verbinden. So werden beispielsweise Holzlagen kreuzweise miteinander verklebt, um den Verbundwerkstoff Sperrholz herzustellen.

Mit Bindemitteln lassen sich somit ausschließlich Teilchen- und Faserverbundwerkstoffe herstellen, mit Klebern hingegen auch Schichtverbundwerkstoffe.

1.1.1 Klassifizierung von Bindemitteln

Bindemittel können in mineralische und organische Bindemittel unterteilt werden. Organische Bindemittel wie beispielsweise Bitumen oder natürliche und künstliche Harze sind nicht Bestandteil dieses Skriptes, da im Bauwesen überwiegend mineralische Bindemittel eingesetzt werden. Diese sind, wie der Name schon sagt, mineralischen Ursprunges und werden nach den Bedingungen kategorisiert, die sie für das Abbinden bzw. Erhärten benötigen. Sie werden in nicht-hydraulische, hydraulische, latent-hydraulische und puzzolanische Bindemittel unterteilt (Tabelle 1.1).

> Die Verwendung des Begriffs hydraulisch im Sinne der Bauchemie unterscheidet sich wesentlich von der Bedeutung in der Physik. **Hydraulisch** in der Bauchemie steht zum einen für wasserbindend und zum anderen für wasserfest. [2]

Nicht-hydraulische Bindemittel wie Gips und Kalk erhärten nur an der Luft. Im ausgehärteten Zustand sind sie nicht wasserbeständig und werden daher bevorzugt im Innenbereich eingesetzt. Aufgrund der niedrigen bis mittleren Festigkeit ist der Einsatz für tragende Bauteile begrenzt. Die wesentlichen Vorteile sind die relativ gute Verarbeitbarkeit und Oberflächenqualität im erhärteten Zustand, weshalb sie hauptsächlich als Innenputz, Estrich und für Stuckarbeiten eingesetzt werden.

Hydraulische Bindemittel wie hydraulischer Kalk und Zement erhärten sowohl an der Luft als auch unter Wasser. Sie sind wasserbeständig und erreichen deutlich höhere Festigkeiten. Zement hat gegenüber hydraulischem Kalk den Vorteil, dass er wesentlich schneller abbindet und erhärtet. Hierin ist wohl die entscheidende Ursache dafür zu sehen, dass Zement heutzutage das meistverwendete Bindemittel im Bauwesen darstellt.

Tabelle 1.1:   Klassifizierung mineralischer Bindemittel

	Nicht hydraulisch	Hydraulisch	Latent-hydraulisch	Puzzolanisch
Eigenschaften und Besonderheiten	Benötigen CO_2 aus der Luft und Wasser (H_2O) zum Erhärten Erhärtung nur an der Luft, nicht unter Wasser möglich Nicht wasserbeständig	Benötigen Wasser (H_2O) zum Erhärten Erhärtung an der Luft und unter Wasser möglich	Reagieren hydraulisch, wenn sie angeregt werden (bspw. mit $Ca(OH)_2$)	Besitzen reaktionsfähiges SiO_2 und reagieren mit $Ca(OH)_2$ zu CSH-Phasen Ohne $Ca(OH)_2$ findet keine Festigkeits-entwicklung statt
Erhärtungs-bedingungen	CO_2 und H_2O	H_2O	Anreger und H_2O	H_2O und $Ca(OH)_2$
Wasser-beständigkeit	nein	ja	ja	ja
Festigkeit	gering	hoch	hoch	festigkeits-steigernd
Beispiele	Gips Luftkalk Magnesiabinder Anhydrit	Hydraulischer Kalk Portlandzement	Hüttensand Sehr kalkreiche Flugasche Sehr kalkreiches Ziegelmehl	Flugasche Silicastaub Metakaolin Ziegelmehl Kieselgur Vulkanische Gesteine

Latent-hydraulische und **puzzolanische Bindemittel** werden in der Regel nicht als eigenständige Bindemittel, sondern in Kombination mit Zement eingesetzt. In diesem Zusammenhang werden sie auch als Zusatzstoffe bezeichnet. Latent-hydraulische Zusatzstoffe, wie Hüttensand und sehr kalkreiche Ziegelmehle, werden im Gegensatz zu puzzolanischen Stoffen in

Verbindung mit Wasser fest. Sie entwickeln jedoch erst dann bautechnisch relevante Festigkeiten, wenn sie durch das alkalische Porenwasser im Zementstein zur Reaktion angeregt werden. Dabei bleibt der pH-Wert des Gesamtsystems weitgehend konstant und die Bewehrung im Beton ist weiterhin vor Korrosion geschützt. Anders verhält es sich mit Puzzolanen wie beispielsweise Flugasche, Silicastaub und Metakaolin, welche reaktionsfähiges Siliciumdioxid (SiO_2) enthalten. Diese Zusatzstoffe gehen eine chemische Reaktion mit dem für die Alkalität des Betons verantwortlichen Calciumhydroxid ($Ca(OH)_2$) ein. Da während dieser Reaktion Calciumhydroxid chemisch gebunden bzw. verbraucht wird, sinkt der pH-Wert des Betons, was im ungünstigsten Fall zur Korrosion der Bewehrung führen kann. Sowohl die Reaktionsprodukte latent-hydraulischer Stoffe als auch diejenigen der Puzzolane sind wasserbeständig und erreichen zum Teil hohe Festigkeiten.

Eine Unterteilung hinsichtlich des Erhärtungsverhaltens kann auch über das Verhältnis von Calciumoxid zu Siliciumdioxid erfolgen (Tabelle 1.2, Abbildung 1.1). Hydraulisch erhärtende Stoffe sind durch einen hohen Gehalt an Calciumoxid und einen entsprechend geringeren Gehalt an Siliciumdioxid gekennzeichnet. Demgegenüber weisen Puzzolane einen sehr hohen Anteil an reaktionsfähigem Siliciumdioxid auf. Der Calciumoxid Gehalt von puzzolanisch reagierenden Stoffen ist so gering, dass im Vergleich zu latent-hydraulischen Stoffen keine eigene Erhärtungsreaktion stattfinden kann. Für die Reaktivität von Puzzolanen ist das Vorhandensein von Calciumhydroxid, beispielsweise aus der Zementhydratation, notwendig.

Tabelle 1.2:   Einteilung von Stoffen über das Verhältnis CaO/SiO_2

CaO/SiO_2	Bezeichnung	Erhärtungsverhalten
< 0,5	Puzzolanisch	Keine eigenständige Erhärtung
≤ 1,5	Latent-hydraulisch	In vertretbarem Zeitraum keine technisch verwertbare Festigkeitsentwicklung
> 1,5	Hydraulisch	Eigenständige Erhärtung mit technisch nutzbaren Festigkeiten

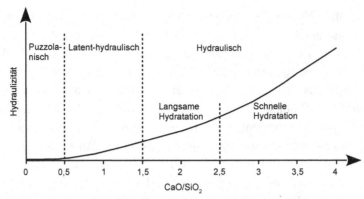

Abbildung 1.1:   Einteilung von Stoffen über das Verhältnis CaO/SiO_2

1.1.2 Gips

Gips zählt zu den ältesten Bindemitteln. Die früheste nachgewiesene Verwendung lässt sich auf etwa 9000 v. Chr. in Kleinasien zurückführen. In der Natur entstand der Gipsstein als Sediment durch Ausfällung aus verdunstendem Meerwasser. In Deutschland fand dieser Prozess vor ca. 200 bis 300 Millionen Jahren statt. Durch einen Brennvorgang wird dem Gipsstein das gebundene Wasser entzogen. Zur Herstellung von Baugips sind dabei Temperaturen von über 100 °C notwendig. Zur Verarbeitung wird anschließend wieder Wasser zugefügt. Dieser Herstellungsprozess wurde vor ca. 10.000 bis 20.000 Jahren wahrscheinlich zufällig entdeckt. Vermutet wird, dass beim Bau einer Kochstelle Gipsstein verwendet wurde, der unter der Hitze zu mürbem Pulver zerfiel. Dieses verband sich dann in Verbindung mit Regenwasser zu einem Brei, der beim Austrocknen eine harte Masse bildete. Selbst beim Bau der bekannten Sphinx in Ägypten um etwa 2.500 v. Chr. wurde Mörtel aus Gips und Kalk verwendet. [1]

Der Begriff **Gips** stammt von dem griechischen Wort „Gypos" ab und bezeichnet einerseits den natürlichen Rohstoff Gipsstein sowie andererseits das Bindemittel Gips. Bei dem Bindemittel Gips handelt es sich entweder um natürlichen Gipsstein, aus dem das Kristallwasser durch Brennen teilweise oder vollständig ausgetrieben wurde, oder um natürlich vorkommenden Anhydrit. Außerdem können Nebenprodukte aus technischen Prozessen als Baugipse eingesetzt werden (bspw. REA-Gips).

Zusammensetzung und Herstellung

Natürlicher Gipsstein ($CaSO_4 \cdot 2\,H_2O$) wird in Brechern zerkleinert und in Kugelmühlen zu einem feinen weißen Pulver gemahlen. Anschließend erfolgt das Brennen (Calcinieren) des Gipspulvers. Abhängig von der Brenntemperatur und dem Brennverfahren (Nass- oder Trockenbrennen) werden unterschiedliche Anteile des Kristallwassers ausgetrieben und es entsteht Calciumsulfat-Halbhydrat ($CaSO_4 \cdot \frac{1}{2}\,H_2O$) oder Anhydrit ($CaSO_4$) (Formeln 1.1.1 und 1.1.2). Diese beiden Gipsformen können wiederum hinsichtlich ihrer kristallinen Strukturen bedingt durch unterschiedliche Brennprozesse in α- und β-Phasen unterschieden werden. Der Unterschied beider Arten wird nachfolgend bei der Beschreibung der Brennverfahren erklärt. Wird dem gebrannten Gips Wasser zugegeben, so lagert sich ein Teil dieses Wassers wieder in den Kristallstrukturen ein. Dabei bilden sich Auswüchse auf den Gipspartikeln, die zu einem formschlüssigen Verbund zwischen den Partikeln führen und auf diese Weise festigkeitsbildend wirken.

Calciumsulfat-Halbhydrat:

$$CaSO_4 \cdot 2\,H_2O \rightarrow CaSO_4 \cdot \frac{1}{2}\,H_2O + \frac{3}{2}\,H_2O \qquad (1.1.1)$$

Calciumsulfat (Anhydrit):

$$CaSO_4 \cdot 2\,H_2O \rightarrow CaSO_4 + 2\,H_2O \qquad (1.1.2)$$

Abbildung 1.2 stellt den vollständigen Gipskreislauf vom Ausgangsstoff Gipsstein über den gebrannten Gips bis hin zum Endprodukt Calciumsulfat-Dihydrat dar. Zu beachten ist, dass der Ausgangsstoff lediglich in chemischer Hinsicht mit dem Endprodukt identisch ist. In physikalischer Hinsicht können abweichende Kristallstrukturen beispielsweise zu unterschiedlichen Festigkeiten und / oder Wasserlöslichkeiten führen.

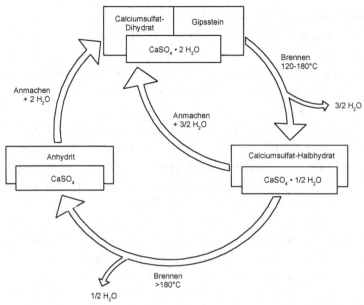

Abbildung 1.2:   Gipskreislauf

Die beiden grundlegend verschiedenen Brennverfahren (Nass- und Trockenbrennen) werden nachfolgend näher erläutert.

a) Trockenbrennen

Beim „Trockenbrennen" in einem Brennofen (bspw. in einem Drehrohrofen) entsteht bei Temperaturen zwischen 120 °C und 180 °C zunächst β-Halbhydrat ($CaSO_4 \cdot \frac{1}{2} H_2O$), das durch seine flockige Form und geringe Festigkeit gekennzeichnet ist. Bei weiterer Temperatursteigerung wird das restliche Kristallwasser ausgetrieben und es entsteht Anhydrit ($CaSO_4$) in unterschiedlichen Modifikationen (Anhydrit I, II und III). Anhydrit III, der unter Feuchteeinwirkung sehr leicht zu einem Halbhydrat übergeht, wird bei einer Temperatur von ca. 190 °C gebildet. Bei Temperaturen zwischen 300 °C und 500 °C entsteht Anhydrit IIs, wobei das s für schwerlöslich steht. Wird die Temperatur auf 500 °C bis 700 °C erhöht, so entsteht Anhydrit IIu, dessen Hydratationsprodukte in Wasser nahezu unlöslich (Index u) sind. Trotz dieser Eigenschaft wird Anhydrit IIu wie alle Gipse zu den nicht-hydraulischen Bindemitteln gezählt. Estrichgips, der ebenso nahezu wasserunlöslich ist, entsteht bei Temperaturen über 700 °C. Ein hochtemperaturmodifizierter Gips (Anhydrit I) wird bei ca. 1180 °C gebildet. Allgemein lässt sich festhalten: Je höher die

Brenntemperatur ist, desto geringer ist die Wasserlöslichkeit der Reaktionsprodukte.

b) Nassbrennen

Wird Gipsstein nicht wie beim Trockenbrennen an der freien Luft, sondern in einem Autoklaven unter Nassdampfatmosphäre „nass gebrannt", so entsteht bei Temperaturen zwischen 80 °C und 120 °C zunächst α-Halbhydrat ($CaSO_4 \cdot \frac{1}{2} H_2O$) mit einer dichten kristallinen Struktur, welcher als Ausgangsstoff für härtere Gipse, die nicht nur im Bauwesen, sondern beispielsweise auch in der Zahntechnik, zur Anwendung kommen. Dies zeigt, dass gewisse nicht-hydraulische Bindemittel, durchaus Festigkeiten erreichen können, die einen lastabtragenden Einsatz im Bauwesen legitimieren würden. Im Vergleich zu β-Halbhydrat hat α-Halbhydrat einen relativ geringen Wasseranspruch, benötigt jedoch deutlich mehr Zeit zum Abbinden. Im Autoklaven geht das Halbhydrat bereits bei einer Temperatur von ca. 110 °C in Anhydrit III ($CaSO_4$) über.

Eine Übersicht der Zusammenhänge zwischen Brenntemperatur, Brennverfahren und resultierender Calciumsulfat Verbindung gibt Tabelle 1.3. Die verschiedenen Reaktionsprodukte werden auch als Gipsbinder bezeichnet und besitzen insbesondere in Bezug auf die Verarbeitbarkeit und das Abbindeverhalten sehr unterschiedliche Eigenschaften.

Tabelle 1.3:   Übersicht der Gipse [3]

Formel	Bezeichnung	Form	Bildungstemperatur [°C]
$CaSO_4 \cdot 2 H_2O$	Calciumsulfat-Dihydrat		
$CaSO_4 \cdot \frac{1}{2} H_2O$	Calciumsulfat-Halbhydrat	α	80–120 nass
		β	120–180 trocken
$CaSO_4$	Anhydrit III	α	110 nass
		β	290 trocken
$CaSO_4$	Anhydrit II	AIIs (schwerlöslich)	300–500
		AIIu (unlöslich)	500–700
		AIIE (Estrichgips)	>700
$CaSO_4$	Anhydrit I		1180

Im Gegensatz zur Herstellung von Gips im Brennvorgang kann sogenannter REA-Gips (Gips aus Rauchgas-Entschwefelungsanlagen) auch synthetisch gewonnen werden. Diese Art von Gips fällt in Form von kristallinem Calciumsulfat-Dihydrat ($CaSO_4 \cdot 2H_2O$) als Nebenprodukt bei chemisch-technischen Prozessen in Rauchgas Entschwefelungsanlagen von Kohlekraftwerken an. Das im Rauchgas enthaltene Schwefeldioxid (SO_2) oxidiert in Verbindung mit Wasser zu Schwefelsäure (H_2SO_4) (Formel 1.1.3). Im weiteren Verlauf reagiert die Schwefelsäure mit zugegebenem Calciumhydroxid ($Ca(OH)_2$) zu Calciumsulfat-Dihydrat (Formel 1.1.4).

$$SO_2 + \frac{1}{2}\, O_2 + H_2O \rightarrow H_2SO_4 \tag{1.1.3}$$

$$H_2SO_4 + Ca(OH)_2 \rightarrow CaSO_4 \cdot 2\, H_2O \tag{1.1.4}$$

Durch eine entsprechende Prozessführung wird abschließend das Wasser aus dem Produkt ausgetrieben, sodass Calciumsulfat-Halbhydrat ($CaSO_4 \cdot \frac{1}{2}\, H_2O$) entsteht. Dieses kann als Rohstoff direkt verarbeitet werden und zeichnet sich durch eine hohe Reinheit aus. REA-Gips deckt etwa die Hälfte des Gipsbedarfes in Deutschland ab [4]. Begriffe und Anforderungen sowie Prüfverfahren für Gipsbinder und Gips-Trockenmörtel enthält die europäische Norm DIN EN 13279.

Hydratation

Wird Baugips in Wasser dispergiert bzw. „angemacht", so entsteht als verarbeitbare Masse der Gipsbrei. Die darin enthaltenen Gipspartikel lagern das während des Brennvorgangs ausgetriebene Kristallwasser wieder ein, es bilden sich Hydrate (Hydratationsprodukte) und das Volumen vergrößert sich um 0,2 % bis 1,0 %. Als Produkt geht Calciumsulfat-Dihydrat ($CaSO_4 \cdot 2H_2O$) hervor.

Als **Hydratation** wird im Allgemeinen die Anlagerung von Wasser an eine chemische Verbindung bezeichnet. Das dadurch gebildete **Hydrat** ist demnach die Verbindung eines chemischen Stoffes mit Wasser.

Auf den Oberflächen der Gipspartikel bilden sich während dieses Vorgangs nadelförmige Auswüchse, die ineinander verfilzen und so einen formschlüssigen Verbund zwischen den Gipspartikeln herstellen.

$$CaSO_4 + 2\, H_2O \rightarrow CaSO_4 \cdot 2\, H_2O \tag{1.1.5}$$

Je größer das Verhältnis der Wassermasse zur Gipsmasse, d.h. das Wasser-Bindemittel-Verhältnis (w/b-Wert) ist, umso mehr ungebundenes Wasser verbleibt zwischen den Partikeln. Dieses Überschusswasser verdunstet und hinterlässt Kapillarporen zwischen den Hydratationsprodukten, welche die Endfestigkeit herabsetzen. Ähnliches trifft auch auf jedes andere mineralische Bindemittel zu, das in Wasser dispergiert wird. Sowohl für Calciumsulfat-Halbhydrat (Formel 1.1.6) als auch für Anhydrit (Formel 1.1.7) existiert ein bestimmtes Wasser-Bindemittel-Verhältnis, bei dem rechnerisch der gesamte Gips hydratisiert, das gesamte Wasser im Kristallgitter gebunden wird und sich nahezu keine durch Wasserüberschuss bedingten Kapillarporen bilden.

Calciumsulfat-Halbhydrat:

$$\frac{w}{b} = \frac{1,5 \; H_2O}{CaSO_4 \bullet 0,5 \; H_2O} = \frac{1,5 \cdot 18,01 \; u}{145,15 \; u} = 0,19 \tag{1.1.6}$$

Calciumsulfat (Anhydrit):

$$\frac{w}{b} = \frac{2 \; H_2O}{CaSO_4} = \frac{2 \cdot 18,01 \; u}{136,14 \; u} = 0,26 \tag{1.1.7}$$

w: Masse Wasser
b: Masse Bindemittel
u: Atomare Masseneinheit = $1,66054 \cdot 10^{-24}$ g

Dieses Verhältnis lässt sich auf Grundlage der molaren Massen der Bestandteile bestimmen. Im Zähler (Wasser w) befindet sich jeweils die Menge an Wasser, die das Calciumsulfat-Halbhydrat bzw. das Anhydrit benötigt, um zu Calciumsulfat-Dihydrat zu reagieren. Im Nenner ist dann jeweils die Summenformel des Calciumsulfat-Halbhydrats bzw. des Anhydrits zu finden. Werden anstelle der Summenformeln die molaren Massen der Stoffe eingesetzt, so ergeben sich die obig beschriebenen Wasser-Bindemittel-Verhältnisse.

Bei diesen Werten ist zu beachten, dass sie eine perfekt homogene Verteilung der Gipspartikel im Wasser voraussetzen, da sonst das vorhandene Wasser nicht jeden Gipspartikel erreichen kann und folglich Gipspartikel unhydratisiert verbleiben. Diese Voraussetzung ist in der Realität nicht erfüllt, sodass in jedem Fall höhere w/b-Werte erforderlich sind. Es handelt sich also bei den oben angegebenen Werten um theoretische Werte, die bspw. zur Modellbildung oder zur näherungsweisen Vorhersage der Porosität herangezogen werden können. Maßgeblich für die Wahl des w/b-Wertes ist darüber hinaus in vielen Fällen nicht die Endfestigkeit, sondern die Verarbeitbarkeit des Gipsbreis. Aus diesem Grund werden in der Baupraxis für Gipse w/b-Werte zwischen 0,60 und 0,80 angesetzt. Niedrigere w/b-Werte bis zu 0,35 werden verwendet, wenn höhere Festigkeiten benötigt werden.

Porosität

In abgebundenem Gips sind in der Regel die aus dem überschüssigen Zugabewasser resultierenden Kapillarporen maßgeblich für die Porosität verantwortlich. Gelporen, bei denen es sich um die sehr kleinen Zwischenräume der auskristallisierten Gipskristalle handelt, sind hingegen von untergeordneter Bedeutung.

> Die **Porosität** entspricht dem Verhältnis des Porenvolumens zum Gesamtvolumen eines Feststoffes.

Stuckgips[1] weist in der Regel eine Trockenrohdichte von etwa 1000 kg/m^3 auf. Die Reindichte von Gipsstein (reiner Feststoff ohne Poreneinschlüsse) beträgt etwa 2200 kg/dm^3 bis 2400 kg/dm^3. Folglich setzt sich ein Kubikmeter Stuckgips aus etwa 433 dm^3 reinem Feststoff und 567 dm^3 Luft zusammen. Die Porosität beträgt somit 57 % (567 dm^3 / (433 dm^3 + 567 dm^3)). In Anbetracht dieser Größenordnung wird deutlich, dass die Festigkeit und Dauerhaftigkeit maßgeblich von der Porosität abhängen und sich, neben der Wahl des Gipses, mit dem Wasser-Bindemittel-Verhältnis (w/b-Wert) signifikant steuern lassen. Auch die Dichte des Materials hängt vom w/b-Wert ab, wie Abbildung 1.3 veranschaulicht. Dies lässt sich darauf zurückführen, dass mit steigendem w/b-Wert mehr Wasser im System verfügbar ist, welches nicht komplett zur Hydratation des Gipses verwendet wird. Das überschüssige Wasser, welches Kapillarporen im abgebundenen Gipsstein bildet, führt demzufolge zu einer geringeren Rohdichte.

Festigkeit

Zwischen dem Anmachen mit Zugabewasser und dem Abschluss der Kristallwasseraufnahme vergehen ca. 15 bis 20 Minuten, Gips ist daher ein relativ schnell erhärtenden Baustoff. Der Gipsstein hat nach dieser Dauer jedoch noch nicht seine Endfestigkeit erreicht, da physikalisch freies Wasser in den Kapillarporen bei Druckbeanspruchung einen hydrostatischen Druck

---

1   Siehe Tabelle 1.4.

gegen die Porenwand erzeugt. Dies führt zum früheren Versagen des Gipssteins. Nach der Aufnahme des Wassers hat Gipsstein ca. 40 % seiner Endfestigkeit erreicht. Der restliche Anteil wird nach der Verdunstung des Überschusswassers erreicht [5]. Die Festigkeit des Gipses hängt folglich, analog zu anderen Bindemitteln wie beispielsweise Zement, vom w/b-Wert ab. Je höher dieser Wert ist, umso geringere Festigkeiten werden im Allgemeinen erreicht.

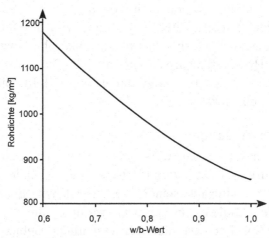

Abbildung 1.3:   Gips Rohdichte in Abhängigkeit vom w/b-Wert [5]

Weitere besondere Eigenschaften

Als besonders positiv ist die gute Brandschutzwirkung von Gipsbaustoffen zu nennen, die sich aus der Eigenschaft des Gipssteins ergibt, Wasser leicht abgeben zu können. Bei Wärmezufuhr reagiert Calciumsulfat-Dihydrat ($CaSO_4 \bullet 2\,H_2O$) unter Abgabe von Wasser zu Calciumsulfat-Halbhydrat ($CaSO_4 \bullet \tfrac{1}{2}\,H_2O$). Ab ca. 110 °C entwässert der Gips und es bildet sich Wasserdampf. Solange noch Wasser bzw. Wasserdampf im Gips vorhanden ist, kann die Temperatur des Gipses, und damit auch die Temperatur des vom Gips geschützten Bauteils, nicht höher als 110 °C steigen. Zudem bildet der Wasserdampf eine Schutzschicht zwischen dem Gipsbaustoff und der Wärmequelle.

Da Gips im Gegensatz zu Zementstein keine ausgeprägte Schwindneigung[2] besitzt, kann auf den Zusatz von grober Gesteinskörnung verzichtet werden. Infolge der pH-neutralen Eigenschaft des Gipses bildet dieser jedoch keinen

2   Als Schwinden wird die Volumenabnahme eines Stoffes infolge der Verringerung des Feuchtegehaltes bezeichnet.

Korrosionsschutz von Stahlbauteilen, wie dies beim Zementstein der Fall ist. Des Weiteren quellt Gips nach dem Anmachen, was bedeutet, dass das Volumen um etwa ein Prozent zunimmt. Diese Eigenschaft ist nützlich beim Verfüllen von Fugen und Hohlräumen, kann jedoch bei einer geometrischen Behinderung zu Schäden in Baumaterialien führen und muss demnach bei der Planung berücksichtigt werden. Außerdem ist Gips wasserlöslich und darf nicht in Verbindung mit hydraulischem Kalk oder Zement verwendet werden, da die Gefahr der Ettringitbildung besteht. Als Ettringit wird Trisulfat (Calciumaluminattrisulfat) bezeichnet, welches aus der Reaktion einer Sulfatlösung mit Tricalciumaluminat (Klinkerphase von Zement) und aluminathaltigen Hydratationsprodukten entsteht. Die Bildung von Ettringit geht mit einer Volumenvergrößerung einher, was zur Rissbildung im Beton bzw. Zementstein führen kann.

Produkte und Anwendungen

Baugipse werden meist als Sackware geliefert und lassen sich in trockener Umgebung circa drei Monate lagern [3]. Gips wird vor allem im Innenbereich verwendet, da er aufgrund seiner wasserlöslichen Eigenschaft keiner permanenten Feuchtigkeit ausgesetzt werden darf. Bezüglich der Anwendung von Gipsbinder werden drei wesentliche Gebiete unterschieden [3]:

- Direktanwendung auf der Baustelle
- Weiterverarbeitung in Platten und Bauteilen
- Verwendung für weitere pulverförmige Produkte, wie beispielsweise Gipstrockenmörtel

Im Bauwesen wird weiterhin unterschieden, ob dem Gips werksseitig Zusätze zugefügt wurden, um bestimmte Eigenschaften zu beeinflussen oder nicht. Ausgewählte Baugipse werden nachfolgend kurz vorgestellt.

Stuckgips beispielsweise ist Gips ohne werksseitig zugegebene Zusätze. Er besteht hauptsächlich aus β-Halbhydrat, ist reinweiß und wasserlöslich. Stuckgips lässt sich nur über eine kurze Dauer von etwa 10 bis 15 Minuten verarbeiten. Diese Art von Gips wird vor allem für Stuckarbeiten, Gipsplatten und zur Herstellung von Innenputz verwendet. Auch Putzgips ist ein Gips ohne Zusätze und besteht aus Anhydrit II und β-Halbhydrat. Der Abbindevorgang von Putzgips verläuft in der Regel jedoch etwas langsamer als bei Stuckgips. Verwendung findet er vor allem in Mörtel und in Wandputzen [3]. Auch Hartputzgips und Anhydrit-Binder gehören dieser

Kategorie an. Tabelle 1.4 gibt eine Übersicht über die beschriebenen Gipsprodukte.

Tabelle 1.4:   Übersicht über ausgewählte Baugipse ohne werksseitig beigegebene Zusätze

	Gipsart	Erhärtungszeit	Festigkeiten	Einsatzgebiete
Stuckgips	Halbhydrat	15 – 30 Min.	3-5 N/mm²	Stuck, Gipsbauplatten
Putzgips	Halbhydrat + Anhydrit	> 30 Min.	> 3 N/mm²	Wandputz, Mörtel
Hartputzgips	Halbhydrat	> 30 Min.	40-50 N/mm²	Putze, künstlicher Marmor
Anhydrit-Binder AB5 / AB20	Anhydrit	> 30 Min.	5-20 N/mm²	Estriche, Putze, Wandbausteine

Die zweite Kategorie bilden Gipse, denen werksseitig Zusätze, wie beispielsweise Sand, Fasern und Perlit, zugegeben werden. Durch die Zugabe der Additive können die Gipse für den jeweiligen Anwendugsfall modifiziert werden. Unterschieden wird zwischen Gips speziell für die maschinelle Verwendung (Gipsmaschinenputz), für die manuelle Verarbeitung (Gipshandputz) und zum Verfugen sowie Verspachteln (Spachtelgips). [3]

Aus Gips können außerdem Bauelemente hergestellt werden. Ein Beispiel hierfür sind Gipskartonplatten, ein Verbundbaustoff aus Gips und Karton, die insbesondere als nichttragende Innenwände und für Verkleidungen Verwendung finden. Sie bestehen aus einem Gipskern, der von Karton ummantelt ist. Die beidseitige Kartonage ist in der Lage, Zugkräfte aufzunehmen und verleiht der Gipskartonplatte folglich seine Biegesteifigkeit. Je nach Plattenart weisen Gipskartonplatten eine übliche Rohdichte von 750 kg/m³ bis 900 kg/m³ auf. Bei der praktischen Verarbeitung ist die Richtung der Kartonfasern zu beachten. Die Festigkeits- und Elastizitätseigenschaften der Platten sind in Richtung der Fasern am größten. Die Zugabe von Zellulosefasern in Gipsfaserplatten kann zudem erheblich die Stabilität der Produkte erhöhen. Gips wird außerdem zur Erstarrungsregelung bei der Zementherstellung verwendet (vgl. Kapitel 1.1.4).

1.1.3 Kalk

Der Begriff **Kalk** bezeichnet einerseits den natürlichen Ausgangsstoff Kalkstein (der überwiegend aus $CaCO_3$ besteht) bzw. die chemische Verbindung Calciumcarbonat ($CaCO_3$) sowie andererseits das Bindemittel Branntkalk (CaO) und Löschkalk ($Ca(OH)_2$).

Kalke für die Verwendung im Bauwesen sind Bindemittel, welche als Hauptbestandteile Calcium- und Magnesiumoxid (CaO, MgO) enthalten und / oder Calcium- und Magnesiumhydroxid ($Ca(OH)_2$, $Mg(OH)_2$). Eine Unterteilung findet in sogenannte Luftkalke und hydraulische Kalke statt (Abbildung 1.4). Eine weitere Gliederung der Luftkalke erfolgt in Weiß- und Dolomitkalk. Zusätzlich zu Calciumoxid (enthalten in Weißkalk) beinhaltet Dolomitkalk Magnesiumoxid. Eine Unterteilung der hydraulischen Kalke erfolgt in natürliche hydraulische, hydraulische und formulierte Kalke (vgl. Kapitel 1.1.3.2).

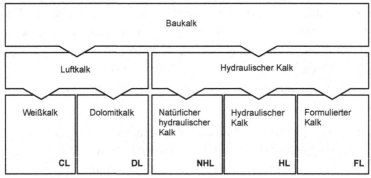

Abbildung 1.4:   Übersicht über die Kalkarten [3]

Luftkalke werden gemäß der europäischen Norm DIN EN 459-1 nach ihrem Mindestgehalt an Calcium- (CaO) und Magnesiumoxid (MgO) benannt, welcher notwendig ist, um ausreichende Festigkeiten zu erreichen (Tabelle 1.5). Luftkalk kann entweder in ungelöschter Form (Q - Löschkalk) vorliegen, der in Kontakt mit Wasser stark exotherm reagiert, oder als Kalkhydrat in Form eines Pulvers (S), Teiges (S PL) oder als Suspension bzw. Kalkmilch (S ML). Ungelöschter Kalk wird in verschiedenen Korngrößen von stückig bis feingemahlen hergestellt. Das Kurzzeichen EN 459-1 CL 90-S beispielsweise beschreibt einen Weißkalk als pulverförmiges Kalkhydrat mit einem Gehalt an Calcium- und Magnesiumoxid von über 90 Prozent.

Die Kennzeichnung der hydraulischen Kalke erfolgt nach deren Mindestdruckfestigkeit im Alter von 28 Tagen. Das Kurzzeichen HL 2 beschreibt folglich einen hydraulischen Kalk mit einer Druckfestigkeit zwischen 2 und 7 N/mm². Der Buchstabe L steht bei allen Kurzzeichen für die englische Bezeichnung des Kalksteins (lime, limestone). Zusätzlich zu den in Tabelle 1.5 gelisteten Eigenschaften (Oxidgehalt bzw. Druckfestigkeit) existieren weitere Anforderungen an die unterschiedlichen Kalkarten, die der europäischen Norm DIN EN 459-1 zu entnehmen sind.

Tabelle 1.5: Benennung der Kalkarten [3]

Benennung	Kurzzeichen	CaO + MgO [M.-%]	28-Tage Druckfestigkeit [N/mm²]	
Weißkalk 90	CL 90	≥ 90 (MgO ≤ 5)		
Weißkalk 80	CL 80	≥ 80 (MgO ≤ 5)		
Weißkalk 70	CL 70	≥ 70 (MgO ≤ 5)		
Dolomitkalk 90-30	DL 90-30	≥ 90 (MgO ≥ 30)		
Dolomitkalk 90-5	DL 90-5	≥ 90 (MgO > 5)		
Dolomitkalk 85-30	DL 85-30	≥ 85 (MgO ≥ 30)		
Dolomitkalk 80-5	DL 80-5	≥ 80 (MgO > 5)		
Hydraulischer Kalk 2	HL 2		≥ 2	≤ 7
Hydraulischer Kalk 3,5	HL 3,5		≥ 3,5	≤ 10
Hydraulischer Kalk 5	HL 5		≥ 5	≤ 15*
Natürlicher hydraulischer Kalk 2	NHL 2		≥ 2	≤ 7
Natürlicher hydraulischer Kalk 3,5	NHL 3,5		≥ 3,5	≤ 10
Natürlicher hydraulischer Kalk 5	NHL 5		≥ 5	≤ 15
Formulierter Kalk 2	FL 2		≥ 2	≤ 7
Formulierter Kalk 3,5	FL 3,5		≥ 3,5	≤ 10
Formulierter Kalk 5	FL 5		≥ 5	≤ 15

* Bis zu 20 N/mm² bei einer Schüttdichte von weniger als 0,90 kg/m³.

1.1.3.1 Luftkalk

Wann genau das Bindemittel Kalk entdeckt wurde, ist nicht bekannt. Bei der Herstellung von Kalk wird der natürlich vorkommende Kalkstein bei über 900 °C gebrannt. Beim anschließenden Löschen des sogenannten Branntkalkes mit Wasser kommt es zu einer heftigen chemischen Reaktion. Daraus lässt sich schließen, dass die Menschen schon in früher Zeit, beispielsweise beim Bau von Feuerstellen, auf dieses Phänomen aufmerksam wurden. Den mit dem Kohlenstoffdioxid aus der Luft erhärtenden festen Baustoff machten sich die Menschen schon damals zunutze. Um 5600 bis 5000 v. Chr. wurde erstmals nachweislich in Fußböden von Behausungen im Donauraum ein Gemisch aus Sand, Kies und gebranntem Kalk verwendet. Auch bei dem Bau der Zisternen von Jerusalem, die teilweise noch heute genutzt werden, wurde um 1000 v. Chr. Kalk als Bindemittel für Mörtel verwendet. Durch das Glätten der Oberfläche konnte eine hohe Wasserundurchlässigkeit erreicht werden [1]. Außerdem wurde Kalkmörtel für weite Teile der 8.851 m langen Chinesischen Mauer, die zwischen 214 v. Chr. und der Ming-Dynastie im 15. Jhd. errichtet wurde, verwendet. Diese Feststellung belegt nicht nur, dass das Bindemittel Kalk in unterschiedlichsten Kulturen Verwendung fand, sondern auch, dass es einen sehr dauerhaften Baustoff darstellt. Dem Kalkmörtel in China wurde angeblich zuweilen Reis zugegeben, um die Carbonatisierung zu beschleunigen. Weiterhin wurde das Bindemittel Kalk durch die Geschichte hinweg fast zu jeder Zeit zum "Kalken" von Wänden, Böden, Scheunen und Viehställen eingesetzt. Aufgrund seiner hohen Alkalität wurde damit der Bildung von Schimmelpilzen vorgebeugt und es diente in diesem Sinne als Desinfektionsmittel.

Luftkalk besteht überwiegend aus Calciumoxid oder Calciumhydroxid und erhärtet unter Einwirkung von Kohlenstoffdioxid aus der Luft. Dies ist darauf zurückzuführen, dass die Festigkeitsbildung von Luftkalk im Wesentlichen auf der Carbonatisierung beruht, welche Kohlenstoffdioxid benötigt (vgl. untenstehendes Kapitel Carbonatisierung). Baukalke dieser Gruppe weisen keine hydraulischen Eigenschaften auf und der Erhärtungsprozess verläuft sehr langsam. Luftkalke sind sehr fein und besitzen eine niedrige Schüttdichte. Sie zeichnen sich vor allem durch eine gute Verarbeitbarkeit, eine hohe Geschmeidigkeit und ein gutes Wasserrückhaltevermögen aus, sind jedoch im Vergleich zu hydraulischem Kalk nicht wasserbeständig. Dadurch sind sie für den Außenbereich nicht geeignet und kommen hauptsächlich als Innenputz zur Anwendung. Beispiele für Luftkalk sind Weiß- und Dolomitkalk (CL = Calcium Lime, DL = Dolomitic Lime). Während Weißkalk (CL) aus fast reinem Kalkstein (mit nahezu 100 % $CaCO_3$ Gehalt) gebrannt wird und somit fast ausschließlich aus Brannt- (CaO) bzw. Löschkalk ($Ca(OH)_2$) besteht, wird Dolomitkalk (DL) aus dem Mineral Dolomit ($CaMg(CO)_3$) gewonnen. Im Verlauf des Brennprozesses entsteht ein Kalk, der neben Brannt- und Löschkalk auch Magnesiumoxid (MgO) sowie Magnesiumhydroxid ($Mg(OH)_2$) enthält.

Zusammensetzung und Herstellung

Rohstoffe für die Herstellung von Luftkalk sind in der Natur vorkommender Kalkstein und, zur Herstellung von Dolomitkalk, Dolomit. Kalkstein wird über Tage abgebaut, in Brechern zerkleinert und zu Pulver gemahlen. Etwaige Verunreinigungen werden durch Waschen oder Sieben gelöst. Beim Brennen des Pulvers im Drehrohrofen gibt der Kalkstein Kohlenstoffdioxid frei und es entsteht Calciumoxid (CaO), welches auch als Branntkalk bezeichnet wird (Formel 1.1.8). Abhängig von der Brenntemperatur wird zwischen weich gebranntem Kalk (900 °C bis 1000 °C) und hart gebranntem Kalk (1000 °C bis 1400 °C) unterschieden. Branntkalk ist im Vergleich zu dem gräulichen Kalkstein weiß.

Bei der Zugabe von Wasser reagiert Branntkalk in einer exothermen Reaktion zu Calciumhydroxid (Ca(OH)$_2$), auch Löschkalk genannt (Formel 1.1.9). Löschen bezeichnet in diesem Prozess die Zugabe von Wasser zur Herbeiführung einer chemischen Reaktion. Infolge der exothermen Reaktion wird Energie in Form von Wärme freigesetzt.

$$CaCO_3 \rightarrow CaO + CO_2 \tag{1.1.8}$$

$$CaO + H_2O \rightarrow Ca(OH)_2 + \Delta T \tag{1.1.9}$$

ΔT: Freigesetzte Energie in Form von Wärme

Zudem findet in diesem Prozess eine signifikante Volumenzunahme statt. Abhängig von der Geschwindigkeit, mit der der Branntkalk nach der Zugabe von Wasser zu Löschkalk reagiert, wird weiterhin zwischen Weichbranntkalk (kürzer als zwei Minuten), Mittelbranntkalk (zwei bis sechs Minuten) und Hartbranntkalk (länger als sechs Minuten) unterschieden.

Carbonatisierung

Wird Löschkalk Wasser und Kohlenstoffdioxid aus der Luft ausgesetzt, so findet eine Erhärtungsreaktion statt, aus welcher der ursprüngliche Ausgangsstoff Calciumcarbonat (CaCO$_3$) hervorgeht. Diese sehr langsam ablaufende Erhärtungsreaktion wird auch als Carbonatisierung bezeichnet und lässt sich vereinfacht mit Formel 1.1.10 darstellen.

$$Ca(OH)_2 + CO_2 + H_2O \rightarrow CaCO_3 + 2H_2O \tag{1.1.10}$$

Die Carbonatisierung erfolgt in mehreren Teilschritten, welche nicht zwangsläufig nacheinander stattfinden, jedoch an dieser Stelle aus Gründen der Übersichtlichkeit separat dargestellt werden. Zunächst löst sich der nach dem Löschen von Kalk erhaltene Feststoff Calciumhydroxid (Löschkalk) im Porenwasser und erhöht dessen Alkalität. Calciumhydroxid selbst ist nicht alkalisch, infolge der Ionenabgabe von Calciumhydroxid in Wasser ergibt sich jedoch ein alkalisches (basisches) Porenwasser (Formel 1.1.11). Weiterhin löst sich Kohlenstoffdioxid aus der Luft im Porenwasser und Kohlensäure (H_2CO_3) entsteht (Formel 1.1.12). Würde stark kohlensäurehaltiges Wasser zum Löschen von Kalk verwenden werden, so würde die Carbonatisierung auch ohne Kohlenstoffdioxid aus der Luft einsetzen. Im letzten Schritt reagiert Calciumhydroxid mit Kohlensäure und es entsteht Calciumcarbonat ($CaCO_3$) (Formel 1.1.13).

$$Ca(OH)_2 \rightarrow Ca^{2+} + 2\,OH^- \qquad\qquad (1.1.11)$$

$$CO_2 + H_2O \text{ (alkalisch)} \rightarrow H_2CO_3 \qquad\qquad (1.1.12)$$

$$Ca(OH)_2 + H_2CO_3 \rightarrow CaCO_3 + 2\,H_2O \qquad\qquad (1.1.13)$$

Die Carbonatisierung ist beim Bindemittel Kalk eine gewünschte Reaktion und Teil des Erhärtungsprozesses (Abbildung 1.5).

In zementgebundenen Baustoffen hat dieser Mechanismus jedoch negative Auswirkungen, da durch die Carbonatisierung das für die alkalische Porenlösung verantwortliche Calciumhydroxid in Calciumcarbonat umgewandelt wird. Dadurch reduziert sich der pH-Wert des Systems und die für den Korrosionsschutz der Betonstahlbewehrung erforderliche Passivierungsschicht wird abgebaut (siehe Kapitel 2.5). Aus den obig aufgeführten Reaktionen ist ersichtlich, dass die Carbonatisierung nur dann stattfindet, wenn Kohlenstoffdioxid und Wasser vorhanden sind. Kohlenstoffdioxid ist in der Luft enthalten. Wasser kann als Feuchte in der Luft vorliegen, oder direkt (bspw. durch Beregnung) auf eine Bauteiloberfläche auftreffen. Zusammengefasst kann der Herstellungsprozess von Branntkalk und Löschkalk aus Calciumcarbonat, sowie der Prozess der Carbonatisierung in einem Kalkkreislauf dargestellt werden (Abbildung 1.5).

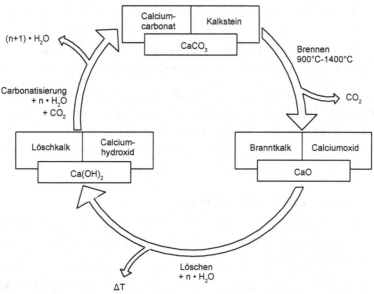

Abbildung 1.5:   Kalkkreislauf

1.1.3.2 Hydraulischer Kalk

*Als Vorläufer des heutigen Zements gilt der römische „opus caementitium",
der auch Romanzement genannt wird und bei dem es sich im eigentlichen
Sinne nicht um einen Zement, sondern um einen hydraulischen Kalk handelt.
Dieses Bindemittel wurde aus einem Gemisch von gebranntem Kalk (CaO)
und natürlichen Puzzolanen (SiO$_2$) hergestellt. Als Puzzolan wurde
Vulkanasche verwendet, die unter anderem in der Nähe des italienischen
Ortes Putuoli am Vesuv abgebaut wurde - daher die Bezeichnung Puzzolan.
Die Verwendung von Romanzement hatte den entscheidenden Vorteil, dass
fortan Bauwerksgeometrien relativ einfach hergestellt werden konnten, für
die zuvor Naturstein in aufwendiger Weise bearbeitet werden musste.
Mittels des römischen Zements wurden nicht nur Putze und Verkleidungen
hergestellt, sondern ebenfalls Mauern und Gewölbe realisiert, indem zwei
Außenschalen aus Naturstein mit einem Mörtel verfüllt wurden
(Schalenmauerwerk, opus implectum). Zudem war es möglich, weitgespannte
Konstruktionen und wasserdichte Aquädukte herzustellen. [1]*

Hydraulischer Kalk unterscheidet sich von Luftkalk dahingehend, dass
neben Calciumhydroxid bzw. Calciumoxid (Luftkalk) sogenannte
Klinkermineralien, ähnlich wie im Portlandzement, enthalten sind. Die
Klinkermineralien gelangen entweder durch das Brennen von Mergel

(Kalkstein und Tonminerale) in den hydraulischen Kalk oder werden dem Luftkalk in Form von Zusatzstoffen zugegeben. Je nach Herstellungsverfahren werden hydraulische Kalke (HL), formulierte Kalke (FL) und natürliche hydraulische Kalke (NHL) unterschieden.

Die Erhärtungseigenschaften von hydraulischem Kalk liegen zwischen denen von Luftkalk und Zement. Neben der carbonatischen Erhärtung (Luftkalk) findet ein hydraulischer Erhärtungsprozess (Zement) durch die enthaltenen Klinkermineralien statt. Dank dieser hydraulischen Eigenschaft bilden sie ein sehr festes und wasserunlösliches Gefüge aus.

Zusammensetzung und Herstellung

Hydraulische Kalke enthalten zusätzlich zu Calciumhydroxid (bzw. Calciumoxid) die folgenden Klinkermineralien (Tabelle 1.6), welche auch in Zement enthalten sind.

Die Klinkermineralien können dem Kalk auf zwei verschiedene Arten beigefügt werden, wobei das Zugabeverfahren die Bezeichnung bzw. Eigenschaften des Kalks bestimmt. Generell wird bei den hydraulischen Kalken nach DIN EN 459-1 zwischen dem hydraulischen Kalk (HL), dem natürlichen hydraulischen Kalk (NHL) und dem formulierten Kalk (FL) unterschieden.

Tabelle 1.6:   Klinkermineralien in hydraulischem Kalk

Bezeichnung	Chemische Formel	Kurzschreibweise
Tricalciumaluminat	$3\,CaO \cdot Al_2O_3$	C_3A
Tetracalciumaluminatferrit	$4\,CaO \cdot Al2O_3 \cdot Fe_2O_3$	C_4AF
Dicalciumsilicat	$2\,CaO \cdot SiO_2$	C_2S

Um **hydraulische Kalke (HL)** herzustellen, wird Luftkalk werksseitig mit Materialien wie Zement, Hochofenschlacke, Flugasche, Kalksteinmehl und anderen geeigneten Materialien gemischt. Hydraulischer Kalk erstarrt und erhärtet unter Wasser. Atmosphärisches Kohlenstoffdioxid trägt zum Erhärtungsprozess bei (Carbonatisierung).

Formulierter Kalk (FL) besteht hauptsächlich aus Luftkalk (CL) und / oder natürlichem hydraulischen Kalk (NHL) mit Zusätzen aus anderem hydraulischen und / oder puzzolanischen Material. Er erstarrt und erhärtet nach Mischen mit Wasser. Die Erhärtung erfolgt zusätzlich durch die Reaktion mit atmosphärischem Kohlenstoffdioxid (Carbonatisierung). Im

Gegensatz zu den anderen beiden beschriebenen Arten von hydraulischem Kalk muss der Hersteller die genaue Zusammensetzung von formuliertem Kalk angeben (vgl. DIN EN 459-1 Anhang D).

Bei den **natürlichen hydraulischen Kalken (NHL)** wird anstelle von „reinem" Kalkstein sogenannter Mergel gebrannt. Mergel besteht aus Calciumcarbonat ($CaCO_3$) und Tonmineralen. Beim Brennen des Gemisches bei Temperaturen von etwa 1200 °C reagiert das Calciumcarbonat ($CaCO_3$) zu Calciumoxid (CaO) unter Abgabe von Kohlenstoffdioxid (CO_2) (Formel 1.1.14).

$$CaCO_3 \rightarrow CaO + CO_2 \tag{1.1.14}$$

Ab einer Temperatur von etwa 500 °C (bis etwa 900 °C) geben die Tonminerale ihr chemisch gebundenes Wasser ab und es entstehen die sogenannten Hydraulefaktoren Siliciumdioxid (SiO_2), Aluminiumoxid (Al_2O_3) und Eisenoxid (Fe_2O_3). Im weiteren Schritt verbindet sich das Calciumoxid mit den Hydraulefaktoren zu den oben genannten Klinkermineralien (Tabelle 1.6).

Beim anschließenden Löschvorgang reagiert das Calciumoxid wie bei der Herstellung von Luftkalk sofort zu Calciumhydroxid. Die Klinkermineralien reagieren im Gegensatz dazu eher langsam mit Wasser. Folglich bleiben diese auch nach dem Löschvorgang erhalten und bewirken die charakteristische hydraulische Erhärtung des hydraulischen Kalks. [3]

Carbonatisierung und Hydratation

Der Erhärtungsvorgang von hydraulischen Kalken kann in zwei Phasen unterteilt werden. Einerseits findet die carbonatische Erhärtung von Calciumhydroxid statt, die auch bei Luftkalk abläuft, andererseits reagieren die Klinkermineralien mit Wasser zu festigkeitsbildenden Hydratphasen. Solche Klinkermineralien sind auch Bestandteile von Zement und führen zu wesentlich höheren Festigkeiten als dies durch die alleinige Carbonatisierung möglich ist (Luftkalk). Hydraulischer Kalk benötigt folglich sowohl Luft als auch Wasser zum Erhärten.

1.1.4 Zement

Der Begriff Zement basiert auf dem von den Römern entwickelte Baustoff „opus caementitium", der heute auch als Romanzement bekannt ist. Schon damals wurde die vorteilhafte Verbindung von Kalkstein mit Puzzolanen deutlich, durch deren hydraulische Erhärtung wesentlich dauerhaftere und festere Baustoffe hergestellt werden konnten als mit der reinen Verwendung von Kalkstein. Dieser Romanzement entspricht der heutigen Definition von hydraulischem Kalk und kann als Vorläufer des Zementes angesehen werden. Der heutige Zement wäre wohl kaum ohne den französischen Ingenieur Louis-Joseph Vicat (1786 – 1861) denkbar. 1812 erhielt Vicat den Auftrag, in der Kleinstadt Souillac eine 180 m lange Brücke über die Dordogne zu bauen. Aufgrund der hohen Strömungsgeschwindigkeiten stellte ihn die Fundamentierung der Brückenpfeiler vor eine Herausforderung. Während dieser Zeit begann er, mit hydraulischen Kalken zu experimentieren, um ein Bindemittel zu finden, das schneller aushärtet als die damaligen Gemische aus Kalk, Ziegelmehl und Eisenschlacke. Dabei entdeckte er den römischen „opus caementitium" wieder, dessen Herstellungskenntnisse zur Zeit des Mittelalters verloren gegangen waren. Vicat erlangte öffentliche Aufmerksamkeit und Anerkennung in Wissenschaftskreisen, sodass er seine Forschung zeitlebens fortsetzen konnte. 1840 entdeckte er schließlich den Klinker, der die Grundlage für die Herstellung von Portlandzement lieferte. 1855 baute der damals 69-jährige Vicat gemeinsam mit seinem Sohn Joseph im Jardin des Plantes von Grenoble die erste Betonbrücke, die noch heute erhalten ist.

Die Erfindung des Begriffes Portlandzement wird dem englischen Maurersohn Joseph Aspdin (1787 - 1855) zugeschrieben. Aspdin experimentierte in seinem Ladengeschäft in Leeds mit Zement und veröffentlichte auf dieser Grundlage 1824 das Patent „An Improvement in the Mode of Producing an Artificial Stone". Darin verwendet er erstmals den Begriff Portland cement, da ihn der Mörtel, den er mit seinem Zement herstellte, an einen auf der Kanalinsel Portland vorkommenden Kalkstein erinnerte. Aspdins Zement bestand aus 75 M.-% Kalkstein und 25 M.-% Ton, wurde bei 1000 °C gebrannt und ähnelte somit aus heutiger Sicht eher einem hydraulischen Kalk als einem Zement.

Wenige Zeit später gründete Joseph Aspdin einen Produktionsbetrieb, in den 1829 auch sein damals 14-jähriger Sohn William (1815 - 1864) einstieg. William Aspdin verließ 1841 infolge einer Auseinandersetzung mit seinem Vater den elterlichen Betrieb und gründete 1843 sein eigenes Zementwerk in Rotherhithe bei London. Dort entwickelte er einen Zement mit einem höheren Kalksteingehalt und brannte ihn bis zur Sinterung. Dieser Zement wies bereits eine ähnliche mineralogische Zusammensetzung wie der heutige

Zement auf, sodass er häufig als Erfinder des "modernen" Portlandzements betitelt wird.

Eine weitere wichtige Rolle bei der Entwicklung des heutigen Portlandzements kommt dem englischen Chemiker Isaac Charles Johnson (1811 - 1911) zu. Johnson, der Manager der Zementfabrik von John Bazley White in Swanscombe war, erhielt den Auftrag, ein Konkurrenzprodukt zu William Aspdins Portland cement zu entwickeln. Unter vermeintlichen Fehlbränden entdeckte Johnson 1844 ein Material, das zu scharf gebrannt wurde und gesintert war. Dieses Material entwickelte überraschenderweise deutlich höhere Festigkeiten als jeder Zement zuvor. Daher gilt Johnson auch als den Erfinder des "wahren" Portlandzements.

> **Zement** ist ein gemahlener anorganischer Stoff, der, mit Wasser gemischt, **Zementleim** ergibt, welcher durch Hydratation erstarrt und erhärtet und nach dem Erhärten auch unter Wasser stabil und raumbeständig bleibt (DIN EN 206).

Zement wird hauptsächlich als Bindemittel für Beton und Mörtel verwendet. Dabei sind für Betone nach der europäischen Norm DIN EN 206 bzw. nach den deutschen Anwendungsregeln in DIN 1045-2 Zemente nach DIN EN 197-1 und DIN 1164 zu verwenden.

Im frischen Zustand ermöglicht der Zementleim die beliebige Formbarkeit des mit einer bestimmten Kornverteilung ausgelegten Gemisches mit Sand und gröberer Gesteinskörnung. Zement fungiert als Bindemittel und verbindet im festen Zustand das Korngerüst.

Herstellung

Ein Hauptbestandteil aller Zemente ist **Portlandzementklinker**, welcher sich aus etwa 70 M.-% bis 80 M.-% Kalkstein und 20 M.-% bis 30 M.-% Tonmineralen zusammensetzt. Häufig findet auch ein natürliches Gemisch aus Kalkstein und Ton, sogenannter Mergel, Verwendung. In Abhängigkeit der regional vorhandenen Rohstoffzusammensetzung kann die Zugabe weiterer Stoffe wie bspw. Eisenerz und Quarzsand erforderlich werden. Einige dieser Korrekturstoffe werden bereits durch die Energieträger zum Betrieb des Drehofens eingetragen (bspw. Verbrennung von Altreifen mit Karkassen aus Eisen). Die Rohstoffe werden in Steinbrüchen durch Sprengung gewonnen und anschließend in Brechern zu Schotter zerkleinert. Um die Gleichmäßigkeit des Ausgangsmaterials sicherzustellen, erfolgt eine

Homogenisierung des Rohschotters bei der Lagerung in Mischbetten. Bei der Aufbereitung des Rohmaterials werden die Rohmaterialkomponenten in bestimmten Mischungsverhältnissen in einer Mühle zu Rohmehl gemahlen. Dabei können ebenfalls Korrekturstoffe wie Quarzsand, Eisenerz und weitere Sekundärrohstoffe (Aschen, Hüttensand) zugegeben werden, um die erforderliche chemische Zusammensetzung des Rohmehls einzustellen. Für das Trocknen des Mahlgutes während des Zerkleinerns wird meist die Abwärme des Ofens genutzt. Das Material wird anschließend gebrannt. Der gesamte Verfahrensablauf der Herstellung von Portlandzement ist Abbildung 1.6 zu entnehmen.

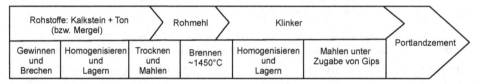

Abbildung 1.6:   Verfahrensablauf der Zementherstellung nach [6]

In Deutschland werden die Rohstoffe für Portlandzement vorwiegend im Trockenverfahren in Drehrohröfen mit Zyklonvorwärmern hergestellt. In den Vorwärmern wird das Rohmehl im Gegenstrom vom Abgas durchströmt und dabei erhitzt, wobei der Kalkstein bereits teilweise entsäuert ($CaCO_3 \rightarrow CaO + CO_2$). Die Restentsäuerung findet anschließend in der Calcinierzone des Drehrohrofens statt. Die Öfen sind leicht geneigte feuerfest ausgemauerte Rohre, die Durchmesser von bis zu sechs Metern aufweisen und sich mit 1,3 bis 3,5 Umdrehungen pro Minute drehen. Aufgrund der Drehung und Neigung des Ofens durchläuft das Brenngut innerhalb von 20 bis 40 Minuten den Ofen, beginnend vom Einlauf bis hin zum Brenner am Ofenauslauf. In der Sinterzone erreicht das Material Temperaturen von 1450 °C bei Gastemperaturen bis zu 2000 °C. Am Ofenauslauf wird der entstandene Klinker über Klinkerkühler geführt und auf Rostkühlern auf 80 bis 200 °C abgekühlt. Der größte Teil der Abwärme moderner Drehrohrofenanlagen wird für Trocknungs- und Vorwärmvorgänge innerhalb des Prozesses genutzt. Nach dem Abkühlungsprozess wird der entstandene Zementklinker in Silos oder geschlossenen Hallen gelagert, um Staubemissionen zu vermeiden. Er hat eine fein- bis grobstückige Form mit einer Korngröße unter 50 mm und wird im letzten Schritt unter Zugabe einer geringen Menge an Sulfatträger (bspw. Gips, Anhydrit) gemahlen.

Die beigefügte Menge an Sulfatträger dient als Erstarrungsregler des Zementes, da ansonsten das Klinkermineral Tricalciumaluminat (C_3A) sehr schnell mit dem Anmachwasser reagieren und ein festes Gefüge ausbilden würde. Der Beton bzw. Mörtel könnte dadurch nicht verarbeitet werden, da die Reaktion mit einem unmittelbaren Erstarren einher geht.

In Abhängigkeit von den Mischungsverhältnissen der Ausgangsstoffe, sowie den Brenn- bzw. Abkühlbedingungen, können unterschiedliche chemische Zusammensetzungen des Klinkers entstehen. Die Hauptzementklinkerphasen können Tabelle 1.7 entnommen werden. Sie entstehen durch den gemeinsamen Brennprozess der Rohstoffe für Portlandzement. Die Klinkerphasen unterscheiden sich hinsichtlich der Entstehungstemperatur, ihrer Reaktionsgeschwindigkeit in Verbindung mit Wasser und ihrem Festigkeitsbeitrag zum Zementstein. Im Vergleich zu hydraulischen Kalken enthalten Zemente Tricalciumsilicat (C_3S). Ein wesentlicher Grund für die Bildung dieser Klinkerphase ist das Brennen bei deutlich höheren Temperaturen.

Tabelle 1.7:   Chemische Zusammensetzung der Hauptzementklinkerphasen von Portlandzement

Bezeichnung	Chemische Formel	Kurz-schreib-weise	Mittlerer Anteil am Portland-zement [M.-%]	Entstehungs-temperatur [°C]
Tricalciumsilicat (Alit)	$3\,CaO \cdot SiO_2$	C_3S	63	> 1300
Dicalciumsilicat (Belit)	$2\,CaO \cdot SiO_2$	C_2S	16	> 1000
Tricalciumaluminat (Calciumaluminat)	$3\,CaO \cdot Al_2O_3$	C_3A	11	> 850
Tetracalciumaluminat-ferrit (Brownmillerit)	$4\,CaO \cdot Al_2O_3 \cdot Fe_2O_3$	C_4AF	8	> 1100

Die Herstellung moderner leistungsfähiger Zemente mit weiteren Hauptbestandteilen neben Portlandzementklinker kann sowohl durch gemeinsame Vermahlung der Bestandteile (keine Einflussnahme auf Korngrößenverteilungen einzelner Komponenten möglich) als auch durch getrennte Feinmahlung und anschließendem Mischen erfolgen. Das gemeinsame Mahlen von verschiedenen Bestandteilen hat insbesondere dann einen Einfluss auf die Partikelgrößen der Einzelstoffe, wenn sie sich in ihrer Härte stark voneinander unterscheiden. Als Resultat des gemeinsamen Mahlprozesses bildet die schwerer mahlbare Komponente die gröbere Fraktion des Gemisches, wohingegen die feinere Fraktion vorwiegend von dem leichter mahlbaren Material gebildet wird. Gezielte

Korngrößenverteilungen der Einzelkomponenten können durch eine gemeinsame Vermahlung folglich nicht erreicht werden.

Zusammensetzung und Bezeichnung

Zement ist ein Kompositwerkstoff und setzt sich folglich aus verschiedenen Stoffen zusammen. Die Unterteilung der Komponenten findet in Hauptbestandteile, Nebenbestandteile und Zusätze statt. Die Zusammensetzungen, Anforderungen und Konformitätskriterien von Zementen sind in DIN EN 197-1 festgelegt. Hauptbestandteile sind neben dem hydraulischen Portlandzementklinker latent-hydraulische, puzzolanische oder inerte Stoffe (siehe Kapitel 1.3.1) wie bspw. Hüttensand, Silicastaub, Flugaschen und Kalksteinmehl. Anhand der Anteile dieser Hauptbestandteile, werden 27 Normalzemente unterschieden (Tabelle 1.8), die in fünf Hauptzementarten unterteilt werden.

Die fünf Hauptzementarten sind:

- CEM I   Portlandzement
- CEM II   Portlandkompositzement
- CEM III   Hochofenzement
- CEM IV   Puzzolanzement
- CEM V   Kompositzement

Da bei der Herstellung von Portlandzement viel umweltschädliches Kohlenstoffdioxid ausgestoßen wird, ist es vorteilhaft, Teile des Portlandzementklinkers durch andere Stoffe zu ersetzen. Als Beispiel kann in diesem Zusammenhang der Einsatz von Hüttensand genannt werden. Zusätzlich zur Verbesserung der „Ökobilanz" des Zementes lassen sich durch die weiteren Hauptbestandteile wesentliche baustofftechnologische Vorteile erzielen.

Die Kennzeichnung der Normalzemente mit dem Kürzel A, B oder C gibt Auskunft über den prozentualen Anteil an weiteren Hauptbestandteilen (A: gering, B: mittel, C: hoch). Demnach besitzt ein Normalzement mit der Kennzeichnung „A" stets höhere Anteile an Portlandzement als ein Zement mit der Bezeichnung „B" (bzw. „C"). Auch die Art der weiteren Hauptbestandteile wird abgekürzt in die Bezeichnung des Normalzementes aufgenommen. Nach DIN EN 197-1 sind Nebenbestandteile bis zu fünf Massenprozent bei jeder Normalzementart zulässig. Die Nebenbestandteile können besonders ausgewählte anorganische natürliche mineralische Stoffe, anorganische mineralische Stoffe aus der Klinkerherstellung oder als

Hauptbestandteile verwendbare Stoffe, soweit sie nicht Hauptbestandteile dieses Zementes sind, umfassen. Die Stoffe können inert, schwach hydraulisch, latent-hydraulisch oder puzzolanisch wirken und dienen unter anderem der Verbesserung der physikalischen Eigenschaften des Zementes.

Tabelle 1.8: Hauptbestandteile der 27 Normalzemente (Massenanteile in Prozent) nach DIN EN 197-1

Hauptarten	Bezeichnung		Klinker K	Hüttensand S	Silicastaub D	Puzzolan Natürlich P	Puzzolan Natürlich getempert Q	Flugasche Kieselsäurereich V	Flugasche Kalkreich W	Gebrannter Schiefer T	Kalkstein L	Kalkstein LL
CEM I	Portlandzement	CEM I	95-100									
CEM II	Portlandhütten-zement	CEM II/A-S	80-94	6-20								
		CEM II/B-S	65-79	21-35								
	Portlandsilica-staubzement	CEM II/A-D	90-94		6-10							
	Portland-puzzolanzement	CEM II/A-P	80-94			6-20						
		CEM II/B-P	65-79			21-35						
		CEM II/A-Q	80-94				6-20					
		CEM II/B-Q	65-79				21-35					
	Portland-flugaschezement	CEM II/A-V	80-94					6-20				
		CEM II/B-V	65-79					21-35				
		CEM II/A-W	80-94						6-20			
		CEM II/B-W	65-79						21-35			
	Portlandschiefer-zement	CEM II/A-T	80-94							6-20		
		CEM II/B-T	65-79							21-35		
	Portland-kalksteinzement	CEM II/A-L	80-94								6-20	
		CEM II/B-L	65-79								21-35	
		CEM II/A-LL	80-94									6-20
		CEM II/B-LL	65-79									21-35
	Portland-kompositzement	CEM II/A-M	80-88				12-20					
		CEM II/B-M	65-79				21-35					
CEM III	Hochofenzement	CEM III/A	35-64	36-65								
		CEM III/B	20-34	66-80								
		CEM III/C	5-19	81-95								
CEM IV	Puzzolanzement	CEM IV/A	65-89				11-35					
		CEM IV/B	45-64				36-55					
CEM V	Kompositzement	CEM V/A	40-64	18-30			18-30					
		CEM V/B	20-38	31-49			31-49					

[1] Nebenbestandteile: 0 - 5 M.-%.

Neben den Haupt- und Nebenbestandteilen, wird den Zementen in der Regel ein Sulfatträger als Erstarrungsregler hinzugegeben. Dies kann beispielsweise Gips (Calciumsulfat-Dihydrat, $CaSO_4 \cdot 2H_2O$), Halbhydrat ($CaSO_4 \cdot \frac{1}{2}H_2O$), Anhydrit (Calciumsulfat, $CaSO_4$) oder eine Mischung davon sein (vgl. Kapitel 1.1.2). Die Zugabe des Sulftatträgers verhindert die anfängliche Reaktion des Tricalciumaluminats zu festigkeitsbildenden Hydratphasen. Der Sulfatträger reagiert mit Tricalciumaluminat zu Ettringit, welches die Verarbeitbarkeit des frischen Zementleimes nicht beeinträchtigt. Weiterhin werden Zusätze, wie beispielsweise Mahlhilfsmittel oder Pigmente, verwendet, um die Herstellung oder die Eigenschaften der Zemente zu verbessern. Stoffe, die die Korrosion der Bewehrung fördern oder die Eigenschaften des Zementes negativ beeinflussen, dürfen nicht eingesetzt werden. Die DIN EN 197-1 schreibt vor, dass die Gesamtmenge dieser Zusätze ein Prozent bezogen auf die Masse des Zementes nicht überschreiten darf.

Die Normbezeichnung der Zemente sieht weiterhin eine Angabe der Festigkeitsklasse (32,5 42,5 oder 52,5) vor. Sie trägt die Einheit N/mm^2 und gibt die Mindestdruckfestigkeit des Zementes an nach 28 Tagen an, sowie den zulässigen Bereich der Zementdruckfestigkeit (Tabelle 1.9). Die darauf folgenden Buchstaben N, R bzw. L geben Aufschluss über die Anfangsfestigkeit. N (normal) steht dabei für eine übliche Anfangsfestigkeit, R (rapid) für eine hohe und L (low) für eine niedrige. Letztere gilt nur für CEM III Zemente. Als Anfangsfestigkeit wird die nach DIN EN 196-1 geprüfte Druckfestigkeit nach zwei oder sieben Tagen bezeichnet. Die Festigkeit wird nach DIN EN 196-1 an Mörtelprismen bestimmter Abmessungen und unter festgelegten Herstellungs- sowie Lagerungsbedingungen geprüft. Durch dieses Verfahren wird beurteilt, ob die Druckfestigkeit des Zementes den normativ vorgeschriebenen Anforderungen entspricht.

Des Weiteren existieren Zemente mit besonderen Eigenschaften, an die spezielle Anforderungen gestellt werden. Die besondere Eigenschaft des jeweiligen Zementes wird am Ende der Bezeichnung des Zementes als Kürzel angehängt. Eine Übersicht über die verschiedenen besonderen Eigenschaften sowie deren Anforderungen sind Tabelle 1.10 zu entnehmen. Weitere Anforderungen, insbesondere bezüglich der zulässigen Zementart, sind der DIN EN 197-1 und DIN EN 1164-(10 bis 12) zu entnehmen.

Tabelle 1.9:   Festigkeitsklassen der Normalzemente nach DIN EN 197-1

Festigkeitsklasse	Druckfestigkeit in N/mm²		
	Anfangsfestigkeit		Normfestigkeit
	2 Tage	7 Tage	28 Tage
32,5 L*	-	≥ 12,0	≥ 32,5 ≤ 52,5
32,5 N	-	≥ 16,0	
32,5 R	≥ 10,0	-	
42,5 L*	-	≥ 16,0	≥ 42,5 ≤ 62,5
42,5 N	≥ 10,0	-	
42,5 R	≥ 20,0	-	
52,5 L*	≥ 10,0	-	≥ 52,5 -
52,5 N	≥ 20,0	-	
52,5 R	≥ 30,0	-	

* Die Festigkeitsklasse gilt nur für CEM III Zemente.

Tabelle 1.10:   Übersicht der Zemente mit besonderen Eigenschaften

Besondere Eigenschaften	Kennzeichnung	Norm	Anforderungen
Niedrige Hydratationswärme	LH	DIN EN 197-1	Begrenzung der Hydratationswärme
Hoher Sulfatwiderstand	SR	DIN EN 197-1	Begrenzung des maximalen C_3A und Al_2O_3 Gehaltes
Niedriger wirksamer Alkaligehalt	NA	DIN 1164-10	Begrenzung des maximalen Na_2O-Äquivalent
Frühes Erstarren	FE	DIN 1164-11	Erstarrungsbeginn geregelt
Schnelles Erstarren	SE	DIN 1164-11	Erstarrungsbeginn geregelt
Erhöhter Anteil an organischen Zusätzen	HO	DIN 1164-12	Maximalanteil Zusätze geregelt

Normalzemente mit niedriger Hydratationswärme werden als **LH-Zemente** bezeichnet. Die Hydratationswärme dieser Zemente darf nach DIN EN 197-1 den charakteristischen Wert von 270 J/g nicht überschreiten. Zemente mit einer niedrigen Hydratationswärme enthalten in der Regel Bestandteile, deren Hydratationswärme im Vergleich zu reinem Portlandzementklinker geringer ist. In Frage kommen hierfür Materialien wie beispielsweise Hüttensand, Kalksteinmehl und Flugasche. LH-Zemente finden unter anderem Verwendung in massigen Bauwerken, wie beispielsweise Staumauern. Die geringe Hydratationswärme des Zementes reduziert

Spannungen im Bauteil, die durch Temperaturgradienten im Bauteil entstehen. Ein weiteres Anwendungsgebiet ist das Betonieren bei hohen Außentemperaturen. Zu beachten ist jedoch, dass bei der Verwendung von LH-Zement längere Ausschalfristen und Nachbehandlungsdauern notwendig sind. [7]

SR-Zemente besitzen einen hohen Widerstand gegen Sulfattreiben (Ettringitbildung), welches eines der häufigsten Schadensmechanismen in Beton bzw. Mörtel darstellt. Gelangen Sulfationen, bspw. über Regen- oder Grundwasser, in den Beton, können sich durch Auflösen des kristallisierten Calciumhydroxids und weiterer calciumhaltiger Phasen Gips bilden. Anschließend reagieren das Klinkermineral Tricalciumaluminat (C_3A) sowie aluminiumhaltige Hydratphasen (resultierend aus Al_2O_3) mit Gips zu Ettringit. Dieses Mineral besitzt ein wesentlich größeres Volumen als die Ausgangsstoffe. Die dadurch entstehenden Spannungen im erhärteten Beton führen zur Rissbildung im Gefüge und dadurch im Extremfall zur Zerstörung des Bauteiles. Die Sulfatbeständigkeit von SR-Zementen beruht auf zwei verschiedenen Mechanismen. Zum einen werden für Portlandzement (CEM I) und Puzzolanzemente (CEM IV) Maximalgehalte des Klinkerminerals Tricalciumaluminat (C_3A) festgelegt, was die schädigende Reaktion unterbindet. Zum anderen werden Hochofenzemente mit einem Mindestgehalt an Hüttensand von 66 M.-% (CEM III/B und CEM III/C) als sulfatbeständig bezeichnet. Der hohe Gehalt an Hüttensand substituiert zum einen Portlandzement in einem so hohen Maße, dass das zur schädigenden Reaktion benötigte C_3A in geringeren Mengen vorliegt. Zum anderen bilden Hochofenzemente ein sehr dichtes Gefüge mit einen hohen Diffusionswiderstand des Betons aus und verhindern bzw. verzögern dadurch das Eindringen der Sulfationen in den Beton.

NA-Zemente zeichnen sich durch einen niedrigen wirksamen Alkaligehalt an K_2O (Kaliumoxid) und Na_2O (Natriumoxid) aus. Diese Eigenschaft ist in bestimmten Situationen erforderlich, wenn die verwendete Gesteinskörnung gewisse Anteile reaktionsfähiger Kieselsäure enthält und folglich einer Alkali-Kieselsäure-Reaktion (AKR) vorgebeugt werden muss. Die Alkali-Kieselsäure-Reaktion ist ein weiterer Schadensmechanismus in Beton bzw. Mörtel, bei der (reaktionsfähige) kieselsäurehaltige Bestandteile der Gesteinskörnung mit den Alkalien des Zementes reagieren und ein quellfähiges Alkali-Kieselsäure-Gel entsteht. Dieser Prozess findet unter einer erheblichen Volumenvergrößerung statt und hat, ähnlich der Schädigung infolge Sulfattreiben, Rissbildungen im Beton zur Folge. Um diese Reaktion zu vermeiden wird der Gesamtalkaligehalt, bestimmt als Na_2O-Äquivalent, von NA-Zementen nach DIN 1164-10 begrenzt. Für die meisten Zementarten liegt dieser Grenzwert bei 0,6 M.-% vom Zement.

FE-Zemente sind durch einen frühen und **SE-Zemente** durch einen schnellen Erstarrungsbeginn gekennzeichnet. Die Grenzwerte für den Erstarrungsbeginn von Zementen mit diesen Eigenschaften sind in DIN EN 1164-11 festgelegt. Der Erstarrungsbeginn von FE-Zementen liegt demnach bei über 15 Minuten und in Abhängigkeit der Zementfestigkeitsklasse unter 75 Minuten (32,5), 60 Minuten (42,5) bzw. 45 Minuten (52,5). FE-Zemente ermöglichen bei entsprechend kurzen Misch-, Transport- und Verarbeitungszeiten die Herstellung von Beton nach DIN EN 206-1 / DIN 1045-2 beispielsweise für Betonfertigteile. Bei SE-Zementen muss garantiert sein, dass der Erstarrungsbeginn unter 45 Minuten liegt. SE-Zemente sind für die normale Betonherstellung nicht geeignet. Ihre Anwendung beschränkt sich auf spezielle Herstellverfahren wie zum Beispiel Spritzbeton. [7]

Zemente mit einem erhöhten Anteil an organischen Zusätzen werden als **HO-Zemente** gekennzeichnet. Diese Zemente dürfen abweichend von der DIN EN 197-1 nach DIN 1164-12 bis zu einem Massenprozent organische Bestandteile enthalten. Diese Bestandteile haben einen stark verflüssigenden Effekt und verändern die Konsistenz des daraus hergestellten Zementleims. [7]

Zusammengefasst gliedert sich die normative Benennung der Normalzemente in fünf Elemente:

1) Hauptzementart: CEM I bis CEM V
2) Hinweis auf die Menge der weiteren Hauptbestandteile: A, B und C
3) Art der weiteren Hauptbestandteile: S, D, P, Q, V, W, T, L, LL, (M)
4) Festigkeitsklasse: 32,5 42,5 oder 52,5 und Anfangsfestigkeit N oder R, L
5) Besondere Eigenschaft: LH, SR, NA, FE, SE, HO

Ein Beispiel für die normgerechte Benennung eines Zementes sieht wie folgt aus:

CEM II/A-V 52,5 R SR

Es handelt sich hierbei um einen Portlandflugaschezement (CEM II) mit 80 M.-% bis 94 M.-% Portlandzementklinker (A), einem Flugascheanteil von 6 M.-% bis 20 M.-% und einer Mindestdruckfestigkeit des Zementes nach

28 Tagen von 52,5 N/mm² (52,5). Der Zement besitzt eine hohe Anfangsfestigkeit (R) und einen hohen Sulfatwiderstand (SR).

Lieferungen von Zementen müssen nach DIN EN 197-1 und DIN 1164 gekennzeichnet sein. Die Farbe der Zementsäcke sowie deren Aufdruck sind in Abhängigkeit von der Festigkeitsklasse festgelegt (Tabelle 1.11). Weiterhin muss der Aufdruck folgende Informationen enthalten:

- Normbezeichnung des Zementes
- Lieferwerk
- Kennzeichen für die Überwachung
- Lieferdatum bei Siloware

Tabelle 1.11:   Farbliche Kennzeichnung von Zementlieferungen nach DIN 1164-11

Festigkeitsklasse	Kennfarbe	Farbe des Aufdrucks
32,5 N	Hellbraun	Schwarz
32,5 R		Rot
42,5 N	Grün	Schwarz
42,5 R		Rot
52,5 N	Rot	Schwarz
52,5 R		Weiß

Die Konformität von nach DIN EN 197-1 normierten Zementen wird über eine **Leistungserklärung** des Herstellers in Bezug auf die wesentlichen Merkmale des Bauprodukts erreicht. In der DIN EN 197-1 wird für Normalzemente das System der Konformitätsbescheinigung mit der Bezeichnung „1+" gefordert. Hierbei wird auf die Richtlinie 89/106/EWG (BPR) verwiesen. Diese Richtlinie wurde jedoch durch die „Verordnung (EU) Nr. 305/2011 des europäischen Parlaments und des Rates vom 9. März 2011 zur Festlegung harmonisierter Bedingungen für die Vermarktung von Bauprodukten" abgelöst.

In dieser Verordnung ist die Grundlage festgelegt, auf der der Hersteller seine Leistungserklärung in Bezug auf die wesentlichen Merkmale des Bauprodukts für das System „1+" (System zur Bewertung und Überprüfung der Leistungsbeständigkeit) zu erstellen hat. Gefordert sind zum einen Schritte von Seiten des Herstellers und zum anderen ist die Erstellung einer Bescheinigung der Leistungsbeständigkeit durch eine unabhängige Prüfstelle erforderlich. Alle Anforderungen für die Erstellung einer Leistungserklärung nach der EU-Verordnung Nr. 305/2011 sind nachfolgend aufgelistet.

1) Der Hersteller führt folgende Schritte durch:

- werkseigene Produktionskontrolle.
- zusätzliche Prüfung von im Werk entnommenen Proben nach festgelegtem Prüfplan.

2) Die notifizierte Produktzertifizierungsstelle stellt die **Bescheinigung der Leistungsbeständigkeit** für das Produkt auf folgender Grundlage aus:

- Feststellung des Produkttyps anhand einer Typprüfung (einschließlich Probenahme), einer Typberechnung, von Werttabellen oder Unterlagen zur Produktbeschreibung;
- Erstinspektion des Werks und der werkseigenen Produktionskontrolle;
- laufende Überwachung, Bewertung und Evaluierung der werkseigenen Produktionskontrolle;
- Stichprobenprüfung (audit-testing) von vor dem Inverkehrbringen des Produkts entnommenen Proben.

Die Erstellung einer Leistungserklärung gemäß dieser Verordnung erlaubt dem Hersteller die Verwendung der CE-Kennzeichnung für sein Produkt. Mit der CE-Kennzeichnung gibt der Hersteller an, dass er die Verantwortung für die Konformität des Bauprodukts mit dessen erklärter Leistung sowie für die Einhaltung aller geltenden Anforderungen, die in dieser Verordnung und in anderen einschlägigen Harmonisierungsrechtsvorschriften der Union festgelegt sind, übernimmt.

Bei der **Lagerung** von Zementen sind insbesondere die Dauer sowie die Luftfeuchtigkeit während der Lagerung zu beachten. Da Zemente hygroskopische (wasseranziehende) Eigenschaften besitzen, sollte auf eine Lagerung im Trockenen geachtet werden. Andernfalls kann es zur vorzeitigen Hydratation von Teilen des Zementes kommen, was die Qualität des Zementes erheblich herabsetzt. Die Feuchtigkeitsempfindlichkeit ist bei feiner gemahlenen Zementen umso stärker ausgeprägt, da durch die Feinheit eine hohe spezifische Oberfläche gegeben ist. Zemente der Festigkeitsklasse 52,5 sollten folglich maximal einen Monat und Zemente der Festigkeitsklassen 42,5 und 32,5 maximal zwei Monate gelagert werden. Selbst wenn der Zement in trockenen Räumen in Säcken gelagert wird, muss mit einem Festigkeitsverlust nach drei Monaten von etwa 10 % bis 30 % gerechnet werden und nach sechs Monaten sogar von 20 % bis 30 %.

Die Helligkeit (**Farbe**) der Zemente ist nicht genormt. Sie wird durch die verwendeten Rohstoffe, das Herstellungsverfahren und die Mahlfeinheit bestimmt. Feingemahlene Zemente desselben Herstellerwerkes sind in der Regel heller als gröbere Zemente, aus der Zementfarbe können jedoch keine direkten Rückschlüsse auf die Zementeigenschaften gezogen werden. Besonders für die Herstellung von Sichtbetonbauteilen sollte der Helligkeitsgrad möglichst gleichmäßig sein.

Hohe **Zementtemperaturen** haben im Allgemeinen keinen schädlichen Einfluss auf die Frisch- und Festbetoneigenschaften. Der Gewichtsanteil der Gesteinskörnung ist bei Normalbeton mehr als sechsmal so groß und die spezifische Wärme des Wassers etwa fünfmal so groß wie die des Zementes. Eine um zehn Grad Celsius höhere Zementtemperatur bewirkt daher bei einem Zementgehalt von 300 kg/m³ Beton eine um nur ein Grad Celsius höhere Frischbetontemperatur. Als Richtwert für die obere Grenze der Zementtemperatur gilt der in der ZTV Beton-StB[3] aufgeführte Wert von 80 °C zu nennen.

Hydratation

Das Zementpulver wird bei der Herstellung von Beton bzw. Mörtel mit Wasser angemacht, sodass ein **Zementleim** entsteht. Die Reaktion des hydraulischen Bindemittels Zement mit Wasser wird als Hydratation bezeichnet. Dieser Begriff umfasst die gesamte komplexe Reaktionskinetik aus mehreren, sich teilweise beeinflussenden und zeitlich überlagernden, Einzelreaktionen. Nach dem Anmachen mit Wasser erstarrt der zunächst gut verarbeitbare Zementleim, bevor der eigentliche Erhärtungsprozess nach etwa 24 Stunden einsetzt. Die Reaktionsprodukte der Hydratation, welche im Allgemeinen unter dem Begriff **Zementgel** zusammengefasst werden, sind vorwiegend festigkeitsbildende Hydratphasen. Am Ende der Hydratation liegt das Zementgel als feste Matrix, dem sogenannten **Zementstein**, vor.

Als **CSH-Phasen** werden die Reaktionsprodukte der Zementhydratation bezeichnet, die aus der Reaktion von Calciumoxid (C), Siliciumdioxid (S) und Wasser (H) entstehen. Der Begriff fasst Reaktionsprodukte mit unterschiedlichen stöchiometrischen Zusammensetzungen zusammen.

---

3   Zusätzliche Technische Vertragsbedingungen und Richtlinien für den Bau von Tragschichten mit hydraulischen Bindemitteln und Fahrbahndecken aus Beton.

Der gesamte Hydratationsprozess von Zement kann vereinfacht in drei Stufen eingeteilt werden, welche nachfolgend beschrieben werden.

Stufe I (0 - 4 Stunden nach Wasserzugabe):

Bis etwa eine Stunde nach Wasserzugabe liegt der Zementleim als Suspension von Zementkörnern in einer $Ca(OH)_2$ gesättigten wässrigen Lösung ohne Festigkeit vor und lässt sich gut verarbeiten. Sofort nach Wasserzugabe reagiert etwa zehn Prozent des Klinkerminerals Tricalciumaluminat (C_3A) mit dem Sulfatträger ($CaSO_4$) zu Hydratphasen, insbesondere zu Ettringit. Dieser Prozess ist gewünscht, um die frühe Reaktion von Tricalciumaluminat mit Wasser im Anfangsstadium zu unterbinden, sodass die Verarbeitbarkeit des Zementleims in dieser Zeit möglich bleibt. Auch ein kleiner Anteil von etwa zwei Prozent des Tricalciumsilicats (C_3S) reagiert direkt nach dem Anmachen mit Wasser. Es bilden sich nadelförmige Kristalle an der Oberfläche der Zementkörner, die zunächst den weiteren Zutritt von Wasser zum Zementkorn unterbinden. Eine Ruhephase schließt sich an, in der der Zementleim sehr empfindlich auf Abkühlung und Austrocknung reagiert. Folglich muss für eine ausreichende Nachbehandlung des Baustoffes gesorgt werden. Im weiteren Prozess diffundiert das Wasser durch die Hydratschichten und die Reaktion setzt sich fort. Die entstehenden Hydratphasen bilden nadelförmige Kristalle auf der Oberfläche der Zementkörner. Diese verzahnen sich im weiteren Ablauf der Hydratation mit benachbarten Kristallen, sodass eine erste Verfestigung des Zementleims zu beobachten ist (Erstarrungsbeginn). Bei der Reaktion der Calciumsilicate entsteht neben den festigkeitsbildenden CSH-Phasen Calciumhydroxid, welches für den hohen pH-Wert des Anmach- und Porenwassers im Zementleim verantwortlich ist.

Stufe II (4 - 24 Stunden nach Wasserzugabe):

Etwa vier Stunden nach Wasserzugabe findet eine beschleunigte Bildung von Hydratphasen aus den Klinkermineralien Tri- und Dicalciumsilicat (C_3S und C_2S) statt. Spitznadelige CSH-Phasen breiten sich in den mit Wasser gefüllten Hohlräumen zwischen den Zementkörnern aus und verbinden diese untereinander. Diese Gefügeverfestigung legt das Grundgefüge des Zementsteins fest und ist etwa nach 24 Stunden abgeschlossen (Erstarrungsende).

Stufe III (ab ca. 24 Stunden nach Wasserzugabe):

Nach etwa 24 Stunden setzt der eigentliche Erhärtungsprozess ein. Das Klinkermineral Tricalciumsilicat (C_3S) leitet die Erhärtungsreaktion ein. Voraussetzung für diesen Prozess ist eine ausreichende Menge an Wasser, sodass die Verdunstung von Wasser an der Baustoffoberfläche durch Nachbehandlung verhindert werden muss. Im weiteren Verlauf setzt auch die Reaktion von Dicalciumsilicat (C_2S) ein. Beide Calciumsilicate reagieren zu Calciumsilicathydraten (CSH-Phasen), die sich in ihrer Zusammensetzung unterscheiden. Die CSH-Phasen wachsen weiter an und verzahnen sich zu einem immer fester werdenden Gefüge. Sie bilden den Hauptbestandteil des Zementsteins, wobei das C_2S vor allem für die Spätfestigkeit mitverantwortlich ist. Das gebildete Calciumhydroxid liegt gelöst im Porenwasser und kristallin als (wasserlöslicher) Feststoff im Zementstein vor. In dieser Phase bilden sich zudem Calciumaluminat- und Calciumaluminatferrithydrate (CAH-Phasen) aus. Die unvermeidbaren kleinen Zwischenräume zwischen den Hydratphasen bleiben als Gelporen erhalten.

Als **Erstarrungsbeginn** wird die erste Verfestigung des Zementleims infolge von sich verzahnenden nadelförmigen Hydratationsprodukten bezeichnet (Abbildung 1.7). Die Erstarrung findet in Abhängigkeit des sogenannten w/z-Wertes innerhalb der ersten Stunden nach dem Anmachen des Zementes mit Wasser statt. Der w/z-Wert gibt das Masseverhältnis des wirksamen Wassers[4] zum Zementgehalt an. Je höher dieser Wert ist, desto später beginnt die Erstarrung (vgl. Abbildung 1.8). Um ausreichend Zeit für die Verarbeitung des Zementes zu haben, ist der früheste Erstarrungsbeginn für die verschiedenen Festigkeitsklassen in DIN EN 197-1 genormt (Tabelle 1.12). Er kann nach DIN EN 196-3 mit Hilfe des Vicat Nadelgerät bestimmt werden. Der Versuch basiert auf dem Eindringen einer normierten Nadel in den Zementleim.

Der **w/z-Wert** gibt das Masseverhältnis des wirksamen Wassergehaltes zum Zementgehalt im Frischbeton an (DIN EN 206).

---

4   Der wirksame Wassergehalt setzt sich zusammen aus der an der Gesteinskörnung haftenden Oberflächenfeuchte, dem Wasseranteil in Zusatzmitteln und -stoffen sowie dem Zugabewasser.

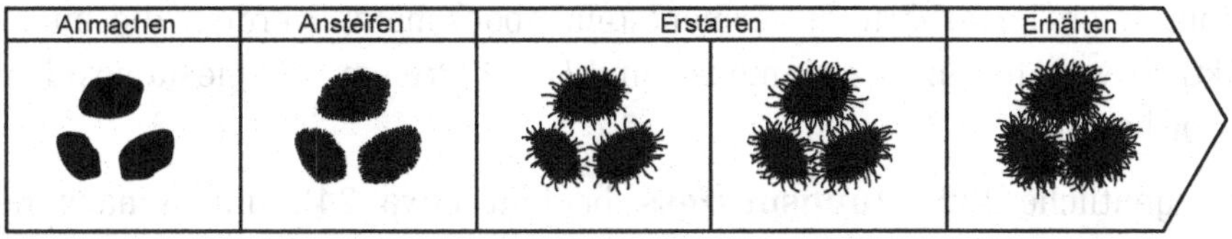

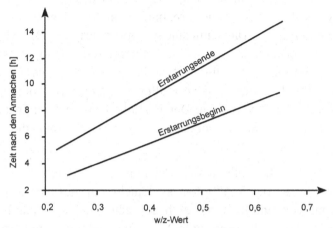

Abbildung 1.7:   Veränderung des Zementkornes vom Anmachen bis zum Erhärten

Abbildung 1.8:   Erstarrungsbeginn und -ende in Abhängigkeit des w/z-Wertes

Tabelle 1.12:   Anforderungen an den Erstarrungsbeginn und die
Raumbeständigkeit der Zementfestigkeitsklassen nach
DIN EN 197-1

Festigkeitsklassen	Erstarrungsbeginn [Minuten]	Raumbeständigkeit (Dehnungsmaß) [mm]
32,5	≥ 75	
42,5	≥ 60	≤ 10
52,5	≥ 45	

Weiterhin haben Zemente nach DIN EN 197-1 eine ausreichende **Raumbeständigkeit** vorzuweisen. Diese wird nach DIN EN 196-3 mit dem Le-Chatelier-Ring bestimmt. Der Ring wird mit frischem Zementleim befüllt und nach 24 Stunden wird der Abstand der Nadelspitzen gemessen. Im Anschluss wird der Ring in einem Wasserbad erhitzt und der Abstand erneut gemessen. Nach einer anschließenden Abkühlung auf Raumtemperatur wird der Abstand ein weiteres Mal bestimmt. Das Dehnungsmaß berechnet sich aus der Differenz des Wertes nach der Abkühlung und dem ursprünglichen Abstand und muss unter zehn Millimeter liegen, damit der Zement den Anforderungen entspricht. Bei diesem Versuch soll die mögliche Gefahr einer

Treibreaktion im erhärteten Zementstein abgeschätzt werden, die auf der Reaktion von freiem Calciumoxid und / oder freiem Magnesiumoxid mit Wasser beruht.

Der eigentliche **Erhärtungsprozess** beginnt etwa 24 Stunden nach dem Kontakt des Zementes mit Wasser. Das Erhärtungsvermögen des Zementes ist seine wichtigste bautechnische Eigenschaft. Für das Erhärten ist in erster Linie die Hydratation des schnell reagierenden Tricalciumsilicat und des langsamer reagierenden Dicalciumsilicat verantwortlich. Die Hydratation dieser Klinkermineralien ist infolge der Reaktion zu festigkeitsbildenden CSH-Phasen maßgeblich für die Festigkeitsentwicklung des Zementsteins verantwortlich. Bis der Zement seine Endfestigkeit erreicht können mehrere Monate oder auch Jahre vergehen. Der Festigkeitsverlauf hängt dabei stark von der chemischen Zusammensetzung und der Mahlfeinheit des Zementes ab.

Während der Hydratation bilden sich Calciumsilicat-, Calciumaluminat- und Calciumferrithydrate. Die Reaktionen sind nicht durch einfache chemische Gleichungen im bekannten Sinne zu beschreiben, da sich die Hydrate in Abhängigkeit des Wasserangebots und der mineralogischen Zusammensetzung der Klinkerphasen in wechselnder Zusammensetzung bilden bzw. bereits gebildete Hydrate zu neuen Hydraten umgewandelt werden können. Eine Übersicht der Hydratationsgleichungen der Klinkermineralen mit Wasser sind nachfolgend in Kurzschreibweise gegeben. Neben den Calciumsilicathydraten (CSH-Phasen) entsteht bei der Hydratation von C_2S und C_3S zusätzlich Calciumhydroxid ($Ca(OH)_2$, kurz: CH). Die betontechnologischen Eigenschaften der beiden aus der Hydratation der Calciumsilicate entstehenden Hauptreaktionsprodukte sind in Tabelle 1.13 zusammengefasst.

$$2\ C_3S + 6\ H \rightarrow C_3S_2H_3 + 3\ CH \qquad\qquad (1.1.15)$$

$$2\ C_2S + 4\ H \rightarrow C_3S_2H_3 + CH \qquad\qquad (1.1.16)$$

$$C_3A + CH + 18\ H \rightarrow C_4AH_{19} \qquad\qquad (1.1.17)$$

$$C_4AF + 4\ CH + 22\ H \rightarrow C_4(AF)H_{13} \qquad\qquad (1.1.18)$$

C:	CaO
S:	SiO_2
A:	Al_2O_3
F:	Fe_2O_3
H:	H_2O
CH:	$Ca(OH)_2$

Tabelle 1.13: Betontechnologische Eigenschaften von CSH-Phasen und Calciumhydroxid, (+) positiv (-) negativ

CSH-Phasen	Calciumhydroxid Ca(OH)$_2$
• Festigkeit (+)	• Bewehrungsschutz (+)
• Dichtigkeit (+)	• Kalkausblühungen (-)
• Dauerhaftigkeit (+)	• Reaktionspartner für Sulfate (-)

In der Regel wird dem Zement ein Sulfatträger zur Erstarrungsregelung zugegeben, sodass die obig genannte Reaktion (Formel 1.1.17) zunächst verzögert wird. Stattdessen reagiert das Klinkermineral Tricalciumaluminat (C$_3$A) mit dem Sulfatträger (Calciumsulfat) zu Ettringit (Formel 1.1.19) und verhindert dadurch ein frühzeitiges Erstarren des Zementleims. Dem Zement wird jedoch nur eine begrenzte Menge an Calciumsulfat hinzugefügt, sodass das Ettringit später durch die Reaktion mit weiteren C$_3$A-Phasen zu einer sulfatärmeren Verbindung übergeht (Formel 1.1.20).

$$3\,CaO \bullet Al_2O_3 + 3\,CaSO_4 + 32\,H_2O$$
$$\rightarrow 3\,CaO \bullet Al_2O_3 \bullet 3\,CaSO_4 \bullet 32\,H_2O = Ettringit \tag{1.1.19}$$

$$Ettringit + C_3A \rightarrow 3\,CaO \bullet Al_2O_3 \bullet CaSO_4 \bullet 12\,H_2O \tag{1.1.20}$$

Die Hydratation von Zement ist ein exothermer Prozess, bei dem Reaktionsenergie freigesetzt wird. Diese Energie wird auch als **Hydratationswärme** bezeichnet und setzt sich aus der Reaktionswärme der einzelnen Klinkermineralien zusammen (Tabelle 1.14). Die freigesetzte Hydratationswärme kann mittels eines Lösungskalorimeters nach DIN EN 196-8 oder DIN EN 196-9 bestimmt werden. Je mehr Portlandzementklinker im Zement enthalten ist und je höher dessen Feinheit ist, umso höher ist die gesamte Reaktionswärme. Der Hydratationsprozess läuft bei feiner gemahlenen Zementen zudem schneller ab, da die Reaktionsoberfläche wesentlich größer ist. Dies bedeutet eine Steigerung der exothermen Reaktion und damit einhergehend eine Zunahme der Wärmefreisetzung. Durch höhere Mahlfeinheiten steigt zudem die Druckfestigkeit des Zementes. Abbildung 1.9 zeigt exemplarisch die Wärmeentwicklung von drei verschiedenen Zementen. Die höchste Wärmeentwicklung ergibt sich beim Portlandzement CEM I 42,5 R. Der weniger fein gemahlene CEM I 32,5 R zeigt eine vergleichsweise geringere Wärmefreisetzung. Durch die Substitution von Portlandzement durch andere Zementhauptbestandteile, wie in diesem Fall Hüttensand, kann die Wärmeentwicklung weiter gesenkt werden (CEM III/B).

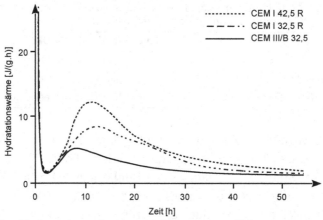

Abbildung 1.9:   Hydratationswärmeentwicklung ausgewählter Zemente

Bei massigen Bauteilen kann die Hydratationswärme zu Spannungen und Rissen führen, sodass in solchen Fällen häufig Zemente mit einer niedrigen Hydratationswärmeentwicklung (LH-Zemente), wie beispielsweise Hochofenzemente, verwendet werden. Im Gegensatz dazu werden Zemente mit hoher Hydratationswärmeentwicklung für Bauteile mit hoher erforderlicher Frühfestigkeit verwendet. Sie sind ebenfalls geeignet, wenn das Betonieren auf der Baustelle bei kalten Umgebungstemperaturen stattfindet, da dies ansonsten zu einer Verzögerung der Festigkeitsentwicklung führen kann.

Auch die zementtechnischen Eigenschaften der einzelnen Zementklinkerphasen sind Tabelle 1.14 zu entnehmen. Der Beitrag der einzelnen Klinkerphasen an der Druckfestigkeitsentwicklung ist in Abbildung 1.10 dargestellt. Es wird deutlich, dass insbesondere C_3S für die Frühfestigkeit verantwortlich ist. Beide Calciumsilicatphasen (C_3S und C_2S) besitzen durch die Bildung von CSH-Phasen einen hohen Beitrag zur Festigkeitsentwicklung, wohingegen die Klinkerphasen C_3A und C_4AF nur einen geringen Beitrag leisten.

Tabelle 1.14: Zementtechnische Eigenschaften und Reaktionswärme der Zementklinkerphasen nach [6]

Klinkerphase	Zementtechnische Eigenschaften		Reaktionswärme [J/g]
C_3S	•	Schnelle Reaktion mit Wasser	520
	•	Entscheidend für Verarbeitbarkeit und Erstarren	
	•	Hohe Hydratationswärme	
	•	Maßgeblich für Früh- und Spätfestigkeit	
C_2S	•	Langsame Erhärtung	260
	•	Niedrige Hydratationswärme	
	•	Beitrag zur Spätfestigkeit	
C_3A	•	Einfluss auf das Erstarren	1140 - 1670
	•	Höchste Reaktionsgeschwindigkeit	
	•	Hohe Hydratationswärme	
	•	Beitrag zur Frühfestigkeit	
C_4AF	•	Langsame Reaktion mit Wasser	420
	•	Sehr geringer Festigkeitsbeitrag	

Der Fortschritt der Hydratation wird mit dem **Hydratationsgrad α** angegeben. Dieser bezeichnet das Verhältnis des hydratisierten Zementes zu der ursprünglichen Zementmasse (Formel 1.4.2). Der Hydratationsgrad erhöht sich mit zunehmender Temperatur, Feuchte, Zeit und Mahlfeinheit des Zementes sowie durch höhere Gehalte an C_3S und C_2S.

$$\text{Hydratationsgrad } \alpha = \frac{\text{Masse des hydratisierten Zementes}}{\text{Zementausgangsmasse}} \qquad (1.1.21)$$

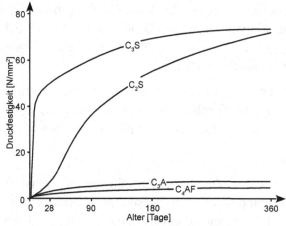

Abbildung 1.10: Druckfestigkeitsentwicklung der Zementklinkerphasen

Da Zement in Kontakt mit Wasser stark basisch reagiert und dies bei Augen-
und Hautkontakt zu Reizungen der Haut führen kann, ist Zement nach der
EG-Verordnung Nr. 1272/2008 mit den beiden Gefahrensymbolen aus
Abbildung 1.11 versehen. Die Gefahrenhinweise für Zement lauten nach
dieser Verordnung

- verursacht Hautreizungen,
- verursacht schwere Augenschäden und
- kann die Atemwege reizen.

Abbildung 1.11: Gefahrensymbole für Zement nach EG-Verordnung Nr. 1907/2006

Natürliche Rohstoffe des Zements enthalten zudem in geringen Mengen
Chrom. Beim Klinkerbrennprozess wandeln sich diese teilweise in
wasserlösliches Chromat um. Haben Personen über längere Zeiträume
direkten Hautkontakt mit feuchten zementhaltigen Zubereitungen, kann eine
Chromatallergie (umgangssprachlich: „Maurerkrätze") ausgelöst werden.
Gemäß der EG-Verordnung Nr. 1907/2006 dürfen Zemente und
zementhaltige Zubereitungen nur in den Verkehr gebracht und verwendet
werden, wenn ihr Gehalt an wasserlöslichem Chrom VI (Chromat) nach
Hydratisierung nicht mehr als 0,0002 M.-% (2 ppm), bezogen auf die
Trockenmasse des Zements, beträgt.

Aufgrund der beschriebenen Gefahren ist bei der Verarbeitung von Zement
ein direkter Kontakt durch das Tragen von Schutzhandschuhen,
Schutzkleidung und Augenschutz unbedingt zu vermeiden.

Wasseranspruch

Der Wasserbedarf eines Zementes zur Einstellung einer vorgegebenen
Konsistenz hängt maßgeblich von dessen Mahlfeinheit (massenbezogene
Oberfläche) und Korngrößenverteilung ab. Kornform und

Oberflächenrauigkeit sowie die Reaktivität der Zementpartikel haben ebenfalls einen Einfluss, spielen jedoch eine untergeordnete Rolle.

Die **Mahlfeinheit** des Zementes wird indirekt über die spezifische Oberfläche des Materials bestimmt. Die Bestimmung der spezifischen Oberfläche (Blaine-Wert [cm²/g]) mittels des Luftdurchlässigkeitsverfahrens nach DIN EN 196-6 dient der Kontrolle der Gleichmäßigkeit der Mahlung im Werk. Dieses Verfahren beruht auf dem Messen der Zeit, die eine bestimmte Luftmenge benötigt, um einen verdichteten Zement zu durchströmen. Eine Beurteilung der Gebrauchseigenschaften des Zementes ist mit diesem Verfahren nur in begrenztem Umfang möglich, da verschiedene Korngrößenverteilungen bei gleicher spezifischer Oberfläche ein sehr unterschiedliches Verhalten aufweisen können. Aus betontechnologischer Sicht ist die Korngrößenverteilung daher deutlich aussagekräftiger. Sie kann mithilfe eines Lasergranulometers bestimmt werden. Mittels dieser Messmethode ist es möglich, die Anteile verschieden großer Partikel in einer Suspension zu bestimmen und darüber hinaus die spezifische Oberfläche des Materials ermitteln. Um Partikelgrößen gröberer Stoffe wie beispielsweise Gesteinskörnungen zu bestimmen, wird in der Regel eine Siebanalyse durchgeführt (siehe Kapitel 1.2.2). Je größer die spezifische Oberfläche, umso reaktiver ist der Zement. Zemente einer hohen Festigkeitsklasse weisen folglich eine hohe spezifische Oberfläche auf. Der Blaine-Wert deutscher Normalzemente liegt in der Größenordnung von etwa 3100 cm²/g bis 5400 cm²/g [8]. Eine Übersicht über verschiedene Feinheitsstandards liefert Tabelle 1.15.

Tabelle 1.15:   Spezifische Oberfläche von Zementen [3]

Feinheits-standard	Spezifische Oberfläche [cm²/g]	Beispiele Zement
Grob	< 2800	CEM I 32,5 N
Mittel	2800 - 4000	CEM III/B 32,5 N
Fein	> 4000	CEM I 52,5 R
Sehr fein	5000 - 7000	Spezialzemente, bspw. für Injektionen

Wegen seiner im Vergleich zu Wasser etwa dreimal größeren Dichte (Tabelle 1.16) neigt der Zement im Zementleim zum Sedimentieren. Dadurch kann sich an der Oberfläche des Zementleims eine mehr oder weniger dicke Wasserschicht bilden. Um diesen, als Wasserabsondern oder Bluten bezeichneten, Prozess zu vermeiden, sollte der w/z-Wert auf 0,60 begrenzt werden. Das Bluten ist bei grob gemahlenen Zementen stärker ausgeprägt als bei fein gemahlenen, weil durch größere Oberflächen auch größere Wassermengen als benetzender Film gebunden werden. Im Beton ist das Wasserabsondern nicht so stark ausgeprägt wie in reinem Zementleim. Dies lässt sich auf den zusätzlichen Wasseranspruch der verwendeten Gesteinskörnung im Beton bei gleichbleibendem w/z-Wert zurückführen. Der w/z-Wert beeinflusst maßgeblich die Druckfestigkeit und Porosität des Zementsteins. Bei einem w/z-Wert von 0,40 wird theoretisch das gesamte Zugabewasser chemisch (etwa 25 %) und physikalisch (etwa 15 %) gebunden und der gesamte Zement hydratisiert. Daher wird in der Regel ein „optimaler" w/z-Wert von 0,40 angenommen. Ist der w/z-Wert geringer, so hydratisieren die Zementpartikel nur in den äußeren Schichten, das gesamte Anmachwasser wird chemisch und physikalisch gebunden und im Baustoff verbleibt unhydratisierter Zement. Da der unhydratisierte Zement eine höhere Dichte besitzt als die Hydratationsprodukte, weist dieser eine sehr hohe Druckfestigkeit auf. Dadurch lässt sich die Festigkeit des Zementsteins erhöhen. Die aus dem niedrigen w/z-Wert resultierende geringe Gesamtporosität wirkt sich ebenfalls günstig auf die Festigkeit aus. Liegt der w/z-Wert über 0,40 kann der gesamte Zement hydratisieren und das für die Hydratation nicht benötigte überschüssige Wasser hinterlässt Kapillarporen. Der Einfluss des w/z-Wertes auf die Hydratation ist in Abbildung 1.12 schematisch dargestellt. Die Wahl des w/z-Wertes muss folglich an die Anforderungen und den Verwendungszweck des Materials angepasst werden.

Als **Kapillarporen** werden Poren im Beton bzw. Mörtel bezeichnet, die durch Überschusswasser bei der Zementhydratation entstehen.

Tabelle 1.16:   Dichten ausgewählter Zementarten [3]

Zementart	Dichte [kg/dm³]	Schüttdichte [kg/dm³]	
		eingelaufen	eingerüttelt
Portlandzement	3,1		
Portlandhüttenzement	3,05		
Portlandkalksteinzement	3,05	0,9 – 1,1	1,2 – 1,8
Hochofenzement	3,0		
Puzzolanzement	2,9		

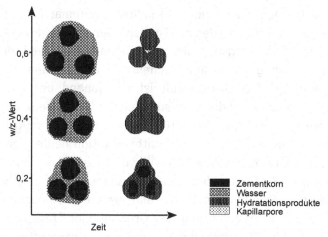

Abbildung 1.12: Einfluss des w/z-Wertes auf die Hydratation

Mit zunehmendem w/z-Wert verbessert sich die Verarbeitbarkeit des Zementleims, die Druckfestigkeit und Dauerhaftigkeit des Zementsteins jedoch reduzieren sich aufgrund der durch die Kapillarporen hervorgerufenen höheren Gesamtporosität. Je höher der Anteil an Kapillarporen im Baustoff, umso saugfähiger ist der Zementstein. Um eine Verbindung der Kapillarporen untereinander und die dadurch resultierende Wasserdurchlässigkeit des Zementsteins zu verhindern, sollte ein Kapillarporenanteil des Zementsteins über 25 % vermieden werden.

Bezogen auf das Volumen des nicht hydratisierten Zementes und des bei vollständiger Hydratation chemisch und physikalisch gebundenen Wasseranteils ist das Volumen der Hydratationsprodukte kleiner, weil das in den Hydratationsprodukten gebundene Wasser weniger Raum einnimmt als freies Wasser. Dieser Vorgang wird auch als **chemisches Schwinden** bezeichnet und beschreibt vereinfacht ausgedrückt das Phänomen, dass das Volumen der Reaktionsprodukte (Hydratationsprodukte) geringer ist als das der Ausgangsstoffe.

Porosität

Aufgrund der komplexen Reaktionsprozesse bei der Hydratation umfasst die Porosität des Zementsteins einen weiten Porengrößenbereich. Hierzu zählen Poren mit Durchmessern von weniger als einem Nanometer ebenso wie sichtbare Poren von mehreren Millimetern Durchmesser. Die in Beton bzw. Mörtel enthaltenen Porenarten lassen sich entsprechend ihrer Entstehung unterscheiden.

a) **Gelporen** (0,1 nm bis 10 nm) sind kleinste, miteinander verbundene Porenräume zwischen den Kristallen der Hydratationsprodukte (Abbildung 1.13). Aufgrund ihrer geringen Größe und der damit einhergehenden großen Grenzflächenspannungen, sind sie ständig wassergesättigt. Die Gelporosität ist weitgehend unabhängig vom w/z-Wert, erhöht sich jedoch mit steigendem Zementgehalt.

b) **Kapillarporen** (10 nm bis 100 μm) entstehen aufgrund des überschüssigen, nicht für die Zementhydratation benötigten Wassers in den Zwickelbereichen der hydratisierten Zementpartikel (Abbildung 1.13). Dort bilden sie ein zusammenhängendes Netzwerk, das Wasser kapillar aufnehmen und durch Verdunstung wieder abgeben kann. Demnach erfolgt der Großteil aller Transportvorgänge in und aus dem Baustoff durch das Kapillarporensystem. Steuern lässt sich der Kapillarporenanteil eines Betons beispielsweise über den w/z-Wert oder den Zementgehalt.

c) **Luftporen** (1 μm bis 1 mm) sind große (teilweise mit bloßem Auge sichtbare), kugelrunde Porenräume, die in einem Normalbeton etwa ein bis drei Prozent des Gesamtvolumens einnehmen. Sie entstehen vorwiegend durch das Einbringen von Luft beim Mischen in den Frischbeton. Luftporen sind für gewöhnlich mit Luft gefüllt und enthalten folglich kein Wasser. Sie können mithilfe von Luftporenbildner stabilisiert werden und erhöhen den Frostwiderstand von Beton (vgl. Kapitel 1.3.6).

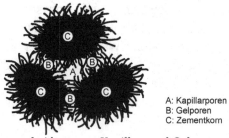

A: Kapillarporen
B: Gelporen
C: Zementkorn

Abbildung 1.13: Unterscheidung von Kapillar- und Gelporen

Unter praktischen Bedingungen ist ein Kapillarporenraum selbst bei niedrigen w/z-Werten nicht zu vermeiden, da auch nach sehr langer Erhärtungszeit der Zement nicht vollständig hydratisiert ist und somit in der Praxis stets Hydratationsgrade unter 100 % vorliegen. Wasser ist im Zementstein in unterschiedlichen Bindungszuständen enthalten. Ein großer Teil des Wassers wird im Laufe der Hydratation chemisch und physikalisch in den Hydratphasen gebunden. Dieses Wasser wird auch als Kristallwasser bezeichnet.

Neben den Hydratationsprodukten spielen für die Festigkeit und Dichtigkeit eines Betons insbesondere die Porengrößenverteilung im Zementstein eine wesentliche Rolle. In der Praxis kann ein dichter Beton hergestellt werden, wenn ein Kapillarporenanteil von 25 % nicht überschritten wird. Unterhalb dieses Wertes sind die Kapillarporen nicht untereinander verbunden (Diskontinuität) und die Wasserdurchlässigkeit des Betons ist sehr gering. Oberhalb dieses theoretischen Grenzwertes stehen die Kapillarporen untereinander in Verbindung (Kontinuität) und die Wasserdurchlässigkeit steigt stark an. Insbesondere Kapillar- und Luftporen verringern die Festigkeit des Zementsteins. Im Allgemeinen kann von einem Verlust der Festigkeit von 3 N/mm² durch eine Erhöhung der Poren um 1 % ausgegangen werden. Dies lässt sich darauf zurückführen, dass die Fläche für die Kraftübertragung im Material durch das Einbringen von Poren abnimmt und folglich die aufzunehmende Kraft geringer ist.

Außerdem erleichtern Poren im System das Eindringen von Schadstoffen, beschleunigen die Carbonatisierung und setzen den Frostwiderstand herab. Aus diesen Gründen definieren die DIN EN 206-1 sowie die DIN 1045-2 in Abhängigkeit der Expositionsklassen (siehe Kapitel 1.6) obere Grenzen für den w/z-Wert. Die Porenverhältnisse im Zementstein hängen im Wesentlichen vom w/z-Wert und vom Hydratationsgrad ab. Eine Übersicht über die volumetrischen Bestandteile des Zementsteins sowie dessen Porenverteilung in Abhängigkeit des w/z-Wertes ist Abbildung 1.14 zu entnehmen.

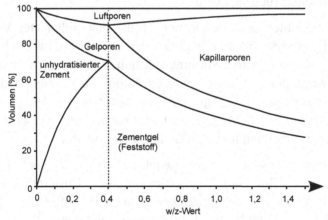

Abbildung 1.14: Porosität von Zementstein in Abhängigkeit des w/z-Wertes [6]

1.2 Gesteinskörnung

Gesteinskörnung ist im Allgemeinen körniges Material für die Verwendung im Bauwesen (DIN EN 12620). Dabei kann es sich um natürlich vorkommende, industriell hergestellte oder rezyklierte mineralische Feststoffpartikel handeln, die zur Herstellung eines Teilchenverbundwerkstoffs dienen. Teilchenverbundwerkstoffe sind insbesondere Asphalt, Beton und Mörtel.

Beim Verbundwerkstoff Beton (bzw. Mörtel) übernimmt die Gesteinskörnung mehrere Funktionen. Durch die im Vergleich zu Zement geringeren Rohstoffkosten reduzieren sich die Gesamtkosten des Betons, wenn möglichst hohe Anteile des Betonvolumens aus Gesteinskörnung bestehen. Zudem ergibt sich ein Vorteil in ökologischer Hinsicht, da der Energieaufwand zur Bereitstellung der Gesteinskörnung wesentlich geringer ausfällt als beim Zement. Gleichzeitig hat die Gesteinskörnung bei Normalbeton die Aufgabe, über das ineinander verzahnte Korngerüst den Lastabtrag zu ermöglichen. Druckkräfte, resultierend aus äußeren Lasten, werden demnach über die Gesteinskörnung und nicht den Zementstein übertragen. Ein weiterer Vorteil ergibt sich durch die Reduktion der Schwindverformung des Betons gegenüber reinem Zementstein, da Gesteinskörnung im Vergleich zu Zementstein nicht schwindet. Ebenfalls reduziert sich durch die Gesteinskörnung die Gesamtwärmeentwicklung des Betons im Verlauf der Erhärtung, da der Zement im gesamten Betonvolumen nur noch einen relativ geringen Anteil besitzt und die durch die Zementhydratation bedingte Wärmeentwicklung reduziert wird.

Beim Einsatz leichter Gesteinskörnung ergibt sich zudem der Vorteil, dass das Wärmedämmverhalten von Bauteilen verbessert wird und sich die Lasten reduzieren. Schwere Gesteinskörnung mit hoher Dichte wird hingegen dann eingesetzt, wenn der Strahlenschutz des Betons im Vordergrund steht. Die Steuerung dieser speziellen Eigenschaften hängt neben den physikalischen und mechanischen Eigenschaften der Gesteinskörnung im Wesentlichen von der Korngrößenverteilung und dem Gehalt im Beton ab.

Ein Normalbeton besteht in der Regel zu 60 Vol.-% bis 70 Vol.-% aus Gesteinskörnung. Bei der meistverwendeten Gesteinskörnung, dem Quarzsand bzw. -kies (Trockenrohdichte von 2,60 kg/dm³ bis 2,65 kg/dm³), entspricht dies ca. 1600 kg bis 1800 kg pro Kubikmeter Beton. Geringere Gehalte an Gesteinskörnung bis hin zu lediglich 40 Vol.-% kommen bei

Sonderbetonen, wie bspw. selbstverbdichtenden Betonen, zum Einsatz, höhere Gehalte meist bei minderwertigen, haufwerksporigen Betonen und Mörteln (bspw. Pflastersteinen).

Das Korngerüst im Beton (bzw. Mörtel) muss mehreren Anforderungen gerecht werden. In diesem Zusammenhang spielt neben dem Lastabtrag insbesondere die Verarbeitbarkeit des Betons eine Rolle. Die Körner müssen bei der Verarbeitung des Baustoffes gegeneinander verschiebbar sein, um den Einbau und die Verdichtung im frischen Zustand zu ermöglichen.

Umfassende Anforderungen an Gesteinskörnungen für die Verwendung in Beton und Mörtel sind in der DIN EN 12620 sowie der DIN EN 13055 (leichte Gesteinskörnung) festgelegt und werden unter Kapitel 1.2.6 näher erläutert.

1.2.1 Einteilung

Gesteinskörnung wird nach ihrem Ursprung in künstlich hergestellte, natürliche und rezyklierte Gesteinskörnung unterteilt. Natürliche Gesteinskörnung entstammt aus natürlichen mineralischen Vorkommen und wird lediglich mechanisch aufbereitet (bspw. gebrochen). Industriell hergestellte Gesteinskörnung ist ebenfalls mineralischen Ursprungs, wird jedoch industriell über verschiedene Prozesse hergestellt bzw. weiterverarbeitet (bspw. thermische Prozesse). Als rezyklierte Gesteinskörnung wird aufbereitetes anorganisches (mineralisches) Material aus Altbaustoffen bezeichnet.

Neben der Klassifizierung bzgl. des Ursprungs wird Gesteinskörnung zusätzlich nach ihrer Roh- bzw. Schüttdichte eingeteilt (Tabelle 1.17). Leichte Gesteinskörnung besitzt eine Kornrohdichte von weniger als 2000 kg/m³ und eine Schüttdichte kleiner 1200 kg/m³. Bei normaler Gesteinskörnung liegt der Wert der Kornrohdichte zwischen 2000 kg/m³ und 3000 kg/m³, schwere Gesteinskörnung ist definiert durch eine Kornrohdichte von über 3000 kg/m³. Beispiele für die drei Kategorien sind Tabelle 1.17 zu entnehmen.

Tabelle 1.17:   Einteilung der Gesteinskörnung nach Kornrohdichte

	Leichte Gesteinskörnung	Normale Gesteinskörnung	Schwere Gesteinskörnung
Kornrohdichte [kg/m³]	< 2000	2000 - 3000	≥ 3000
Beispiele	Naturbims Hüttenbims Ziegelsplitt Blähton/Blähschiefer	Kalkstein Quarzgestein Basalt Granit	Stahlsand Hämatit Magnetit Baryt

1.2.2 Korngruppe und Kornzusammensetzung

Gesteinskörnung wird nach ihrer **Korngruppe** benannt. Die Korngruppe, deren Angabe durch die Bezeichnung „d/D" erfolgt, wird mithilfe von Sieben ermittelt. „d" bezeichnet dabei die untere (Kleinstkorn) und „D" die obere Siebgröße (Größtkorn). Die Bezeichnung der Korngruppe schließt ein, dass einige Körner durch das untere Sieb fallen (Unterkorn < d) und einige auf dem oberen Sieb liegen bleiben (Überkorn > D). Davon begrifflich abzugrenzen ist die sogenannte **Kornklasse**. Ist von einer Kornklasse die Rede, so werden Unter- und Überkörner ausgeschlossen. Für eine Korngruppe mit der Bezeichnung 8/16 (d = 8 mm; D = 16 mm) würde dies bedeuten, dass beim Vorhandensein von Über- und Unterkorn Teile der Kornzusammensetzung kleiner als 8 mm bzw. größer als 16 mm sind.

Je nachdem welche Größenordnung das Kleinst- und Größtkorn einer Gesteinskörnung aufweist, wird begrifflich zwischen Feinanteilen, Füller und grober sowie feiner Gesteinskörnung unterschieden (Abbildung 1.15 und Tabelle 1.18).

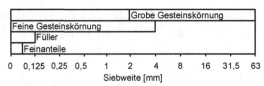

Abbildung 1.15: Grafische Übersicht über die verschiedenen Begriffe nach DIN EN 12620

Tabelle 1.18:   Tabellarische Übersicht über die verschiedenen Begriffe
                   (Gesteinskörnung)

Bezeichnung	Kleinstkorn d [mm]	Größtkorn D [mm]	Norm
Feinanteile	0	0,063	DIN EN 12620
Füller (Gesteinsmehl)	0	0,125*	DIN EN 12620
Feine Gesteinskörnung	0	≤ 4,0	DIN EN 12620
Grobe Gesteinskörnung	≥ 2,0	≥ 4,0	DIN EN 12620
Sand	> 0,06	≤ 2,0	DIN 4022
Kies	> 2,0	≤ 63,0	DIN 4022

* Überwiegender Anteil ≤ 0,063 mm.

Die Eigenschaften der Gesteinskörnung, wie beispielsweise der Wasseranspruch, werden maßgeblich durch die Kornzusammensetzung bestimmt. Diese gibt an, wie viel Prozent der Körner einer Korngruppe eine bestimmte Größe aufweisen. Liegt zum Beispiel eine Gesteinskörnung der Korngruppe 0/8 (d = 0 mm; D = 8 mm) vor, so kann die Kornzusammensetzung beispielsweise Auskunft darüber geben, wie hoch der Anteil an Körnern kleiner als zwei Millimeter (Sand) ist.

Die Korngruppe sowie die Kornzusammensetzung werden mithilfe des Siebverfahrens nach DIN EN 933-1 bestimmt. Hierfür werden Siebe der Größe nach (mit der kleinsten Maschenweite als unterstes Sieb) zu einem Siebturm übereinander angeordnet. Die Gesteinskörnung wird in das oberste Sieb eingefüllt, anschließend wird der Siebturm von Hand oder mechanisch gerüttelt und die einzelnen Kornfraktionen verbleiben am Ende dieses Prozesses auf den jeweiligen Sieben. Danach werden die Rückstände auf den einzelnen Sieben gewogen. Das Rütteln kann beendet werden, wenn sich die Masse des Rückstandes auf jedem Sieb um nicht mehr als ein Prozent verändert. Über die Massen der einzelnen Rückstände auf allen Sieben und der bekannten Gesamtmasse des Korngemisches können die Anteile der Kornfraktionen in der Gesteinskörnung berechnet werden.

Für Korngruppen existieren normativ festgelegte Mindest- und Maximalwerte des Über- und Unterkorns. Der Massenanteil des Unterkorns einer Korngruppe darf demnach maximal 20 % betragen, ein Mindestwert existiert nicht. Beim Überkorn ergibt sich ein Mindestwert von 1 %, maximal sind 15 % zulässig. Die Maximalwerte des Unter- und Überkorns gewährleisten, dass es sich bei einer Korngruppe auch wirklich um die entsprechende Korngruppe mit Kleinst- und Größtkorn handelt. Der Mindestwert des Überkorns stellt sicher, dass das Größtkorn der Korngruppe auch wirklich in entsprechendem Umfang vorhanden ist.

Die Ergebnisse der Siebanalyse werden als sogenannte Sieblinien in Diagrammen dargestellt (Abbildung 1.16). Die Angabe erfolgt in Volumenprozent. Folglich muss zunächst die Dichte der einzelnen Kornfraktionen bestimmt werden, sodass die gemessenen Massen umgerechnet werden können. Aufgrund theoretischer Überlegungen und praktischer Erfahrungen sind sogenannte Idealsieblinien entwickelt worden, die eine möglichst dichte Packung des Korngerüsts bei Minimierung des Zementleimanspruchs und gleichzeitig guter Verarbeitbarkeit bzw. Verdichtungswilligkeit zum Ziel haben.

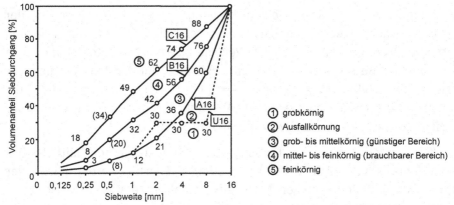

Abbildung 1.16: Sieblinien mit einem Größtkorn von 16 mm nach DIN 1045-2

Die wichtigste empirisch ermittelte Sieblinie für näherungsweise kugelförmige Gesteinskörnungen ist die **Sieblinie nach Fuller & Thompson**. Der volumetrische Anteil der Korngruppe mit einem Größtkorn von D_i lässt sich in Abhängigkeit des Körnungsexponenten q und dem Größtkorn des Korngemisches (D_n) mithilfe von Formel 1.2.1 bestimmen. Hierbei bestimmt der Körnungsexponent q die Feinheit des Korngemenges. Um eine grobe Sieblinie zu erhalten ist ein größerer Körnungsexponent erforderlich als dies bei feineren Korngemengen der Fall ist.

$$A(d_i/D_i) = \left(\frac{D_i}{D_n}\right)^q - A(0/d_i) = \left(\frac{D_i}{D_n}\right)^q - \left(\frac{d_i}{D_n}\right)^q \tag{1.2.1}$$

$A(d_i/D_i)$: Volumetrischer Anteil der Korngruppe d_i/D_i am Korngemenge
d_i: Kleinstkorn der Korngruppe
D_i: Größtkorn der Korngruppe
D_n: Größtkorn des Korngemenges
q: Körnungsexponent

Liegen beispielsweise die Korngruppen 0/2, 2/4 und 4/8 vor, so ergeben sich für die Idealsieblinie nach Fuller & Thompson (q = 0,5) die volumetrischen Anteile der einzelnen Korngruppen wie folgt (Formeln 1.2.2 bis 1.2.4).

$$A(0/2) = \left(\frac{2}{8}\right)^{0,5} = 0,50 \tag{1.2.2}$$

$$A(2/4) = \left(\frac{4}{8}\right)^{0,5} - A(0/2) = \left(\frac{4}{8}\right)^{0,5} - \left(\frac{2}{8}\right)^{0,5} = 0,21 \tag{1.2.3}$$

$$A(4/8) = \left(\frac{8}{8}\right)^{0,5} - A(0/4) = \left(\frac{8}{8}\right)^{0,5} - A(0/2) - A(2/4)$$
$$= \left(\frac{8}{8}\right)^{0,5} - \left(\frac{4}{8}\right)^{0,5} = 0,29 \tag{1.2.4}$$

Die sogenannten Grenzsieblinien A, B und C basieren auf der Sieblinie nach Fuller & Thompson und ergeben sich aus der Verwendung von bestimmten Körnungsexponenten (Tabelle 1.19). Sie dienen nach DIN 1045-2 als Begrenzung für verschiedene Bereiche zur Bewertung der Kornzusammensetzung und bestimmen maßgeblich die Eigenschaften des Korngemenges bzw. des daraus hergestellten Betons. Beispielhaft sind diese Bereiche für Gesteinskörnungen mit einem Größtkorn von 16 mm in Abbildung 1.16 dargestellt. Bei der Charakterisierung einer Kornzusammensetzung wird zwischen den Bereichen grobkörnig (1), grob- bis mittelkörnig (3), mittel- bis feinkörnig (4), feinkörnig (5) und dem Bereich der Ausfallkörnung (2) unterschieden.

Tabelle 1.19: Richtwerte für Körnungsexponenten

Grobe Sieblinie	q = 0,7
Idealsieblinie	q = 0,5
Feine Sieblinie	q = 0,2

Die Kornzusammensetzung kann außerdem über Kennwerte beschrieben werden, die sich auf die Siebanalyse beziehen. Die gebräuchlichsten Faktoren zur Kennzeichnung einer Kornzusammensetzung sind die Körnungsziffer k und die D-Summe.

Die Körnungsziffer k ist die Summe der in Prozent angegebenen Rückstände auf dem vollständigen Siebsatz mit neun Sieben bis 63 mm (0,25-0,5-1-2-4-8-16-31,5-63 mm) geteilt durch 100 (Formel 1.2.5). Im Gegensatz dazu berechnet sich die D-Summe durch die Addition der Durchgänge durch die neun oben angegebenen Siebe (Formel 1.2.6). Die Siebgröße 0,125 wird für die Berechnung der Körnungsziffer k und der D-Summe nicht herangezogen, da sie aufgrund der geringen Mengen innerhalb der Gesteinskörnung keinen wesentlichen Einfluss auf den Wasseranspruch der Gesteinskörnung hat. Feinere Sieblinien weisen einen höheren Wasseranspruch, eine kleinere Körnungsziffer k und eine höhere D-Summe auf. Je größer das Größtkorn des Korngemenges ist, umso geringer ist der Wasseranspruch der Gesteinskörnung. Folglich wird der k-Wert größer und die D-Summe sinkt.

$$\text{Körnungsziffer k} = \frac{\text{Summe aller Rückstände}}{100} \qquad (1.2.5)$$

$$\text{D} = \text{Summe aller Durchgänge} \qquad (1.2.6)$$

Die klassische Darstellung der Sieblinien erfolgt im logarithmischen Maßstab (Abbildung 1.16). Dadurch ergeben sich gleiche Abstände der Sieblochweiten auf der x-Achse. Eine Alternative hierzu ergibt sich durch die Darstellung im Wurzelmaßstab. Die Idealsieblinie nach Fuller & Thompson stellt eine quadratische Parabel dar, die nur im Wurzelmaßstab als lineare Funktion dargestellt werden kann. Der eigentliche Vorteil des Wurzelmaßstabs ergibt sich dadurch, dass graphisch für jedes beliebige Größtkorn eine Idealsieblinie eingezeichnet und ausgelesen werden kann (Abbildung 1.17).

Für die Idealsieblinie ergibt sich eine stetige Korngrößenverteilungen, welche die dichteste Packung des Korngerüstes ermöglichen soll, dadurch zu einer Reduktion des Zementleimgehaltes und den damit verbundenen Vorteilen führt sowie eine gute Verarbeitbarkeit und Verdichtbarkeit des Betons gewährleistet.

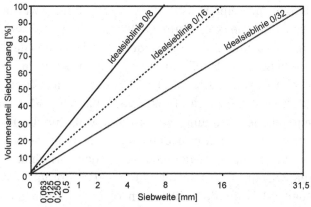

Abbildung 1.17: Idealsieblinien im Wurzelmaßstab

Die Kornzusammensetzung eines Normalbetons weicht in der Praxis jedoch meist von der Idealsieblinie ab. Das Prinzip der dichtesten Packung mit dem Hintergrund des Schlupfkorns (vgl. Kapitel 1.2.4), das exakt in die Zwickel der nächst größeren Körner passt, lässt sich praktisch nur schwer realisieren. Ein Grund hierfür ist unter anderem die Geometrie der Körner, die fast immer von der kugeligen Form (Grundlage der Idealsieblinie nach Fuller & Thompson) abweicht. Ebenfalls lässt sich ein Beton mit stetiger Sieblinie der Gesteinskörnung nur schwer verarbeiten. Dies führt in der Praxis häufig dazu, dass Füllkörner als Sperrkörner wirken. Aus diesem Grund wird die Sieblinie meist dahingehend modifiziert, dass die mittleren Bereiche des Korngemischs reduziert werden. Aus der stetigen Idealsieblinie wird daher eine unstetige Sieblinie mit einem reduzierten Anteil an mittelgroben Körnern (Abbildung 1.18).

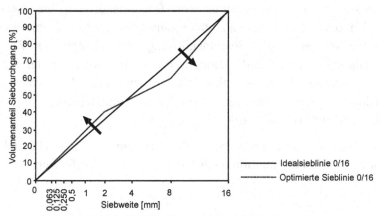

Abbildung 1.18: Idealsieblinie 0/16 und optimierte Sieblinie 0/16

Für eine Sieblinie mit einem Größtkorn von 16 mm würde sich nach Fuller & Thompson für die Korngruppen 0/2, 2/8 und 8/16 Volumenanteile von circa 35 %, 35 % und 29 % (gerundet) ergeben. Bei der optimierten Sieblinie mit reduziertem Anteil an mittelgroben Körnern ergeben sich beispielsweise Werte von 40 % (0/2), 20 % (2/8) und 40 % (8/16). Die Fraktion 2/8 wird reduziert, die Fraktionen 0/2 und 8/16 entsprechend erhöht. Die angegebene Verteilung von 40 % jeweils für die kleinste sowie die größte zu verwendende Korngruppe wird als typische Verteilung der Korngruppen in Normalbeton angenommen. Liegen zwischen der kleinsten und der größten Korngruppe mehr als eine weitere Korngruppe, so werden die verbleibenden 20 % für das Mittelkorn gleichmäßig in diesem Bereich aufgeteilt. Die obere Siebgröße der kleinsten Korngruppe und die untere Siebgröße der größten Korngruppe stellen die beiden „Wendepunkte" (Knicke) in der Sieblinie (Wurzelmaßstab) dar. Die Wendepunkte für das Beispiel in Abbildung 1.18 liegen bei 2 mm und 8 mm.

Die Optimierung der Idealsieblinie hin zu einem unstetigen Verlauf wird normativ durch die Sieblinie „U" (bspw. U16, Abbildung 1.16) begrenzt, welche die Ausfallkörnung darstellt. Ausfallkörnung bedeutet, dass eine Korngruppe überhaupt nicht im Korngemisch vertreten ist. Wird der mittelgrobe Bereich reduziert und die kleineren und größeren Fraktionen dementsprechend erhöht, so darf dies nur oberhalb der Ausfallkörnung (Sieblinie „U") erfolgen. Dies stellt sicher, dass zu geringe Feinanteile bzw. zu hohe Anteile an grober Gesteinskörnung vermieden werden. Beides kann unter anderem zum Entmischen des Betons führen und die Festbetoneigenschaften gravierend beeinträchtigen.

In der Praxis ist die Verwendung von Gesteinskörnung ein regionales Geschäft. Um teure Frachtkosten zu minimieren, wird für die Herstellung von Normalbeton in der Regel Gesteinskörnung eines regionalen Zulieferes bezogen. Die gelieferten Kornfraktionen können erheblich von der für einen Beton bestimmten Sieblinie abweichen. Um aus den vorliegenden Kornfraktionen eine geforderte Sieblinie anzunähern, kann ein Schätzverfahren verwendet werden.

Beispielsweise stellt ein Zulieferer vier Korngruppen 0/2, 2/8, 8/16 und 16/32 mit den Korngrößenverteilungen nach Tabelle 1.20 zur Verfügung.

Tabelle 1.20:   Siebdurchgänge der Korngruppen [%]

Korn-gruppe	0,125	0,25	0,5	1	2	4	8	16	31,5	63
0/2	0	10	40	80	90	100	100	100	100	100
2/8	0	0	0	0	5	50	95	100	100	100
8/16	0	0	0	0	0	0	10	90	100	100
16/32	0	0	0	0	0	0	0	10	95	100

Der Betonhersteller muss anschließend die Anteile der vier Korngruppen so wählen, dass eine geforderte Soll-Sieblinie (Tabelle 1.21) erreicht wird. Als Ziel wird in diesem Beispiel vorgegeben, dass die Anteile der Soll- und der Ist-Sieblinie in den Wendepunkten exakt übereinstimmen.

Tabelle 1.21:   Soll-Sieblinie, Siebdurchgänge [%]

	0,125	0,25	0,5	1	2	4	8	16	31,5	63
Soll-Sieblinie	2	6	17	27	**36**	45	55	**63**	100	100

Bei dem Schätzverfahren wird zunächst die oben erläuterte typische Verteilung der Korngruppen in Normalbeton angesetzt. Die Korngruppe 0/2 wird folglich zu 40 %, die Korngruppen 2/8 und 8/16 jeweils zu 10 % und die Korngruppe 16/32 zu 40 % verwendet. Die Wendepunkte ergeben sich in diesem Beispiel zu 2 mm (obere Siebgröße der kleinsten Korngruppe) und 16 mm (untere Siebgröße der größten Korngruppe). Die Ist-Sieblinie ergibt sich mit den genannten Anteilen der einzelnen Korngruppen (gerundet auf ganze Prozentzahlen) zu den Werten in Tabelle 1.22.

Tabelle 1.22:   Siebdurchgänge der Korngruppen [%] und Ist-Sieblinie 1. Iteration

Korn-gruppe	0,125	0,25	0,5	1	2	4	8	16	31,5	63
0/2 (40%)	0	4	16	32	36	40	40	40	40	40
2/8 (10%)	0	0	0	0	1	5	10	10	10	10
8/16 (10%)	0	0	0	0	0	0	1	9	10	10
16/32 (40%)	0	0	0	0	0	0	0	4	38	40
Ist-Sieblinie	0	4	16	32	**37**	45	51	**63**	98	100

Im Wendepunkt bei 2 mm weicht die Ist-Sieblinie (37 %) um einen Prozentpunkt von der Soll-Sieblinie (36 %) ab, wohingegen im Wendepunkt bei 16 mm keine Differenz vorliegt (bei beiden Sieblinien 63 %). Da folglich das angestrebte Ziel noch nicht erreicht ist, müssen die prozentualen Anteile der einzelnen Korngruppen neu geschätzt werden. In diesem Beispiel bietet es sich an, den Anteil der Korngruppe 0/2 geringfügig zu reduzieren. Diese Korngruppe besitzt den größten Einfluss auf den Siebdurchgang der Ist-Sieblinie bei 2 mm. Da dieser Siebdurchgang von 37 % auf 36 % reduziert werden soll, wird der Anteil der Korngruppe 0/2 verringert. Wird der Anteil von einer Korngruppe verkleinert, muss der Anteil einer anderen Korngruppe um den gleichen Prozentsatz erhöht werden. In diesem Fall bietet sich die Korngruppe 2/8 an. Da der Siebdurchgang durch das 16 mm-Sieb bei der Ist- und der Soll-Sieblinie bereits übereinstimmt, könnte durch die Verringerung des Anteils der Korngruppe 0/2 eine ungewollte Differenz beider Sieblinien entstehen.

Um den Verlust des Durchgangs bei 16 mm durch die Reduktion des Anteils der Korngruppe 0/2 zu „kompensieren", wird der Anteil der Korngruppe 2/8 erhöht. Diese Korngruppe besitzt den größten Durchgang bei 16 mm. Der Anteil der Korngruppe 0/2 wird auf 39 % und der Anteil der Korngruppe 2/8 auf 11 % festgelegt. Die Ist-Sieblinie der zweiten Iteration ergibt sich mit den genannten Anteilen der einzelnen Korngruppen (gerundet auf ganze Prozentzahlen) zu den Werten in Tabelle 1.23. Die Siebdurchgänge in den Wendepunkten der Ist-Sieblinie stimmen exakt mit denen der Soll-Sieblinie überein. Die Optimierung anhand des Schätzverfahrens ist folglich abgeschlossen und die Anteile der verschiedenen zur Verfügung stehenden Korngruppen festgelegt.

Tabelle 1.23:   Siebdurchgänge der Korngruppen [%] und Ist-Sieblinie 2. Iteration

Korn-gruppe	0,125	0,25	0,5	1	2	4	8	16	31,5	63
0/2 (39%)	0	4	16	31	35	39	39	39	39	39
2/8 (11%)	0	0	0	0	1	6	10	11	11	11
8/16 (10%)	0	0	0	0	0	0	1	9	10	10
16/32 (40%)	0	0	0	0	0	0	0	4	38	40
Ist-Sieblinie	0	4	16	31	**36**	45	50	**63**	98	100

1.2.3 Wasseranspruch

Für den Entwurf einer Beton- bzw. Mörtelmischung ist es von entscheidender Bedeutung, den Wasseranspruch der zu verwendenden Gesteinskörnung zu kennen. Dieser ist abhängig von der Kornzusammensetzung (Sieblinie), der kapillaren Wasseraufnahme des Gesteins sowie der spezifischen Oberfläche der Gesteinskörnung und der Korngeometrie. Der Wasseranspruch der Gesteinskörnung beeinflusst maßgeblich den Wasseranspruch des zu konzipierenden Betons bzw. Mörtels.

Anhand der D-Summe und der Körnungsziffer k lässt sich in Abhängigkeit der gewünschten Konsistenz (F1, F2 oder F3) die benötigte Wassermenge für den Beton bestimmen (siehe Kapitel 1.2.3). Bedingt durch die relativ hohe spezifische Oberfläche wird der Wasseranspruch der gesamten Gesteinskörnung (bzw. des Betons) insbesondere durch die feine Gesteinskörnung maßgeblich beeinflusst. Infolgedessen ist der Massenanteil des Feinanteils in der Gesteinskörnung nach der DIN EN 12620 begrenzt (vgl. Kapitel 1.2.6). Unzweckmäßig zusammengesetzte Korngemische führen zu einem größeren Verdichtungsaufwand und können beispielsweise bei Pumpbeton, Sichtbeton und wasserundurchlässigem Beton zu Schwierigkeiten führen (vgl. Kapitel 1.2.4).

1.2.4 Packungsdichte

Die Kornzusammensetzung ist ausschlaggebend für die Packungsdichte des Haufwerks und bestimmt maßgeblich die Verarbeitbarkeit, den Wasseranspruch und den erforderlichen Zementleimgehalt des Betons. Zur Herstellung eines Betons mit hoher Endfestigkeit sollte ein möglichst dichtes Korngerüst angestrebt werden. Maßgebend ist die volumetrische Verteilung der Einzelpartikel mit ihren verschiedenen Korndurchmessern. Von Bedeutung sind hierbei die Begriffe Füllkorn, Schlupfkorn und Sperrkorn (Abbildung 1.19).

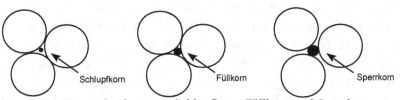

Abbildung 1.19: Unterscheidung von Schlupfkorn, Füllkorn und Sperrkorn

Als **Füllkörner** werden Körner bezeichnet, die gerade in die Zwickel (Lücke) der nächst größeren Körner passen. Das **Schlupfkorn** ist die Korngröße, die in die Zwickel zwischen den nächst größeren Körnern eingerüttelt werden kann, wenn die grobe Schüttung zuerst eingebracht wurde. Das **Sperrkorn** ist etwas größer als das Füllkorn und verhindert somit die dichteste Packung der gröberen Körner.

Um eine besonders dichte Packung zu erreichen ist es notwendig, Gesteinskörner unterschiedlicher Größe zu verwenden. Hohlräume im Korngemisch sollen möglichst minimiert werden, um die folgenden Betoneigenschaften zu erzielen:

- Reduktion des Zementleimgehaltes
- Hohe Dichtigkeit
- Hohe Festigkeit
- Geringes Schwinden

Durch einen möglichst geringen Zementleimgehalt reduzieren sich ebenfalls die Kosten des Betons. In betontechnologischer Hinsicht ergeben sich zudem dichtere und festere Betone, die gleichzeitig geringere Schwindverformungen aufweisen, da alle drei zuvor genannten Parameter durch die Qualität und insbesondere das Volumen des Zementsteins bestimmt bzw. durch diesen hervorgerufen werden. Eine ungünstige Kornzusammensetzung wirkt sich in vielfältiger Weise negativ auf die Eigenschaften des Betons aus. So führt ein zu

- grobes Korngemisch zu schwer verarbeitbaren und schlecht zu verdichtenden Betonen. In diesem Zusammenhang spielt der Mehlkorngehalt (Anteile < 0,125 mm) eine entscheidende Rolle. Ist dieser zu gering, verschlechtert sich die Pumpbarkeit und das Zusammenhaltevermögen des Betons, was insbesondere bei Pumpbetonen und Unterwasserbetonen zu Problemen führen kann. Ebenfalls reduziert sich dadurch das Wasserrückhaltevermögen des Betons, die Neigung zum Bluten nimmt zu und glatte Betonoberflächen lassen sich nur schwer herstellen.
- feines Korngemisch (hohe Sandgehalte) zu einer Erhöhung des erforderlichen Zementleimgehaltes, da der Leim eine größere spezifische Oberfläche benetzen muss. Dies wirkt sich wiederum auf die Faktoren Dichtigkeit, Festigkeit und Schwinden aus. Dadurch steigt ebenfalls die Hydratationswärmeentwicklung des Betons, was das Risiko der Rissbildung im jungen Alter des Betons erhöht.

1.2.5 Dichte und Porosität

Die **Dichte** eines Stoffes ist im Allgemeinen die Masse des Stoffes bezogen auf dessen Volumen. Ihre Einheit beträgt folglich kg/m³. Je nachdem ob Poren und Zwischenräume eines Stoffes bzw. Stoffsystems bei der

Berechnung der Dichte berücksichtigt werden, findet eine Unterscheidung verschiedener Dichten statt (Abbildung 1.20).

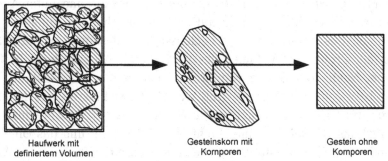

Abbildung 1.20: Übersicht der verschiedenen Volumina zur Dichteberechnung

Die Schüttdichte ρ_S ist definiert als die Masse der Gesteinskörnung geteilt durch deren lose geschüttetes Volumen (= Schüttvolumen) (Formel 1.2.7). Das betrachtete Volumen enthält daher alle Poren der Gesteinskörnung sowie die Zwischenräume zwischen den Körnern. Bei manchen Materialien wird die Schüttdichte stark von dem Einfüllvorgang beeinflusst und kann daher nicht immer direkt mit anderen Werte verglichen werden. Die Kornrohdichte ρ_R hingegen beschreibt die Masse eines Korns, einschließlich der im Korn enthaltenen Poren, bezogen auf das Kornvolumen (Formel 1.2.8). Diese Angabe ist bei Baustoffen beispielsweise für die Beurteilung der Festigkeit, Wärmeleitfähigkeit und für die Wasserdurchlässigkeit von besonderer Bedeutung. Der Begriff Reindichte ρ bezeichnet im Gegensatz dazu die Masse des reinen Feststoffes (ohne der im Korn enthaltenen Poren) bezogen auf das jeweilige hohlraumfreie Volumen (Formel 1.2.9). Für die Beziehung der unterschiedlichen Dichten untereinander gilt folgender Zusammenhang: $\rho \geq \rho_R \geq \rho_S$.

Schüttdichte $\qquad \rho_S = \dfrac{\text{Masse}}{\text{Gefäßvolumen}}$ $\qquad\qquad$ (1.2.7)

Kornrohdichte $\qquad \rho_R = \dfrac{\text{Masse}}{\text{Kornvolumen einschl. Kornporen}}$ $\qquad\qquad$ (1.2.8)

Reindichte $\qquad \rho = \dfrac{\text{Masse}}{\text{Stoffvolumen ohne Kornporen}}$ $\qquad\qquad$ (1.2.9)

Die Kornrohdichte von getrockneter Gesteinskörnung (**Trockenrohdichte**) kann nach DIN EN 1097-6 Anhang A.3 mit dem Eintauchverfahren (Drahtkorbverfahren) bestimmt werden. Hierfür wird zunächst eine getrocknete Probe gewogen (M_1). Im Anschluss wird sie in einen Drahtkorb gegeben, der sich frei schwebend unter Wasser befindet, und das Gewicht bestimmt (M_2). Von dieser Masse ist die Masse des Drahtkorbes unter Wasser (M_3) abzuziehen, um die Masse der Gesteinskörnung unter Auftrieb zu erhalten. Das Verfahren beruht auf der vereinfachenden Annahme, dass das Volumen des Drahtkorbes vernachlässigbar ist. Somit entspricht das Volumen der Probe dem Volumen des verdrängten Wassers beim Einfüllen der Probe. Nach dem Gesetz von Archimedes ist die Auftriebskraft eines Objektes betragsmäßig genauso groß wie die Gewichtskraft des Mediums, das durch das Objekt verdrängt wurde (Formel 1.2.10). Das Medium ist in diesem Fall das Wasser mit einer Dichte von 1,0 kg/dm³ und das Objekt die zu testende Gesteinskörnung. Die gemessene Masse der Probe unter Wasser (M_2 - M_3) ergibt sich aus der Gewichtskraft der eingefüllten Gesteinskörnung abzüglich der Auftriebskraft (Formel 1.2.11). Die Beschleunigung g kürzt sich aus der Formel heraus und durch das Einsetzen der Dichte von Wasser kann das Volumen der Gesteinskörnung bestimmt werden (Formel 1.2.12). Um die Trockenrohdichte zu bestimmen wird die Trockenmasse der Probe (M_1) auf das Volumen der Gesteinskörnung bezogen, welches durch das Drahtkorbverfahren bestimmt wurde (Formel 1.2.13).

Gesetz von Archimedes:

$$F_A = m_{verdr.\ Wasser} \cdot g = V_{verdr.\ Wasser} \cdot \rho_W \cdot g \qquad (1.2.10)$$

Betrachtung der Kräfte:

$$F_{PuW} = F_P - F_A$$
$$(M_2 - M_3) \cdot g = M_1 \cdot g - V_{verdr.\ Wasser} \cdot \rho_W \cdot g \qquad (1.2.11)$$

$$V_{Probe} = V_{verdr.\ Wasser} = \frac{M_1 - (M_2 - M_3)}{\rho_W} \qquad (1.2.12)$$

$$\rho_R = \frac{M_{Probe\ trocken}}{V_{Probe}} = \frac{M_1}{M_1 - (M_2 - M_3)} \cdot \rho_W \qquad (1.2.13)$$

F_A: Auftriebskraft [gm/s²]
F_{PuW}:   Kraft der Probe unter Wasser [gm/s²]
F_P: Kraft der Probe [gm/s²]
g: Gewichtskraft der Probe [gm/s²]
$M_{verdr.Wasser}$:Masse des verdrängten Wassers durch Einfüllen der Probe [g]
$V_{verdr.Wasser}$: Volumen des verdrängten Wassers durch Einfüllen der Probe [m³]
V_{Probe}:   Volumen der Probe [m³]
ρ_W: Dichte des Wassers [g/m³]
M_1:   Trockenmasse der Messprobe [g]
M_2:   Masse des mit der Probe im Wasser eingetauchten Korbes [g]
M_3:   Masse des leeren Korbes unter Wasser [g]

Ein alternatives Verfahren zur Bestimmung der Trockenrohdichte ist das Pyknometerverfahren nach DIN EN 1097-6 Anhang A.4. Ein Pyknometer ist ein Messinstrument für die Bestimmung der Dichte von Festkörpern und Flüssigkeiten durch Wägung. Es besteht aus einem Glaskolben mit einem definierten Volumen. Für das Pyknometerverfahren wird die Probe im ersten Schritt in das Pyknometer gegeben und anschließend mit Wasser aufgefüllt. Die Masse des Pyknometers mit der Probe und Wasser (M_2) kann ermittelt werden. Danach wird das Pyknometer geleert, mit Wasser gefüllt und gewogen (M_3). Die Ermittlung dieser Masse ist für die Bestimmung des Gesamtvolumens im Pyknometer notwendig. Die Probe ist im Anschluss an der Oberfläche zu trocknen, sodass die Masse der wassergesättigten und oberflächentrockenen Probe bestimmt werden kann (M_1). Im letzten Schritt wird die Probe im Ofen getrocknet und die Masse bestimmt (M_4). Die Trockenrohdichte kann über die ermittelten Massen nach Formel 1.2.14 berechnet werden.

$$
\begin{aligned}
\rho_R &= \frac{M_{\text{Probe trocken}}}{V_{\text{Probe}}} = \frac{M_{\text{Probe trocken}}}{V_{\text{Wasser gesamt}} - V_{\text{Wasser mit Probe}}} \\[2mm]
&= \frac{M_{\text{Probe trocken}}}{(M_{\text{Wasser gesamt}} - M_{\text{Pykn.}})/\rho_W - (M_{\text{Probe + W in Pykn.}} - M_{\text{Pykn.}} - M_{\text{Probe}})/\rho_W} \quad (1.2.14)\\[2mm]
&= \frac{M_4}{(M_3 - M_2 + M_1)/\rho_W} = \frac{M_4}{M_3 - M_2 + M_1} \cdot \rho_W
\end{aligned}
$$

ρ_W: Dichte des Wassers [g/cm³]
M_1: Masse der wassergesättigten und oberflächentrockenen Probe [g]
M_2: Masse des Pyknometers, der Probe und des Wassers [g]
M_3: Masse des vollständig wassergefüllten Pyknometers [g]
M_4: Masse der ofengetrockneten Probe [g]

Mithilfe der Rohdichte und der Reindichte eines Materials kann dessen Dichtigkeitsgrad ermittelt werden (Formel 1.2.15). Dieser ergibt sich aus dem Verhältnis von Rohdichte zu Reindichte. Der Anteil des Materials, der nicht im Dichtigkeitsgrad erfasst ist, gibt Aufschluss über die Porigkeit des Gesteinskorns (Kornporigkeit, Formel 1.2.16). Weiterhin lässt sich durch gleiches Vorgehen die Haufwerksporigkeit berechnen (Formel 1.2.17), die den Anteil der Hohlräume zwischen den Gesteinskörnern erfasst. Die Gesamtporigkeit (Formel 1.2.18) beinhaltet zusätzlich zu den Haufwerksporen den Anteil der Kornporen am gesamten Schüttgut. Der Dichtigkeitsgrad des Haufwerks lässt sich analog zu dem Dichtigkeitsgrad des Gesteinskorns bestimmen (Formel 1.2.19).

Die Haufwerksporigkeit eines Gesteinsgerüsts ist für den Mischungsentwurf eines Betons von besonderer Bedeutung. Der Leimanteil (Leim = Bindemittel, Zusatzstoffe, Zusatzmittel und Wasser) muss mindestens ausreichen, um die Hohlräume zwischen der Gesteinskörnung, auch Zwickel genannt, vollständig auszufüllen. Die Haufwerksporigkeit gibt folglich den Mindestleimgehalt für den Entwurf eines Betons an. Wird dieser Mindestgehalt unterschritten, so liegt ein sogenannter haufwerksporiger Beton vor.

Dichtigkeitsgrad des Korns $\qquad d_K = \dfrac{\rho_R}{\rho}$ $\qquad\qquad\qquad$ (1.2.15)

Kornporigkeit $\qquad\qquad P_K \text{ [Vol.-\%]} = \left(1 - \dfrac{\rho_R}{\rho}\right) \cdot 100$ $\qquad$ (1.2.16)

Haufwerksporigkeit $\qquad\quad P_H \text{ [Vol.-\%]} = \left(1 - \dfrac{\rho_S}{\rho_R}\right) \cdot 100$ $\qquad$ (1.2.17)

Gesamtporigkeit $\qquad\quad\; P_S \text{ [Vol.-\%]} = \left(1 - \dfrac{\rho_S}{\rho}\right) \cdot 100$ $\qquad$ (1.2.18)

Dichtigkeitsgrad des Haufwerks $\; d_H = \dfrac{\rho_S}{\rho_R}$ $\qquad\qquad\qquad$ (1.2.19)

1.2.6 Anforderungen

An Gesteinskörnungen werden verschiedene Ansprüche gestellt. Sie lassen sich unterteilen in geometrische, physikalische und chemische Anforderungen (Tabelle 1.24). Grenzwerte für diese Anforderungen sind unter anderem in der DIN EN 12620 angegeben. In weiteren Regelwerken, wie beispielsweise der DIN EN 206-1 und DIN 1045-2, werden weitere Anforderungen an bestimmte Gesteinskörnungen unter Verwendung dieser Kategorien festgelegt.

Geometrische Anforderungen

Allgemeine Anforderungen an die **Kornzusammensetzungen** sind in DIN EN 12620 geregelt. Die **Kornform** der Gesteinskörner ist insbesondere bei grober Gesteinskörnung mit Korngrößen von über vier Millimetern von großer Bedeutung. Sie hat einen Einfluss auf die Verarbeitbarkeit und den Wasseranspruch des Betons. Die Kornform kann über zwei verschiedene Prüfverfahren bestimmt werden. Zum einen kann die **Plattigkeitskennzahl**

FI nach DIN EN 933-3 ermittelt werden (Tabelle 1.25). Hierfür wird durch Absieben einzelner Korngruppen über sogenannte Stabsiebe[5] der Anteil ungünstig geformter Körner bestimmt und durch die Plattigkeitskennzahl FI (= flakiness index) angegeben. Sie ergibt sich als Anteil aus der Summe der Massen der Durchgänge jeder Korngruppe jeweils durch das entsprechende Stabsieb bezogen auf die Gesamtmasse aller betrachteten Korngruppen. In der strengsten Kategorie beträgt dieser Anteil maximal 15 M.-% (FI$_{15}$, Tabelle 1.25).

Das zweite Verfahren ist die in der DIN EN 933-4 genormte Prüfung und Bestimmung der **Kornformkennzahl SI** (= Shape Index). Dabei werden die Kornlängen und -dicken von einzelnen Körnern mit einer Korngröße von über vier Millimetern mittels eines Kornform-Messschiebers gemessen. Dabei bezeichnet die Kornlänge die größte Abmessung des Kornes, die Korndicke die kleinste Abmessung. Die Kornformkennzahl SI gibt den Anteil ungünstig geformter Körner mit einem Verhältnis der Länge zur Dicke von über 3:1 an. Die Angabe erfolgt in Massenprozent. In der strengsten Kategorie beträgt der zulässige Anteil weniger als 15 M.-% (SI$_{15}$, Tabelle 1.25).

Tabelle 1.24:   Anforderungen an Gesteinskörnung

Geometrische Anforderungen	Physikalische Anforderungen	Chemische Anforderungen
Kornzusammensetzung (G) Kornform von groben Gesteinskörnungen (FI, SI) Muschelschalengehalt (SC) Gehalt an Feinanteilen (f)	Widerstand gegen Zertrümmerung (LA, SZ) Verschleißwiderstand von groben Gesteinskörnungen (MDE) Polier- und Abriebwiderstand von groben Gesteinskörnungen (PSV, AAV, AN) Frost- und Frost-Tausalz-Widerstand von groben Gesteinskörnungen (F, MS) Wasseraufnahme (WA)	Gehalt an wasserlöslichen Chlorid-Ionen (C) Gehalt an säurelöslichem Sulfat (AS) Gesamt-Schwefelgehalt (S) Bestandteile, die das Erstarrungs- und Erhärtungsverhalten des Betons verändern (leichtgewichtige organische Verunreinigungen)

---

5   Ein Stabsieb ist ein Sieb mit parallelen Stäben.

Tabelle 1.25:   Kategorien für Höchstwerte der Plattigkeits- und
                  Kornformkennzahl nach DIN EN 12620

Plattigkeitskennzahl	Kategorie FI	Kornformkennzahl	Kategorie SI
≤ 15	FI_{15}	≤ 15	SI_{15}
≤ 20	FI_{20}	≤ 20	SI_{20}
≤ 35	FI_{35}	≤ 40	SI_{40}
≤ 50	FI_{50}	≤ 55	SI_{55}
> 50	$FI_{angeben}$	> 55	$SI_{angeben}$
Keine Anforderung	FI_{NR}	Keine Anforderung	SI_{NR}

Der Gehalt an **Feinanteilen f** wird nach DIN EN 933-1 bestimmt und muss
entsprechend einer festgelegten Kategorie nach DIN EN 12620 zutreffend
angegeben werden. Unter dem Begriff Feinanteil wird der Anteil einer
Gesteinskörnung verstanden, der durch das 0,063 mm Sieb hindurch geht.
Grenzwerte für den Gehalt an Feinanteilen in verschiedenen
Korngrößenbereichen sind in DIN EN 12620 festgelegt und Tabelle 1.26 zu
entnehmen. Im Allgemeinen ist ein Gehalt an Feinanteilen von drei
Massenprozent als unbedenklich einzustufen.

Weiterhin kann für aus dem Meer gewonnene grobe Gesteinskörnung der
Gehalt an **Muschelschalen** nach DIN EN 933-7 bestimmt und mit dem
Kürzel **SC** angegeben werden. Der Gehalt wird durch manuelles Aussondern
von Muschelschalen und Muschelschalenbruchstückenaus einer Probe der
Gesteinskörnung ermittelt und als Verhältnis der Masse dieser
ausgesonderten Bestandteile zur Gesamtmasse der Gesteinskörnungsprobe
in Prozent angegeben. Kategorien für den Gehalt an Muschelschalen grober
Gesteinskörnungen sind inDIN EN 12620 festgelegt und Tabelle 1.27 zu
entnehmen. Der Gehalt an Muschelschalen sollte in der Regel 10 M.-% nicht
überschreiten.

Tabelle 1.26:   Kategorien für Höchstwerte des Gehalts an Feinanteilen nach
                DIN EN 12620

Gesteinskörnung	Gehalt an Feinanteilen [M.-%]	Kategorie f
Grobe Gesteinskörnung[6]	≤ 1,5	$f_{1,5}$
	≤ 4,0	f_4
	> 4,0	$f_{angegeben}$
	Keine Anforderung	f_{NR}
Natürlich zusammengesetzte Gesteinskörnung 0/8 mm[7]	≤ 3,0	f_3
	≤ 10,0	f_{10}
	≤ 16,0	f_{16}
	> 16,0	$f_{angegeben}$
	Keine Anforderung	f_{NR}
Korngemisch	≤ 3,0	f_3
	≤ 11,0	f_{11}
	> 11,0	$f_{angegeben}$
	Keine Anforderung	f_{NR}
Feine Gesteinskörnung[8]	≤ 3,0	f_3
	≤ 10,0	f_{10}
	≤ 16,0	f_{16}
	≤ 22,0	f_{22}
	> 22,0	$f_{angegeben}$
	Keine Anforderung	f_{NR}

Tabelle 1.27:   Kategorien für den Höchstwert des Muschelschalen-gehaltes grober
                Gesteinskörnung nach DIN EN 12620

Muschelschalengehalt [%]	Kategorie SC
≤ 10	SC_{10}
> 10	$SC_{angeben}$
Keine Anforderung	SC_{NR}

Physikalische Anforderungen

In Abhängigkeit der Nutzung des Betons bzw. Mörtels sowie der Art und
Herkunft der Gesteinskörnung können physikalische Anforderungen relevant

---

6   Vgl. Tabelle 1.18.
7   Bezeichnung für natürliche Gesteinskörnung glazialen (eiszeitlich) und / oder fluvialen
    Ursprungs (durch fließendes Wasser geschaffen) mit D nicht größer 8 mm (DIN EN 12620).
8   Vgl. Tabelle 1.18.

werden. Hierzu zählen der Widerstand der Gesteinskörnungen gegen Zertrümmerung, Verschleiß, Polieren und Abrieb sowie der Frost-Tausalz-Widerstand. Falls ein entsprechender Nachweis erbracht werden muss, sind die in den Normen vorgesehenen Prüfungen heranzuziehen, um die entsprechenden physikalischen Eigenschaften zu bestimmen.

Der **Widerstand gegen Zertrümmerung** kann insbesondere bei Bauteilflächen eine Rolle spielen, die einer schlagenden Beanspruchung ausgesetzt sind. Er wird nach dem **Los Angeles-Verfahren (LA)** oder über den **Schlagzertrümmerungswert (SZ)** nach DIN EN 1097-2 bestimmt. Beim Los Angeles-Verfahren wird die zu prüfende Gesteinskörnung gemeinsam mit sechs bis zwölf Stahlkugeln in einer Stahltrommel 500 Mal mit etwa 32 U/min gedreht. Der LA-Koeffizient ist der Massenanteil, der nach der Zerkleinerung in der Trommel durch ein 1,6 mm Sieb hindurch geht. Um den Schlagzertrümmerungswert zu bestimmen wird die zu prüfende Gesteinskörnung in einen Stahlzylinder eingebracht und durch einen 50 kg schweren Fallhammer aus einer festgelegten Höhe mit zehn Schlägen beansprucht. Das Maß der Zertrümmerung ergibt sich durch Sieben der Messprobe durch fünf Siebe (0,2-0,63-2-5-8 mm). Der SZ-Wert ergibt sich als Mittelwert der Siebdurchgänge in Massenprozent durch die fünf Prüfsiebe. Kategorien für Höchstwerte der beiden zu prüfenden Werte sind in DIN EN 12620 gegeben und Tabelle 1.28 zu entnehmen.

Tabelle 1.28:   Kategorien für Höchstwerte des Widerstandes gegen Zertrümmerung nach DIN EN 12620

Los-Angeles-Koeffizient	Kategorie LA	Schlagzertrümmerungs-wert [%]	Kategorie SZ
≤ 15	LA_{15}	≤ 18	SZ_{18}
≤ 20	LA_{20}	≤ 22	SZ_{22}
≤ 25	LA_{25}	≤ 26	SZ_{26}
≤ 30	LA_{30}	≤ 32	SZ_{32}
≤ 35	LA_{35}	> 32	$SZ_{angegeben}$
≤ 40	LA_{40}	Keine Anforderung	SZ_{NR}
≤ 50	LA_{50}		
> 50	$LA_{angegeben}$		
Keine Anforderung	LA_{NR}		

Manche Betone, wie beispielsweise solche für Industriefußböden, müssen hohen Verschleißbeanspruchungen standhalten. Für solche Betone werden verschleißfeste Gesteinskörnungen verwendet. Der **Widerstand gegen Verschleiß** von grober Gesteinskörnung wird nach DIN EN 1097-1 bestimmt und über den **Micro-Deval-Koeffizienten (M$_{DE}$)** ausgedrückt. Die Gesteinskörnung wird bei diesem Prüfverfahren einer stark mahlenden Beanspruchung unter dem Zusatz von Wasser in einer sich drehenden Trommel ausgesetzt. Anschließend wird der Siebrückstand auf dem 1,6 mm Sieb bestimmt. Kategorien für Höchstwerte des Micro-Deval-Koeffizienten sind in DIN EN 12620 gegeben und Tabelle 1.29 zu entnehmen.

Tabelle 1.29:   Kategorien für Höchstwerte des Widerstandes gegen Verschleiß nach DIN EN 12620

Micro-Deval-Koeffizient	Kategorie M$_{DE}$
≤ 10	M$_{DE}$10
≤ 15	M$_{DE}$15
≤ 20	M$_{DE}$20
≤ 25	M$_{DE}$25
≤ 35	M$_{DE}$35
> 35	M$_{DE,angeben}$
Keine Anforderung	M$_{DE}$NR

Gesteinskörnung, die in Betonfahrbahndecken verwendet wird, muss zudem einen ausreichenden **Widerstand gegen Polieren und Abrieb** aufweisen. Der **Polierwert (PSV = polished stone value)** wird nach DIN EN 1097-8 bestimmt, indem die Probe der Gesteinskörnung einer Schnellpoliermaschine ausgesetzt wird und anschließend deren Griffigkeit gemessen wird.

Beim Widerstand gegen Abrieb wird zwischen dem **Abriebwiderstand an der Oberfläche (AAV = aggregate abrasion value)** und dem Widerstand gegen Abrieb durch Spike-Reifen (A$_N$) unterschieden. Um den Widerstand gegen Oberflächenabrieb nach DIN EN 1097-8 zu bestimmen werden Probekörper in eine Abriebmaschine eingespannt und kontinuierlich Sand zwischen die Probe und die rotierende Scheibe zugeführt. Der AAV-Wert ergibt sich aus der Differenz der Probenmasse vor und nach dem Abriebversuch. Kategorien für Höchstwerte des Polierwertes und des AAV-Wertes sind der DIN EN 12620 bzw. Tabelle 1.30 zu entnehmen. Der Widerstand gegen Abrieb durch Spike-Reifen kann, falls gefordert, nach DIN EN 1097-9 bestimmt und mithilfe der Grenzwerte der DIN EN 12620 kategorisiert werden. Bei diesem Prüfverfahren wird die Gesteinskörnung mit Stahlkugeln und Wasser in einer rotierenden Trommel beansprucht.

Anschließend wird der Anteil als Verschleiß bestimmt, der durch ein 2 mm Sieb hindurchgeht.

Tabelle 1.30:   Kategorien für Höchstwerte des Widerstandes gegen Polieren und Abrieb nach DIN EN 12620

Polierwert	Kategorie PSV	Abriebwert der Gesteinskörnung	Kategorie AAV
≥ 68	PSV_{68}	≤ 10	AAV_{10}
≥ 62	PSV_{62}	≤ 15	AAV_{15}
≥ 56	PSV_{56}	≤ 20	AAV_{20}
≥ 50	PSV_{50}	Zwischenwerte und solche > 20	$AAV_{angegeben}$
≥ 44	PSV_{44}		
Zwischenwerte und solche < 44	$PSV_{angeben}$	Keine Anforderung	AAV_{NR}
Keine Anforderung	PSV_{NR}		

Falls für einen durch Frost-Tau-Wechsel beanspruchten Beton frostwiderstandsfähige Gesteinskörnung erforderlich wird, muss der nach DIN EN 1367-1 oder DIN EN 1367-2 nachzuweisende **Frostwiderstand** entsprechend der in den Normen festgelegten Kategorie angegeben werden. Der **Frost-Tau-Widerstand** unter zyklischer Beanspruchung wird nach DIN EN 1367-1 geprüft, indem die Gesteinskörnung mit Wasser getränkt und anschließend zehn Frost-Tau-Wechseln ausgesetzt wird. Dies beinhaltet das Abkühlen auf - 17,5 °C unter Wasser und das anschließende Auftauen im Wasserbad bei etwa 20 °C. Im Anschluss werden Veränderungen der Gesteinskörnung, wie beispielsweise Risse und Absplitterungen, untersucht. Für die Zuordnung der Gesteinskörnung zu einer Kategorie F der DIN EN 12620 wird der prozentuale Massenverlust der Probe herangezogen. Im Gegensatz dazu prüft das Verfahren nach DIN EN 1367-2 den **Frost-Tausalz-Widerstand** der Gesteinskörnung. Dieses Verfahren wird insbesondere zur Prüfung von Beton verwendet, der Meerwasser oder Streusalzen ausgesetzt ist. Das Prüfverfahren beruht auf einer Wechselbeanspruchung der Probe durch fünfmaliges Eintauchen in eine gesättigte Magnesiumsulfatlösung und anschließender Trocknung in einer Wärmekammer bei etwa 110 °C. Der zerstörende Einfluss besteht bei diesem Verfahren aus der wiederholten Kristallisation und erneuten Aufnahme des Magnesiumsulfats in den Poren der Gesteinskörner. Die daraus resultierende Kornverfeinerung wird durch den Anteil an Körnern gemessen, die durch das 10 mm Sieb hindurchgehen. Die Kategorisierung in DIN EN 12620 erfolgt über den Massenverlust der Probe während der Wechselbeanspruchung (MS). Ein alternatives Verfahren ist die Prüfung des Frost-Tausalz-Widerstandes mittels einer 1 %-igen NaCl-Lösung (Natriumchlorid). Ein ausreichender Widerstand ist in der Regel dann gegeben, wenn der Masseverlust bei diesem Verfahren den Wert von acht Prozent nicht übersteigt. Die entsprechenden Grenzwerte sind Tabelle 1.31 zu entnehmen.

Tabelle 1.31: Kategorien für Höchstwerte des Frost-Tau-Widerstandes und für die Magnesiumsulfat-Widerstandsfähigkeit nach DIN EN 12620

Frost-Tau-Widerstand, Masseverlust [%]	Kategorie F	Magnesiumsulfat-Wert, Masseverlust [%]	Kategorie MS
≤ 1	F_1	≤ 18	MS_{18}
≤ 2	F_2	≤ 25	MS_{25}
≤ 4	F_4	≤ 35	MS_{35}
> 4	$F_{angegeben}$	> 35	$MS_{angegeben}$
Keine Anforderung	F_{NR}		

Die **Wasseraufnahme WA** ist nach DIN EN 1097-6 die Masse des aufgenommenen Wassers, angegeben als prozentualer Anteil bezogen auf die ofengetrocknete Masse der Gesteinskörnung. Sie ist beispielsweise durch das Drahtkorbverfahren durch Wägung der trockenen und der wassergesättigten Probe zu bestimmen (vgl. Kapitel 1.2.5). Die Menge des aufnehmbaren Wassers ist unter anderem von der Kornrohdichte abhängig. Die Wasseraufnahme leichter und rezyklierter Gesteinskörnung ist bei der Betonherstellung unbedingt zu berücksichtigen, da das durch die Gesteinskörnung aufgenommene Wasser nicht mehr für den wirksamen w/z-Wert zur Verfügung steht. Der erhöhte Wasseranspruch leichter Gesteinskörnung resultiert aus der geringen Dichte, dem dadurch bedingten hohen Porenanteil und der damit verbundenen erhöhten kapillaren Saugfähigkeit des Materials. Rezyklierte Gesteinskörnung hingegen beinhaltet Reste von Zementstein, welcher ebenfalls für eine erhöhte kapillare Saugfähigkeit verantwortlich ist.

Chemische Anforderungen

Einige Bestandteile der Gesteinskörnungen können schädigende Auswirkungen auf den damit hergestellten Beton bzw. Mörtel haben. Welche der chemischen Anforderungen zu prüfen sind hängt sowohl von den späteren Umgebungsbedingungen des Betonbauteils als auch von der Art und der Herkunft der Gesteinskörnung ab.

Chloride sind Salze, welche Chlorid-Anionen Cl⁻ enthalten, und können beispielsweise in Form von Tausalzen (bspw. NaCl) vorliegen oder aus Meerwasser stammen. Chloride haben einen schädigenden Einfluss, insbesondere auf die Bewehrung im Beton. Die Chloridionen diffundieren durch wassergefüllte Poren und treten beim Kontakt mit der Oberfläche der Bewehrung in Wechselwirkung mit der Passivierungsschicht des Stahls. Infolgedessen wird die Schutzschicht zerstört und die Chloridionen bewirken die Lochfraßkorrosion des Bewehrungsstahls (Kapitel 2.5). Der Einsatz chloridhaltiger Gesteinskörnung beeinträchtigt daher die Dauerhaftigkeit des Betons, weshalb die entsprechenden Grenzwerte der Norm eingehalten werden müssen. Soweit gefordert, muss der **Gehalt an wasserlöslichen Chlorid-Ionen C** von Gesteinskörnungen für Beton nach DIN EN 1744-1 bestimmt und vom Hersteller auf Anfrage angegeben werden. Das Referenzverfahren beruht auf der Titration nach Volhard. Das Verfahren ist für die Beurteilung von Gesteinskörnungen geeignet, deren Chloridgehalt direkt vom Kontakt mit Salzwasser stammt, beispielsweise aus dem Meer gewonnene Gesteinskörnung. Der Gehalt an Chloriden wird als Massenanteil an Chloridionen in der Gesteinskörnung in Prozent angegeben.

Bei Sulfaten handelt es sich um Salze oder Ester der Schwefelsäure (H_2SO_4). Die Salze enthalten das Sulfat-Anion SO_4^{2-}, welches mit Bestandteilen des Zementklinkers unerwünschte Treibreaktionen auslösen kann. Beispielhaft soll an dieser Stelle die Bildung von Ettringit genannt werden, welche mit einer Volumenvergrößerung einhergeht und zur Schädigung des Betons führt. Die Bestimmung des **säurelöslichen Sulfatgehaltes AS** erfolgt nach DIN EN 1744-1 durch das Herauslösen der Sulfate aus der Gesteinskörnung mittels einer verdünnten Salzsäure. Im Anschluss wird der Gehalt an Sulfationen gravimetrisch (durch Wägung) bestimmt und als Massenanteil der Gesteinskörnung in Prozent angegeben. Grenzwerte für den säurelöslichen Sulfatgehalt für die Kategorie AS sind DIN EN 12620 zu entnehmen (Tabelle 1.32). Die abweichenden Werte für Hochofenstückschlacke ergeben sich aufgrund der Tatsache, dass bei dieser Gesteinskörnung wesentliche Teile des Sulfates in den Schlackenkörnern chemisch gebunden sind und daher für die Reaktion mit Zement nicht zur Verfügung stehen.

Tabelle 1.32: Kategorien für Höchstwerte säurelöslicher Sulfatgehalte nach DIN EN 12620

Gesteinskörnung	Säurelöslicher Sulfatgehalt [M.-%]	Kategorie AS
Alle Gesteinskörnungen außer Hochofenstückschlacke	$\leq 0{,}2$	$AS_{0,2}$
	$\leq 0{,}8$	$AS_{0,8}$
	$> 0{,}8$	$AS_{angegeben}$
	Keine Anforderung	AS_{NR}
Hochofenstückschlacke	$\leq 1{,}0$	$AS_{1,0}$
	$> 1{,}0$	$AS_{angegeben}$
	Keine Anforderung	AS_{NR}

Schwefel kommt in der Natur in reiner Form und in Form von Schwefelverbindungen vor. Schwefelanionen, die in Verbindungen als S^{2-} vorliegen, werden als Sulfite bezeichnet, SO_4^{2-} Ionen als Sulfate. Der gesamte Schwefelgehalt ist für Gesteinskörnungen in DIN EN 12620 beschränkt, da schwefelhaltige Verbindungen den Zementstein zersetzen und folglich die Festigkeit des Betons bzw. Mörtels reduzieren können. Weiterhin ist Schwefel an treibenden Reaktionen im System beteiligt, welche den Baustoff schädigen können. Der nach DIN EN 1744-1 bestimmte **Gesamtschwefelgehalt S** darf maximal zwei Massenprozent für Hochofenstückschlacke und ein Massenprozent für alle anderen Gesteinskörnungen betragen. Zur Bestimmung des Gesamtschwefelgehaltes werden zunächst sämtliche vorhandenen Schwefelverbindungen in Sulfat umgewandelt und anschließend gravimetrisch bestimmt.

Sind **organische Bestandteile**, wie beispielsweise Holz oder Pflanzenreste, in der Gesteinskörnung enthalten, so kann das Erstarren und Erhärten des Zementleimes negativ beeinflusst werden. Der Anteil solcher Stoffe darf nach DIN EN 12620 nur so hoch sein, dass die Erstarrungszeit von Mörtelprüfkörpern um nicht mehr als 120 Minuten verlängert und deren Druckfestigkeit im Alter von 28 Tagen um nicht mehr als 20 % vermindert wird.

Der Nachweis organischer Stoffe erfolgt nach DIN EN 1744-1 über die Bestimmung des Humusgehaltes in der Gesteinskörnung. Humus ist ein organischer Stoff, der sich im Boden durch die Zersetzung von tierischen und pflanzlichen Rückständen bildet. Der Humusgehalt der Gesteinskörnung ist aus der Farbe bzw. dem Farbwechsel abzuschätzen, welcher sich durch das Einbringen einer Messprobe in Natriumhydroxidlösung ergibt. Ist ein hoher Gehalt an Humussäure enthalten, so muss zusätzlich das Vorhandensein (bzw. Nichtvorhandensein) von Fulvosäuren (organische Säuren, die bei der Zersetzung von organischen Substanzen entsteht) nachgewiesen werden, da diese einen verzögernden Einfluss auf die Hydratation von Zement haben.

Einige Bestandteile der Gesteinskörnungen, wie beispielsweise **leichtgewichtige organische Bestandteile**, können durch Aufschwimmen im Frischbeton bzw. -mörtel Fleckenbildung, Verfärbungen, Quellen oder Aussprengungen an der Betonoberfläche hervorrufen. Dies sollte insbesondere bei Sichtbetonbauteilen und Bauteilen mit erhöhten Anforderungen an die Dauerhaftigkeit der Betonoberfläche berücksichtigt werden. Der nach DIN EN 1744-1 zu bestimmende Gehalt an leichtgewichtigen organischen Bestandteilen sollte nach DIN EN 12620 auf 0,5 M.-% für feine und 0,1 M.-% für grobe Gesteinskörnungen begrenzt sein. Ist die Oberflächenbeschaffenheit eines Betons von besonderer Bedeutung, werden diese Maximalwerte herabgesetzt. Zu quantitativen Bestimmung des Anteils wird der Aufschwimmversuch herangezogen. Dieser beruht auf der Annahme, dass normale Gesteinskörnungen für Beton und Mörtel in der Regel eine Rohdichte von mehr als 2000 kg/m³ aufweisen. Die zu untersuchende Gesteinskörnung wird in eine Lösung gegeben, deren Rohdichte etwas unter diesem Wert liegt. Folglich werden alle Partikel der Gesteinskörnung mit einer Rohdichte kleiner als 2000 kg/m³ identifiziert und als leichtgewichtige organische Bestandteile kategorisiert. Theoretisch können in dem gemessenen Anteil auch Bestandteile anorganischen (mineralischen) Ursprungs enthalten sein. Im Zweifelsfall sind diese durch Glühen der aufgeschwommenen Bestandteile bei 700 °C zu bestimmen. Dabei wird davon ausgegangen, dass die organischen Substanzen veraschen und der Rückstand durch die anorganischen Bestandteile gebildet wird.

Gesteinskörnungen aus gewissen Regionen können alkaliempfindliche, kieselsäurehaltige Bestandteile (Kieselsäure = Sauerstoffsäure des Siliciums) enthalten. Bei der Verwendung solcher Gesteinskörnungen besteht die Gefahr der sogenannten **Alkali-Kieselsäure-Reaktion (AKR)**. Bei dieser schädigenden Reaktion reagieren Alkalihydroxide (NaOH, KOH) aus der Porenlösung des Zementsteins mit den kieselsäurereichen Bestandteilen der Gesteinskörnung. Das daraus entstehende Alkalisilicat Gel nimmt bei ausreichender Feuchtigkeit Wasser auf und quillt. Durch die dadurch hervorgerufene Volumenzunahme kommt es zu Gefügespannungen innerhalb des Baustoffes und bei Überschreitung der Zugfestigkeit des Betons zu Rissbildungen. Um diese Reaktionen zu verhindern ist es notwendig, die Gesteinskörnungen für die Verwendung in Beton nach der DAfStb-Richtlinie

„Vorbeugende Maßnahmen gegen schädigende Alkalireaktion im Beton (Alkali-Richtlinie)" zu beurteilen und in eine Alkaliempfindlichkeitsklasse einzustufen. Bei den alkaliempfindlichen Bestandteilen der Gesteinskörnungen handelt es sich überwiegend um die Gesteinsarten Opalsandstein, Kieselkreide, Flint und Grauwacke. Soweit gefordert, muss die Alkali-Kieselsäure-Reaktivität von Gesteinskörnungen in Übereinstimmung mit den am Verwendungsort der Gesteinskörnung geltenden Vorschriften bestimmt und angegeben werden.

1.2.7 Konformitätsnachweis

Gesteinskörnung für Beton muss mit dem CE-Zeichen gekennzeichnet werden. Um dies zu erhalten ist ein Konformitätsnachweisverfahren anzuwenden, welches sicherstellt, dass eine CE-Kennzeichnung der Gesteinskörnung auch wirklich den Anforderungen der Norm entspricht. In der DIN EN 12620 sind hierfür zwei Verfahren aufgeführt. In Deutschland ist durch die DIN 1045-2 festgelegt, dass nur Gesteinskörnung in Beton verwendet werden darf, deren Konformität mit dem System der Konformitätsbescheinigung „2+" nachgewiesen wurde. Dieses Verfahren legt für den Hersteller der Gesteinskörnung sowie für eine unabhängige Prüfstelle bestimmte durchzuführende Aufgaben fest. Auf Seiten des Herstellers sind dies die Erstprüfungen seiner Produkte, die kontinuierliche werkseigene Produktionskontrolle und zusätzliche Prüfungen von im Werk entnommenen Proben nach einem vorgegebenen Prüfplan. Folglich muss der Hersteller über ein System der werkseigenen Produktionskontrolle verfügen, das mit den Anforderungen der DIN EN 12620 Anhang H übereinstimmt. Diese Kontrolle soll sicherstellen, dass die Gesteinskörnung den normativen Anforderungen entspricht (Kapitel 1.2.6). Zusätzlich hat eine externe Fremdüberwachung zu erfolgen, die beispielsweise die ordnungsgemäße Durchführung der Probennahme im Herstellwerk kontrolliert und auf Basis dieser Überprüfungen die werkseigene Produktionskontrolle zertifiziert.

1.3 Betonzusätze

Zur Verbesserung der Frisch- und Festbetoneigenschaften können spezielle Zusätze eingesetzt werden. Für Beton und Mörtel zu verwendende Zusätze werden unterschieden in Betonzusatzstoffe, Fasern und Betonzusatzmittel.

1.3.1 Betonzusatzstoffe

Betonzusatzstoffe sind pulverförmige Feststoffe, die dem Beton zusätzlich zu Wasser, Zement und Gesteinskörnung zugegeben werden und die aufgrund ihrer signifikanten Zugabemengen (in der Regel $\geq$ 50 g/kg Zement) bei der Stoffraumrechnung des Betons zu berücksichtigen sind (vgl. Kapitel 1.7). Durch den Einsatz von Betonzusatzstoffen können gezielt Änderungen der Frisch- und Festbetoneigenschafen vorgenommen werden, die sich in Abhängigkeit des Einsatzgebietes nutzbringend auf den Werkstoff auswirken sollen. Einige mögliche Veränderungen der Betoneigenschaften durch die Verwendung von Betonzusatzstoffen sind

- die Verbesserung der Verarbeitbarkeit des Frischbetons,
- die Erhöhung der Festigkeit und Dichtigkeit des Festbetons,
- die Anpassung der Farbe des Betons,
- die Reduktion des Zementgehaltes,
- die Verringerung des Schwindens sowie
- die Verminderung der Hydratationswärme.

Betonzusatzstoffe dürfen das Erhärten des Zementleims sowie die Festigkeit und Dauerhaftigkeit des Betons nicht beeinträchtigen und den Korrosionsschutz der Bewehrung nicht gefährden. Die DIN EN 206 bzw. DIN 1045-2 unterteilen Betonzusatzstoffe zur Verwendung in Beton in verschiedene Kategorien. Es werden zwei unterschiedliche Typen (Typ I und Typ II) sowie Fasern unterschieden.

- **Typ I** bezeichnet inerte, also nahezu chemisch inaktive, Betonzusatzstoffe. Sie reagieren nicht mit anderen Bestandteilen des Betons bzw. Mörtels und greifen folglich nicht in den Hydratationsprozess ein. Betonzusatzstoffe vom Typ I werden insbesondere eingesetzt, um durch ihre Korngröße, -zusammensetzung und -form den Kornaufbau im Mehlkornbereich (Anteile < 0,125 mm aus Bindemittel, Gesteinskörnung und Betonzusatzstoffen) zu verbessern. Dadurch wird unter anderem die Verarbeitbarkeit des Frischbetons bzw. -mörtels positiv beeinflusst. Nach DIN EN 206 gelten Füller, wie beispielsweise Quarz- und Kalksteinmehl, sowie Pigmente als allgemein geeignete Betonzusatzstoffe vom Typ I.
- Unter den Betonzusatzstoffen vom **Typ II** werden reaktive Betonzusatzstoffe zusammengefasst. Eine weitere Unterteilung kann

in puzzolanische und latent-hydraulische Stoffe erfolgen (Tabelle 1.1). Nach DIN EN 206 gelten die puzzolanisch reagierenden Betonzusatzstoffe Flugasche und Silicastaub sowie der latent-hydraulische Hüttensand als allgemein geeignete Betonzusatzstoffe vom Typ II.

- Zusätzlich zu den Betonzusatzstofftypen I und II können faserartige Stoffe als Betonzusätze verwendet werden. **Fasern**, die im Bauwesen zum Einsatz kommen und nach DIN EN 206 als allgemein geeignet gelten, sind Stahl- und Polymerfasern.

Eine Übersicht über die unterschiedlichen Kategorien der in DIN EN 206 geregelten Betonzusatzstoffe und Fasern ist Tabelle 1.33 zu entnehmen.

Tabelle 1.33:   Nach DIN EN 206 als allgemein geeignet geltende Betonzusatzstoffe und Fasern

Typ I: Nahezu inaktive Betonzusatzstoffe	Typ II: Reaktive Betonzusatzstoffe		Fasern
	Puzzolanisch	**Latent-hydraulisch**	
Füller	Silicastaub	Hüttensand	Stahlfasern
Pigmente	Flugasche		Polymerfasern

Die in diesem Kapitel beschriebenen Betonzusatzstoffe sind Stoffe, die teilweise auch als Hauptbestandteile in Normalzementen enthalten sein können (vgl. Tabelle 1.8 in Kapitel 1.1.4).

Betonzusatzstoffe Typ I

Ein **Betonzusatzstoff vom Typ I** ist ein nahezu inaktiver Betonzusatzstoff. (DIN EN 206)

Laut DIN EN 206 gelten Füller und Pigmente als allgemein geeignete Betonzusatzstoffe vom Typ I. Dabei bezeichnet der Begriff Füller Gesteinsmehle, wie beispielsweise Quarz- und Kalksteinmehl, die in der DIN EN 12620 normiert sind. Füller sind chemisch nahezu inaktiv (inert) und dienen in erster Linie der Verbesserung der Sieblinie. Sie füllen kleine Zwickel zwischen den Partikeln und sorgen dadurch für eine sehr dichte Packung. Zudem verbessert sich die Verarbeitbarkeit des frischen Baustoffes durch die Verwendung von Füllern. Durch das zusätzliche Einbringen von kleinen inerten Partikeln wird das Wasser aus den Zwickeln zwischen den Zementkörnern verdrängt. Infolgedessen erhöht sich bei gleicher

Wassermenge der Abstand der Zementkörner, die gegenseitigen Anziehungskräfte werden reduziert und die Verarbeitbarkeit verbessert sich.

Füller (Gesteinsmehl) ist eine Gesteinskörnung, deren überwiegender Teil durch das 0,063 mm Sieb hindurchgeht und den Baustoffen zur Erreichung bestimmter Eigenschaften zugegeben werden kann. (DIN EN 12620)

Ein **Pigment** ist ein Stoff, generell in Form feiner Teilchen, der im Anwendungsmedium unlöslich ist und der ausschließlich zum Einfärben von zement- und / oder kalkgebundenen Baustoffen dient. (DIN EN 12878)

Auch Pigmente gehören zu den Betonzusatzstoffen vom Typ I und dienen dem Einfärben des Betons bzw. Mörtels. Sie müssen unter den stark alkalischen Bedingungen des Zementsteins beständig und wasserunlöslich sein, dürfen die betontechnologischen Eigenschaften nicht nachteilig beeinflussen, sollen licht- und wetterstabil sowie gegebenenfalls bei größeren thermischen Belastungen auch hitzestabil sein und höchste Konstanz in Farbton und Farbstärke aufweisen.

Im Bauwesen werden für die Einfärbung von Beton und Mörtel vorwiegend anorganische Pigmente verwendet. Beispiele hierfür sind Metalloxide wie Eisenoxide (Rot-, Gelb-, Braun-, Schwarzfärbung), Titandioxid (Weißfärbung) und Chromoxid (Grünfärbung). Je nach Farbintensität wird die Dosierung bezogen auf die Zementmasse festgelegt. Bei der Konzeption des Betons muss darauf geachtet werden, dass durch den hohen Wasserbedarf der Pigmente ein höherer w/z-Wert erforderlich sein kann.

Betonzusatzstoffe Typ II

Ein **Betonzusatzstoff vom Typ II** ist ein fein verteilter anorganischer, puzzolanischer oder latent-hydraulischer Stoff, der dem Beton zugegeben werden kann, um bestimmte Eigenschaften zu verbessern oder um besondere Eigenschaften zu erzielen. (DIN EN 450-1)

Unter den Betonzusatzstoffen vom Typ II werden reaktive Betonzusatzstoffe zusammengefasst. Eine weitere Unterteilung kann in puzzolanisch und latent-hydraulische Stoffe erfolgen, deren unterschiedliche Reaktionsmechanismen nachfolgend erläutert werden. Nach DIN EN 206 gelten Flugasche (V, W), Silicastaub (D) und Hüttensandmehl (S) als allgemein geeignete Betonzusatzstoffe vom Typ II. Sie können dem Beton zusätzlich zugegeben, teilweise auf den w/z-Wert angerechnet und somit in einem bestimmten Umfang als Substitut für Zement verwendet werden.

Für den Einsatz weiterer reaktiver Betonzusatzstoffe vom Typ II, welche nicht explizit in der Norm als geeignet aufgelistet sind, bedarf es speziellen Zulassungen, deren Erlangung in der Regel sehr kostspielig ist und die in der Praxis folglich eine untergeordnete Rolle spielt. Normativ ist die betontechnologische Verwendung dieser Stoffe den Zementherstellern vorbehalten. Sie sind als Hauptbestandteile in einigen Normalzementen enthalten (Tabelle 1.8, Kapitel 1.1.4). Beispielhaft für die Kategorie der Betonzusatzstoffe vom Typ II, die nach Norm nicht als allgemein geeignet gelten, werden in diesem Kapitel Trass, getemperte Gesteinsmehle, gebrannter Ölschiefer und Metakaolin beschrieben.

Puzzolane

> **Puzzolane** sind fein gemahlene Betonzusatzstoffe, die amorphes, reaktionsfähiges Siliciumdioxid (SiO_2) enthalten. Werden sie alkalisch aktiviert, so bilden sie zementsteinähnliche CSH-Phasen aus. Puzzolane können natürlichen Ursprungs sein (getempert oder nicht getempert) oder künstlich hergestellt werden.

Puzzolane sind reaktive Betonzusatzstoffe, die den Hydratationsprozess des Zementleims beeinflussen. Sie tragen zur Erhärtung bei und dienen zusätzlich aufgrund ihrer Korngröße und -form der Verbesserung des Kornaufbaus im Mehlkornbereich. Sie weisen einen geringen Anteil an Calciumoxid auf, enthalten jedoch reaktionsfähiges Siliciumdioxid (SiO_2) sowie Aluminiumoxid (Al_2O_3). Puzzolane reagieren im alkalischen Milieu von Beton bzw. Mörtel mit dem bei der Zementhydratation entstehenden Calciumhydroxid ($Ca(OH)_2$) und Wasser zu festigkeitsbildenden Hydratphasen, ähnlich den Hydratationsprodukten des Zementsteins. Die vereinfachte Reaktionsgleichung ist Formel 1.3.1 zu entnehmen.

$$x\,Ca(OH)_2 + y\,SiO_2 + z\,H_2O \rightarrow x\,CaO \bullet y\,SiO_2 \bullet (x+z)H_2O = CSH \quad (1.3.1)$$

Calciumhydroxid dient folglich nicht nur dem Lösen der reaktiven Bestandteile des Puzzolans, sondern wird anschließend bei der Bildung der Hydratphasen „verbraucht". Da das Calciumhydroxid im Porenwasser maßgeblich für die Alkalität des Baustoffes und folglich auch für den Korrosionsschutz der Bewehrung verantwortlich ist, wird deutlich, warum eine Begrenzung der Zugabemengen von Puzzolanen in Beton notwendig ist.

Die puzzolanische Reaktion ist langsamer und auf niedrigerem Festigkeitsniveau als bei der Zementhydratation. Puzzolane besitzen in der Regel kein eigenständiges Erhärtungsvermögen, sondern sind auf ein alkalisches Milieu zur Bildung von Hydratationsprodukten angewiesen. Die Alkalität in zementgebundenen Baustoffen ergibt sich vorwiegend aus den silicatischen Reaktionen von Dicalciumsilicat (C_2S) und Tricalciumsilicat (C_3S), aus denen Calciumhydroxid als Reaktionsprodukt hervorgeht und gelöst im Porenwasser den pH-Wert erhöht (Formeln 1.1.15 und 1.1.16).

Nicht nur die chemische Zusammensetzung des Betonzusatzstoffes, sondern auch die vorliegende Atomstruktur der Bestandteile beeinflusst die Reaktivität des Stoffes. Vereinfacht können zwei mögliche Anordnungen der Atome von Festkörpern unterschieden werden. Die dichteste Anordnung der Atome liegt bei einer geordneten **kristallinen Strukturen** der Atome vor. Diese sogenannte Gitterstruktur weist eine sehr regelmäßige Anordnung der Atome auf. Um das Atomgitter zu „Zerlegen" (bzw. deren Bestandteile zu lösen) ist eine sehr hohe Energie erforderlich. Dies hat zur Folge, dass kristalline Stoffe eine sehr geringe Löslichkeit aufweisen und folglich weniger reaktiv sind. Im Gegensatz dazu sind **amorphe Strukturen** (in der Literatur auch teilweise als **glasig** bzw. glasartig bezeichnet) leichter löslich. Sie sind durch eine regellose Struktur gekennzeichnet, für deren „Zerlegung" weniger Energie notwendig ist. Somit sind sie leicht löslich und folglich reaktiver. Amorphe Strukturen entstehen in der Regel durch starke Erwärmung eines Stoffes bis oberhalb des Sinterbereichs (etwas unterhalb der Schmelztemperatur) und einer anschließenden sehr schnellen Abkühlung. Während der Abkühlphase darf dem Stoff nicht genügend Zeit zur Verfügung stehen, um erneut eine kristalline Anordnung der Moleküle auszubilden.

Anhand ihrer Herstellungsart werden nach DIN EN 197-1 natürliche, natürlich getemperte und künstliche Puzzolane unterschieden. Natürliche Puzzolane sind im Allgemeinen Stoffe vulkanischen Ursprungs oder Sedimentgesteine, die der obigen Definition von Puzzolanen entsprechen. Natürlich getemperte Puzzolane sind thermisch aktivierte natürliche Stoffe vulkanischen Ursprungs, Tone, Schiefer oder Sedimentgesteine, die durch das Tempern puzzolanische Eigenschaften erlangen. Künstliche Puzzolane unterliegen im Gegensatz dazu einem künstlichen Herstellungsprozess.

a) Flugasche (künstliches Puzzolan)

> **Flugasche** ist ein feinkörniger, hauptsächlich aus kugelförmigen, glasigen Partikeln bestehender Staub, der bei der Verbrennung fein gemahlener Kohle mit oder ohne Mitverbrennungsstoffe(n) anfällt, puzzolanische Eigenschaften hat und im Wesentlichen aus SiO_2 und Al_2O_3 besteht. (DIN EN 450-1)

Steinkohleflugasche ist ein feinkörniger mineralischer Staub, der als Verbrennungsrückstand in Elektrofiltern von Steinkohlekraftwerken anfällt. Die Art und Herkunft der Kohle und die Verbrennungsbedingungen beeinflussen in erheblichem Maße die Eigenschaften der Flugasche.

Flugaschen wirken in zementgebundenen Systemen auf chemische und physikalische Weise. Zum einen führt die Verwendung von Flugasche in Beton zu dem sogenannten „Füller"-Effekt. Darunter wird eine verdichtete Packung der Partikel durch das Einbringen von sehr kleinen Körnern in die noch vorhandenen Zwickel verstanden. Weiterhin kann aufgrund der kugeligen Partikelform von Flugasche und der damit verbundenen relativ geringen spezifischen Oberfläche der Wasseranspruch des Frischbetons verringert bzw. die Verarbeitbarkeit des Betons deutlich gesteigert werden. Positiv spiegelt sich dies in einer Erhöhung der Festigkeit und einer Verringerung des Kapillarporenanteils wider. Zum anderen bildet Flugasche sie aufgrund ihrer puzzolanischen Eigenschaften zementsteinähnliche Reaktionsprodukte, wie festigkeitssteigernde CSH-Phasen. Neben der Erhöhung der Festigkeit des Betons trägt sie zusätzlich zur Verdichtung des Gefüges und der damit verbundenen Verbesserung der Dauerhaftigkeit des Werkstoffes bei. Die puzzolanische Reaktion bewirkt außerdem eine Verschiebung der Porengrößenverteilung in Richtung kleinerer Poren, sodass ein erhöhter Widerstand gegen das Eindringen von schädlichen Substanzen in das Betongefüge erreicht wird. Im Vergleich zur Zementhydratation reagiert Flugasche jedoch langsamer, da diese trotz hoher amorpher Bestandteile ein eher schwer zu lösender Stoff ist.

b) Silicastaub (künstliches Puzzolan)

> **Silicastaub** ist fein verteiltes, amorphes Siliciumdioxid, das als Nebenprodukt des Schmelzprozesses zur Herstellung von Silicium Metall und Ferrosilicium-Legierungen gesammelt wird. (DIN EN 13263-1)

Silicastaub wird in Pulverform oder als wässrige Suspension mit 50 % Feststoffanteil als Betonzusatzstoff verwendet. Die ausgeprägte puzzolanische Eigenschaft von Silicastaub ermöglicht hohe Festigkeiten des Werkstoffes. Wie bei der Verwendung von Flugasche kann eine dichtere Packung der Partikel erreicht werden. Die damit verbundene Erhöhung der Druckfestigkeit sowie der Dauerhaftigkeit des Betons wird beispielsweise bei der Herstellung von hochfesten Betonen genutzt. Durch die dichtere Packung der Partikel nimmt das Porenvolumen mit steigendem Silicastaub Gehalt im Beton ab. Daraus resultiert eine geringere Saugfähigkeit des Werkstoffes, sodass der Frost- und Frost-Tausalz-Widerstand gesteigert werden kann. Da das für die puzzolanische Reaktion benötigte Calciumhydroxid vermehrt an der Oberfläche der Gesteinskörnung vorliegt, bilden sich in diesen Bereichen zusätzliche CSH-Phasen aus, die den Verbund der Gesteinskörner mit dem angrenzenden Zementstein erheblich verbessern. Wird Silicastaub in Beton eingesetzt, so kann außerdem eine erhöhte „Klebewirkung" des Frischbetons erreicht werden, die sich als sehr vorteilhaft bei der Herstellung von Spritzbeton erweist. Die Klebewirkung beruht auf den sehr feinen Partikeln des Silicastaub. Diese verringern die Partikelabstände, sodass die intermolekularen Anziehungskräfte zwischen den Partikeln größer werden. Der Beton ist dadurch viskoser (zähflüssiger) und klebriger.

Um einen ausreichenden Korrosionsschutz der Bewehrung im Beton zu gewährleisten, ist der Anteil von Silicastaub nach DIN EN 206 auf 11 M.-% bezogen auf die Zementmasse begrenzt. Bei der Verwendung von Silicastaub – genauso wie bei allen anderen Puzzolanen - ist weiterhin auf eine besondere Nachbehandlung zu achten, da die puzzolanische Reaktion zeitverzögert eintritt und sich empfindlich gegenüber äußeren Einflüssen zeigt. Nachteilig wirkt sich der Einsatz von Silicastaub auf die Verarbeitbarkeit des Betons aus, da die hohe Feinheit des Pulvers (hohe spezifische Oberfläche) einen hohen Wasseranspruch des Betons zur Folge haben kann und daher meist auf Fließmittel zurückgegriffen werden muss. Wird Silicastaub als Suspension eingesetzt, muss deren Wasseranteil beim w/ z-Wert berücksichtigt werden. Aufgrund der hohen Materialkosten wird Silicastaub nur in Sonderfällen, wie beispielsweise für Spritzbeton oder Hochleistungsbeton, verwendet.

c) Trass (natürliches Puzzolan)

> **Trass** ist ein natürlicher, puzzolanischer, aufbereiteter Tuffstein. Er besteht mineralogisch aus glasigen und kristallinen Phasen und chemisch überwiegend aus Siliciumdioxid (Kieselsäure, SiO_2) und Aluminiumoxid (Tonerde, Al_2O_3) sowie aus geringen Anteilen Erdalkalien, Eisenoxid, Alkalien und physikalisch sowie chemisch gebundenem Wasser. (DIN 51043)

Trass ist ein natürliches Puzzolan und Bestandteil einiger Normalzemente (Tabelle 1.8, Kapitel 1.1.4). Bei der Herstellung von Trass findet im Gegensatz zu anderen Puzzolanen keine thermische Aktivierung statt (nicht getempert). Trass wird als Tuffstein abgebaut, getrocknet und anschließend gemahlen. Ein Großteil der Bestandteile von Trass liegt aufgrund der fehlenden thermischen Aktivierung in kristalliner Struktur vor und ist daher schwer löslich. An dieser Stelle wird deutlich, dass alleine über die chemische Zusammensetzung kein direkter Rückschluss auf die Reaktivität des Betonzusatzstoffes getroffen werden kann.

Trass reagiert als puzzolanischer Betonzusatzstoff mit dem bei der Zementhydratation anfallenden Calciumhydroxid und verbindet sich dabei mit diesem in einem langsam ablaufenden Erhärtungsvorgang zu einer zementsteinähnlichen beständigen Verbindung (CSH-Phasen). Durch die Verwendung von Trass kann eine dichtere und dauerhaftere Betonmatrix erreicht werden. Des Weiteren wirkt Trass durch die Reaktion mit Calciumhydroxid unerwünschten Kalkausblühungen entgegen. Die Reduktion von Calciumhydroxid durch die Reaktion mit Trass reduziert die Ausgangsstoffe für Carbonatisierungsprozesse und die damit verbundene Bildung von Calciumcarbonat ($CaCO_3$). Durch eine reduzierte Hydratationswärmeentwicklung eignet sich Trass insbesondere für die Herstellung von Massenbetonen.

d) Metakaolin (natürlich getempertes Puzzolan)

Natürlich getemperte Puzzolane können als Betonzusatzstoff vom Typ II einen eigenen Beitrag zur Festigkeitsentwicklung des Betons leisten. Durch die hohe spezifische Oberfläche verbessert ihr Einsatz das Wasserrückhaltevermögen der Betonmischung. Ein Beispiel für ein natürlich getempertes Puzzolan ist Metakaolin.

Metakaolin ist ein natürlich getempertes Puzzolan (Q), welches durch das Brennen des Gesteins Kaolin entsteht.

Das für die Herstellung von Metakaolin gebrannte Gestein Kaolin besteht im Wesentlichen aus dem Tonmineral Kaolinit sowie weiteren Tonmineralen und mineralischen „Verunreinigungen". Kaolinit besteht aus kristallwasserhaltigen[9], alumosilicatischen Verbindungen, die vereinfacht durch Formel 1.3.2 dargestellt werden können.

$$Al_2O_3 \cdot 2\ SiO_2 \cdot 2\ H_2O \hspace{6cm} (1.3.2)$$

Durch den Brennprozess bei etwa 500 °C bis 900 °C wird das chemisch gebundene Wasser ausgetrieben (bzw. Hydroxylgruppen abgespalten) und die kristallinen Phasen des Kaolins wandeln sich in amorphe Phasen um. Dieser Brennprozess wird auch als „Calcinieren" bezeichnet und ist für die puzzolanischen Eigenschaften des Materials verantwortlich. Die mineralogische Zusammensetzung des Kaolins sowie die Brenntemperatur und -dauer sind entscheidende Faktoren für die Reaktivität des Stoffes. Metakaolin kann als natürlich getempertes Puzzolan (Q) in einigen Normalzementen verwendet werden (Tabelle 1.8, Kapitel 1.1.4).

Aufgrund der plattigen Partikelform des Metakaolins besitzt das Puzzolan einen relativ hohen Wasseranspruch und seine Verwendung resultiert in viskosen Zementleimen. Bei zu hohen Anteilen ergibt sich eine vergleichbare Klebrigkeit wie dies beim Silicastaub der Fall ist.

e) Gebrannter Ölschiefer

Gebrannter Schiefer (T), insbesondere **gebrannter Ölschiefer**, wird in einem speziellen Ofen bei Temperaturen von etwa 800 °C hergestellt. Aufgrund der Zusammensetzung des natürlichen Ausgangsmaterials und des Herstellungsverfahrens enthält gebrannter Schiefer Klinkerphasen, vor allem Dicalciumsilicat und Monocalciumaluminat, sowie neben geringen Mengen an freiem Calciumoxid und Calciumsulfat auch größere Anteile an puzzolanisch reagierenden Oxiden, insbesondere Siliciumdioxid. Dementsprechend weist gebrannter Schiefer im feingemahlenen Zustand ausgeprägte hydraulische Eigenschaften wie Portlandzement und daneben puzzolanische Eigenschaften auf. (DIN EN 197-1)

---

9   Kristallwasser = chemisch gebundenes Wasser.

Ölschiefer besteht aus tonigen und mergeligen Sedimentgesteinen, die etwa 20 M.-% bis 30 M.-% Kerogen (Vorstufe des Erdöls) enthalten. Um gebrannten Ölschiefer herzustellen wird das Ausgangsmaterial zunächst durch Sprengen sowie Brechen abgebaut, fein gemahlen und im Anschluss gebrannt. Durch den Brennvorgang wird neben der Herstellung von gebranntem Ölschiefer zusätzlich durch das Verbrennen des Kerogens Energie gewonnen.

Gebrannter Ölschiefer weist als Betonzusatzstoff hydraulische sowie puzzolanische Eigenschaften auf. Daher ist eine eindeutige Zuordnung zu Puzzolanen bzw. (latent)-hydraulischen Stoffen schwierig. Dieses Verhalten lässt sich unter anderem aus dem Gehalt an Calciumoxid ableiten, der mit rund 30 M.-% geringer ausfällt als beim latent-hydraulischen Hüttensand, jedoch höher als bei den Puzzolanen. Folglich ist gebrannter Ölschiefer in der Lage, auch ohne Portlandzement zu erhärten. Gebrannter Ölschiefer (T) ist zudem ein Hauptbestandteil in einigen Normalzementen der Art CEM II (Portlandschieferzement und Portlandkompositzement).

Latent-hydraulische Stoffe

Latent-hydraulische Stoffe, wie zum Beispiel Hüttensandmehl, bestehen aus hydraulisch erhärtenden Bestandteilen, welche nach Anregung, beispielsweise durch das aus der Zementhydratation entstehende Calciumhydroxid, reagieren. Das für die Alkalität der Porenlösung verantwortliche Calciumhydroxid dient in erster Linie dem Lösen der hydraulischen Bestandteile und wird bei der sich anschließenden Reaktion des latent-hydraulischen Stoffes in der Regel nicht verbraucht. Latent-hydraulische Stoffe würden auch ohne Anregung hydratisieren, jedoch entstehen in angemessener Zeit im Allgemeinen keine technisch verwertbaren Festigkeiten der Reaktionsprodukte.

Hüttensandmehl ist ein feines Pulver, das durch Mahlen von Hüttensand hergestellt wird.

Hüttensand (granulierte Hochofenschlacke) ist ein glasartiges Material, das durch die rasche Abkühlung einer durch Schmelzen von Eisenerz in einem Hochofen hergestellten Schlackenschmelze von geeigneter Zusammensetzung entsteht, das zu mindestens zwei Dritteln (Massenanteil) aus glasiger Schlacke besteht und bei geeigneter Aktivierung hydraulische Eigenschaften hat. (DIN EN 15167-1)

Bei der Herstellung von Hüttensand wird die flüssige Schlacke, die bei der Roheisenherstellung anfällt, schlagartig abgekühlt. Dieser Prozess wird auch als „Granulation" bezeichnet. Das schnelle Erstarren der Schmelze bewirkt einen hohen Glasanteil (amorpher Anteil) im Hüttensand, der als amorphe Phase maßgeblich für die Qualität des Hüttensandes verantwortlich ist.

Die chemische Zusammensetzung von Hüttensand ist ähnlich wie die von Portlandzement. Im Allgemeinen enthält Hüttensand jedoch weniger Calciumoxid und mehr Siliciumdioxid sowie Aluminiumoxid. Der geringere Anteil von Calciumoxid ist unter anderem für die latent-hydraulischen Eigenschaften des Betonzusatzstoffes verantwortlich. Das durch die Zementhydratation entstehende Calciumhydroxid löst die amorphen Bestandteile des Hüttensandes, sodass anschließend die festigkeitsbildende Reaktion des Hüttensandes erfolgen kann. Die Reaktionsprodukte von Hüttensand sind, ähnlich wie bei der Zementhydratation, CSH- und CAH-Phasen. Der Reaktionsprozess von hüttensandhaltigen Betonen verläuft in der Regel langsamer und unter einer geringeren Wärmefreisetzung ab.

Durch die geringere Hydratationswärmeentwicklung wird Hüttensand insbesondere für die Herstellung von massigen Bauteilen eingesetzt. Somit können temperaturbedingte Spannungen im Bauteil reduziert und Rissbildungen vorgebeugt werden. Des Weiteren weist hüttensandhaltiger Beton ein dichtes Gefüge sowie eine feinere Porengrößenverteilung auf, sodass die Widerstandsfähigkeit gegen das Eindringen von schädigenden Substanzen erhöht wird.

Anrechenbarkeit von Flugasche und Silicastaub (sowie Hüttensandmehl)

Die drei in der DIN EN 206 aufgelisteten Betonzusatzstoffe vom Typ II (Silicastaub, Flugasche und Hüttensandmehl) dürfen auf europäischer Ebene auf den w/z-Wert des Betons angerechnet werden. Dies ermöglicht den teilweisen Ersatz der Normalzemente durch den jeweiligen Betonzusatzstoff. Der sogenannte **k-Wert-Ansatz** nach DIN EN 206 beruht auf dem Vergleich der Dauerhaftigkeit eines bestimmten Normalzementes mit der eines Gemisches aus dem gleichen Normalzement mit Zugabe eines Betonzusatzstoffes vom Typ II. Der k-Wert gibt somit die Zementwirksamkeit eines Betonzusatzstoffes wieder. Eine Übersicht der normativ festgelegten k-Werte, der maximal zulässigen Anteile der Betonzusatzstoffe, die angerechnet werden dürfen, sowie die zulässigen Normalzemente liefert Tabelle 1.34.

Der k-Wert-Ansatz berücksichtigt zum einen den sogenannten äquivalenten w/z-Wert. Dieser setzt sich aus dem Gehalt an Wasser und dem äquivalenten Zementgehalt zusammen. Der äquivalente Zementgehalt ergibt sich aus dem realen Anteil des Normalzementes und dem Gehalt an Betonzusatzstoff multipliziert mit dem k-Wert, folglich dem Zementäquivalent (Formel 1.3.3). Zum anderen darf die Summe aus der Masse des Normalzementes und der des Betonzusatzstoffes den geforderten Mindestzementgehalt nicht unterschreiten (Formel 1.3.4). Weiterhin zu prüfen ist, ob der Gehalt des Normalzementes über dem Mindestzementgehalt bei Anrechnung von Betonzusatzstoffen liegt (Formel 1.3.5).

Der **äquivalente w/z-Wert** ist das Masseverhältnis des wirksamen Wassergehaltes zur Summe aus Normalzementgehalt und k-fach anrechenbaren Anteilen von Betonzusatzstoffen.

$$\left(\frac{w}{z}\right)_{eq} = \frac{w}{z + k \cdot h} \tag{1.3.3}$$

$$z + h \geq \min z \tag{1.3.4}$$

$$z \geq \min z \text{ bei Anrechnung} \tag{1.3.5}$$

w:	Masse Wasser
z:	Masse Zement
h:	Masse Betonzusatzstoff Typ II
k:	k-Wert des Betonzusatzstoffes nach Tabelle 1.34
$(w/z)_{eq}$:	Äquivalenter w/z-Wert nach Tabelle 1.34
min z:	Mindestzementgehalt nach Tabelle 1.60
min z bei Anrech.:	Mindestzementgehalt bei Anrechnung von Zusatzstoffen nach Tabelle 1.60

DIN EN 206 gibt k-Werte für Flugasche und Silicastaub vor. Der k-Wert von Silicastaub liegt aufgrund des hohen Reaktionspotentials bei 1,0. Silicastaub kann folglich vollständig auf den Zementanteil angerechnet werden. Flugasche ist, im Vergleich zu Silicastaub, schwerer löslich und infolgedessen weniger reaktionsfähig, was den geringeren k-Wert von 0,4 erklärt. Der k-Wert für Hüttensand soll national geregelt werden, sodass die DIN EN 206 diesbezüglich nur eine Empfehlung (k = 0,6) ausspricht. In Deutschland ist die Anrechnung von Hüttensand auf den w/z-Wert nach der Verwaltungsvorschrift Technische Baubestimmungen (VV TB) analog zu Flugasche mit einem k-Wert von 0,4 möglich. Der niedrigere Wert verglichen mit der Empfehlung aus der europäischen Norm ergibt sich dadurch, dass die

Anrechnung von Hüttensandmehl nach der VV TB in Kombination mit mehreren unterschiedlichen Normalzementen zulässig ist.

Tabelle 1.34: k-Wert-Ansatz für Flugasche, Silicastaub und Hüttensandmehl nach DIN EN 206 bzw. DIN 1045-2 und der Verwaltungsvorschrift Technische Baubestimmungen (Hüttensand)

Flugasche	Silicastaub	Flugasche und Silicastaub	Hüttensandmehl
k-Wert			
0,4[1]	1,0	-	0,4[2]
Maximaler Betonzusatzstoffgehalt			
Zemente mit D: max f = 0,15 z	max s = 0,11 z	max s = 0,11 z max f = 0,66 z–3,0 s[3] max f = 0,45 z – 3,0 s[4]	Zemente mit D: max h = 0,15 z
Äquivalenter w/z-Wert			
w/(z + 0,4 f)	w/(z + 1,0 s)	w/(z+0,4f+1,0s)[5]	w/(z + 0,4 h)[6]
Maximal anrechenbare Betonzusatzstoffmenge			
Zemente ohne P, V, D: max f = 0,33 z Zemente mit P od. V ohne D: max f = 0,25 z Zemente mit D: max f = 0,15 z	max s = 0,11 z	max f = 0,33 z max s = 0,11 z	Zemente ohne P, V, D: max h = 0,33 z Zemente mit P od. V ohne D: max h = 0,25 z Zemente nur mit D: max h = 0,15 z
Mindestzementgehalt[7] bei Anrechnung von Betonzusatzstoffen nach Tabelle 1.60			
z + f ≥ min z z ≥ min z bei Anrechnung	z + s ≥ min z z ≥ min z bei Anrechnung	z + f + s ≥ min z z ≥ min z bei Anrechnung	z + h ≥ min z z ≥ min z bei Anrechnung
Zulässige Zementarten[8] (vgl. Tabelle 1.8)			
CEM I CEM II/A-D CEM II/A-S CEM II/B-S CEM II/A-T CEM II/B-T CEM II/A-LL CEM II/A-P CEM II/A-V[9] CEM II/A-M (S,D,P,V,T,LL) CEM II/B-M (S-D,S-T,D-T) CEM III/A[9] CEM III/B mit max. 70 M.-% Hüttensand[9]	CEM I CEM II/A-S CEM II/B-S CEM II/A-P CEM II/B-P CEM II/A-V CEM II/A-T CEM II/B-T CEM II/A-LL CEM II/A-M (S,P,V,T,LL) CEM II/B-M (S-T,S-V) CEM III/A CEM III/B	CEM I CEM II/A-S CEM II/B-S CEM II/A-T CEM II/B-T CEM II/A-LL CEM II/A-M (S-T,S-LL,T-LL) CEM II/B-M (S-T) CEM III/A	CEM I CEM II/A-D CEM II/A-S CEM II/B-S CEM II/A-T CEM II/B-T CEM II/A-LL CEM II/A-P CEM II/A-V CEM II/A-M (S,D,P,V,T,LL) CEM II/B-M (S-D,S-T,D-T) CEM III/A[9] CEM III/B mit max. 70 M.-% Hüttensand[9]

[1] Für Unterwasserbeton gilt k = 0,7.

[2] Die Verwaltungsvorschrift Technische Baubestimmungen sieht für die Anrechnung von Hüttensand in Deutschland den gleichen k-Wert-Ansatz vor wie für Flugasche.

[3] Gilt für CEM I.

[4] Gilt für CEM II/A-S, CEM II/B-S, CEM II/A-T, CEM II/B-T, CEM II/A-LL, CEM II/A-M (S-T,S-LL,T-LL), CEM II/B-M (S-T), CEM III/A.

[5] Für alle Expositionsklassen außer XF2 und XF4 darf anstelle des w/z nach Tabelle 30 (w/z) äquivalent verwendet werden.

[6] Gilt nicht für Expositionsklassen XF2 und XF4.

[7] Gilt bei Silicastaub sowie Flugasche und Silicastaub für alle Expositionsklassen außer XF2 und XF4.

[8] Für andere Zemente kann die Anwendung von Flugasche und Hüttensandmehl im Rahmen einer bauaufsichtlichen Zulassung geregelt werden.

[9] Bezüglich Expositionsklasse XF4 andere Regelung.

1.3.2 Fasern

Als allgemein geeignet gelten nach DIN EN 206 Stahlfasern und Polymerfasern. Sie können Beton und Mörtel zugegeben werden, um bestimmte Eigenschaften des Baustoffes zu modifizieren. Um Faserprodukte als Betonzusatz verwenden zu dürfen, bedarf es einer allgemeinen bauaufsichtlichen Zulassung.

Stahlfasern

> **Stahlfasern** sind gerade oder verformte Fasern aus kalt gezogenem Stahldraht, gerade oder verformte zugeschnittene Einzelfasern, aus Schmelzgut hergestellte Fasern, von kalt gezogenem Draht gespante Fasern oder aus Stahlblöcken gehobelte Fasern, die für eine homogene Einbringung in Beton oder Mörtel geeignet sind. (DIN EN 14889-1)

Stahlfasern unterscheiden sich nach der Art ihrer Herstellung und der Form. Dabei beeinflussen unterschiedliche Geometrien der Fasern erheblich den Verbund zwischen der Faser und dem Zementstein. Anforderungen an Stahlfasern für die Verwendung in Beton bzw. Mörtel sind in DIN EN 14889-1 festgelegt.

Problematisch bei der Verarbeitung von Stahlfaserbeton kann die sogenannte „Igelbildung" (Bildung von Agglomeraten mit erhöhtem Fasergehalt) sein, welche die gleichmäßige Verteilung der Fasern im Frischbeton verhindert. Durch die Zugabe von Stahlfasern kann die Biegezug- und Druckfestigkeit des Betons erheblich verbessert werden. Da die Stahlfasern Zugspannungen im Material aufnehmen können, wird der Bildung von Rissen entgegengewirkt. Die Fasern dienen zudem an Rissufern zur Überbrückung von Rissen und halten folglich den Beton an diesen Stellen zusammen. Durch die Aufnahme von Spannungen in gerissenen Bereichen kann dadurch die Rissbildung stabilisiert und begrenzt werden. Mit Stahlfasern modifizierte Betone sind infolgedessen sehr belastbar. Das Hauptanwendungsgebiet von Stahlfasern sind derzeit Industrieböden, die einer hohen mechanischen Beanspruchung ausgesetzt sind und aufgrund ihrer flächigen Geometrie verstärkt zur Rissbildung neigen.

Polymerfasern

Polymerfasern sind gerade oder verformte Fasern aus extrudiertem, orientiertem und geschnittenem Material, die für die gleichmäßige Verteilung in Beton- oder Mörtelmischung geeignet sind.

Unter dem Begriff **Polymer** werden nach der DIN EN 14889-2 Polymerstoffe wie beispielsweise Polyolefin, Polypropylen, Polyethylen, Polyester, Polyamid, Polyvinylalkohol, Polyacryl oder Aramid bzw. Mischungen davon verstanden. (DIN EN 14889-2)

Häufig wird der thermoplastische Kunststoff Polypropylen (PP) zur Faserherstellung verwendet. Die Eigenschaften der Fasern, wie beispielsweise die Dichte und der E-Modul, sind stark von der Verarbeitung des Polymers abhängig. Polymerfasern werden nach ihrer physikalischen Form klassifiziert. Anforderungen an die Fasern sind der DIN EN 14889-2 zu entnehmen.

Polymerfasern werden im Beton bzw. Mörtel hauptsächlich eingesetzt, um den Brandschutz des Baustoffes zu verbessern. Bei hohen Temperaturen schmelzen die Fasern und hinterlassen zusätzliche Porenkanäle, über die sich der beim Brand entstehende Dampfdruck im Betongefüge abbauen kann. Ein weiterer Vorteil der Verwendung von Polymerfasern ist eine Reduktion von Schwindrissen. Entstandene Mikrorisse können durch Polymerfasern überbrückt werden. Vorhandene Zugkräfte können in gewissem Maße von den Fasern aufgenommen werden und somit einer weiteren Rissvergrößerung entgegenwirken.

1.3.3 Betonzusatzmittel

Betonzusatzmittel werden dem Beton in der Regel in flüssiger Form zugegeben. Aufgrund ihrer relativ geringen Zugabemenge (in der Regel ≤ 50 g/kg Zement) bleiben sie als Volumenanteile in der Stoffraumrechnung meist unberücksichtigt (vgl. Kapitel 1.7). Eine Ausnahme hiervon stellen Betonzusatzmittel dar, die mit mehr als drei Litern pro Kubikmeter dem Frischbeton zugegeben werden (DIN EN 206). Beträgt die Gesamtmenge an flüssigen Zusatzmitteln über drei Liter pro Kubikmeter Beton muss die in den Zusatzmitteln enthaltene Wassermenge im w/z-Wert berücksichtigt werden. Betonzusatzmittel verändern durch chemische und / oder physikalische Wirkungsmechanismen unter anderem

- die Verarbeitbarkeit und Stabilität des Frischbetons,
- die Erstarrungs- und Erhärtungsgeschwindigkeit sowie
- den Frostwiderstand des Festbetons.

> Ein **Betonzusatzmittel für Beton** ist ein Stoff, der während des Mischvorgangs des Betons in einer Menge hinzugefügt wird, die einen Masseanteil von 5 % des Zementanteils im Beton nicht übersteigt, um die Eigenschaften der Betonmischung im frischen und / oder erhärteten Zustand zu verändern. (DIN EN 934-2)

Betonzusatzmittel für die Verwendung in Beton und Mörtel sind in DIN EN 934 genormt. Diese Betonzusatzmittel sind nach DIN 1045-2 für die Verwendung in Beton bzw. Mörtel zugelassen. Für die Verwendung von Zusatzmitteln, welche nicht in DIN EN 934 geregelt sind, ist eine allgemeine bauaufsichtliche Zulassung notwendig. Die Prüfnorm für Betonzusatzmittel nach DIN EN 934 ist die DIN EN 480.

Normative Definitionen und Leistungsanforderungen nach DIN EN 934 existieren für folgende Wirkungsgruppen von Betonzusatzmitteln:

- Betonverflüssiger (BV)
- Fließmittel (FM)
- Stabilisierer (ST)
- Luftporenbildner (LP)
- Beschleuniger (BE): Erstarrungsbeschleuniger und Erhärtungsbeschleuniger
- Verzögerer (VZ)
- Dichtungsmittel (DM)
- Viskositätsmodifizierer
- Einpresshilfen (EH)

Weitere Wirkungsgruppen, welche durch bauaufsichtliche Zulassungen Verwendung finden können, sind beispielsweise

- Chromatreduzierer (CR),
- Schaumbildner (SB) und
- Recyclinghilfen für Waschwasser (RH).

Die Zugabemengen von Betonzusatzmitteln sind nach DIN 1045-2 begrenzt. So darf die Gesamtmenge an Betonzusatzmitteln zum einen die vom Hersteller empfohlene Höchstdosierung und zum anderen 50 g/kg Zement nicht übersteigen, sofern nicht die Leistungsfähigkeit und Dauerhaftigkeit des Betons mit einer höheren Dosierung nachgewiesen wird. Beim Einsatz mehrerer Betonzusatzmittel unterschiedlicher Wirkungsgruppen kann die Höchstmenge auf 60 g/kg Zement angehoben werden. Mit einer bauaufsichtlichen Zulassung kann für hochfeste Betone 70 g/kg Zement an Betonzusatzmittel verwendet werden, wenn mehrere Betonzusatzmittel eingesetzt werden steigt der Maximalgehalt in diesem Zusammenhang auf 80 g/kg Zement. Werden Betonzusatzmittel mit Mengen unter 2 g/kg Zement eingesetzt, so müssen diese in einem Teil des Zugabewassers aufgelöst werden. Dieses Vorgehen dient der gleichmäßigen Verteilung des Betonzusatzmittels im Beton.

Die Zugabe der Betonzusatzmittel erfolgt im Allgemeinen im Herstellwerk der Betonmischung. Ausnahmen hierzu stellen lediglich Fließmittel sowie Einpresshilfen dar, die auch auf der Baustelle zugegeben werden dürfen.

1.3.4 Betonverflüssiger (BV)

> **Betonverflüssiger (BV)** ist ein Betonzusatzmittel, das eine Verminderung des Wassergehalts einer gegebenen Betonmischung ermöglicht, ohne die Konsistenz zu beeinträchtigen, oder ohne Veränderung des Wassergehalts das Setzmaß / Ausbreitmaß erhöht, oder das gleichzeitig beide Wirkungen hervorruft. (DIN EN 934-2)

Betonverflüssiger setzen die Oberflächenspannung des Wassers und / oder die Viskosität des Zementleims herab. Dadurch kann entweder die Verarbeitbarkeit des Frischbetons bei gleichbleibendem Wassergehalt verbessert (Nr. 1 in Abbildung 1.21) oder ein niedrigerer w/z-Wert durch die Verringerung der Wasserzugabe bei unveränderter Konsistenz erzielt werden (Nr. 2 in Abbildung 1.21). Letzteres ist aus betontechnologischer Sicht eine sehr bedeutende Entwicklung. Durch die Reduktion des w/z-Wertes kann durch die Zunahme der Dichte des Betons dessen Festigkeit und Dauerhaftigkeit gesteigert werden. Der Beton ist infolgedessen undurchlässiger für Wasser und sonstige chemische Substanzen, sodass die Widerstandsfähigkeit gegenüber Frost und chemischen Angriffen durch entsprechende Dosierung des Betonverflüssigers erhöht werden kann.

Ungewollte Nebenwirkungen von Betonverflüssigern können unter anderem Erstarrungsverzögerungen und / oder die Bildung von Luftporen sein. Betonverflüssiger werden in der Regel direkt in der Mischanlage zugegeben.

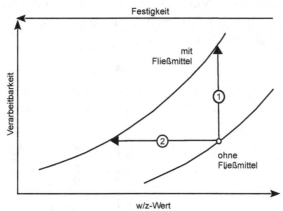

Abbildung 1.21:   Einfluss von Betonverflüssiger (BV) / Fließmittel (FM) auf den
w/z-Wert bzw. die Verarbeitbarkeit [9]

1.3.5 Fließmittel (FM)

Fließmittel (FM) ist ein Betonzusatzmittel, das eine erhebliche
Verminderung des Wassergehalts einer gegebenen Betonmischung
ermöglicht, ohne die Konsistenz zu beeinträchtigen, oder ohne Veränderung
des Wassergehalts das Setzmaß / Ausbreitmaß erheblich erhöht, oder das
gleichzeitig beide Wirkungen hervorruft. (DIN EN 934-2)

Fließmittel sind besonders wirksame Betonverflüssiger. In der Definition der
Norm liegt der Unterschied beider Betonzusatzmittel lediglich in dem Wort
„erheblich". Sie verbessern folglich wie Betonverflüssiger entweder die
Verarbeitbarkeit des Betons (Nr. 1 in Abbildung 1.21) oder vermindern
seinen Wasseranspruch in erheblichem Maße (Nr. 2 in Abbildung 1.21).
Dabei wird die Fließgrenze des Stoffgemisches herabgesetzt während sich
die Viskosität nicht verändert. Dies ist eine entscheidende Eigenschaft des
Fließmittels, da die Zugabe von Wasser beide rheologischen Kenngrößen
beeinflusst (Abbildung 1.22).

Die **Fließgrenze** entspricht in der Rheologie derjenigen Spannung, die auf
einen Werkstoff aufgebracht werden muss, damit er zu Fließen beginnt. Als
Fließen wird dabei eine Verformung des Werkstoffes bezeichnet, die aus
einer Verschiebung der Partikel untereinander resultiert. Bildlich kann die
Fließgrenze als Spannung angesehen werden die benötigt wird, einen Löffel
in einem Brei in Bewegung zu setzen. Die Fließgrenze von Beton kann über
dessen Ausbreitmaß beurteilt werden. Dabei wirkt die Gewichtskraft des

„Betonkuchens" der Fließgrenze des Materials entgegen. Ist die Fließgrenze gering ergibt sich ein hohes Ausbreitmaß, kleinere Ausbreitmaße resultieren dementsprechend aus höheren Fließgrenzen.

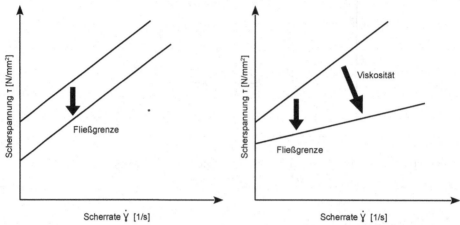

Abbildung 1.22: Vergleich des Einflusses von Fließmittel (links) und Wasser (rechts)

Die **Viskosität** hingegen ist ein Maß für die Zähflüssigkeit von Flüssigkeiten und Gasen und kennzeichnet den Widerstand eines Fluids gegenüber Scherung. Bildlich lässt sie sich mit der erforderlichen Spannung beschreiben, die notwendig ist um einen Löffel im Brei schneller zu bewegen. Bei einer sehr zähen Flüssigkeit muss eine größere Kraft aufgewendet werden und die Viskosität ist folglich hoch. Wasser besitzt demgegenüber beispielsweise eine geringe Viskosität. Die Viskosität von Beton lässt sich aus der Trichterauslaufzeit ableiten. Je viskoser der Beton, umso größer die Trichterauslaufzeit.

Die verflüssigende Wirkung eines Fließmittels beschränkt sich in etwa auf einen Zeitraum von 30 bis 60 Minuten nach dessen Zugabe zum Beton. Infolgedessen werden Fließmittel meist nachträglich auf der Baustelle dem Beton zugegeben. Die Wirkungsdauer von Fließmitteln ist erheblich von der Frischbetontemperatur abhängig. So verkürzen höhere Temperaturen die Wirkungsdauer und niedrige verlängern sie.

Fließmittel werden beim Stahl- und Spannbetonbau insbesondere für Transportbeton, Pumpbeton, selbstverdichtenden Beton sowie zur Herstellung von Betonfertigteilen verwendet. Dabei erleichtert der Einsatz von Fließmitteln die Betonverarbeitung und ermöglicht es, Bauteile mit einem hohen Bewehrungsgrad ohne Fehlstellen zu betonieren. Bei der Herstellung von Betonfertigteilen kommen Fließmittel im Gieß-Verfahren zur

Anwendung. Dieses Verfahren ermöglicht im Vergleich zum Rüttel-Press-Verfahren, bei dem erdfeuchter Beton unter Rütteln und Pressen in eine Schalung gebracht wird, zum Teil höhere Festigkeiten sowie deutlich bessere Oberflächenqualitäten der Bauteile. Zusätzlich können kompliziertere Geometrien bei einer gleichzeitig sehr hohen Betonqualität realisiert werden. Im Gegensatz zum Rüttel-Press-Verfahren können die Bauteile jedoch nicht umgehend ausgeschalt werden, sodass die Tagesleistung des Betonfertigteilwerks geringer ausfällt.

Die Wirkung von Fließmitteln beruht auf zwei verschiedenen Mechanismen, der elektrostatischen und der sterischen Abstoßung. Die ersten verfügbaren Fließmittel wie Ligninsulfonate und Polykondensate zeichnen sich lediglich durch eine elektrostatische Wirkung aus (Abbildung 1.23). Dabei adsorbieren die negativ geladenen Fließmittelmoleküle auf den positiv geladenen Oberflächen der Zementkörner. Die anschließend mit den negativ geladenen Molekülen benetzten Zementkörner stoßen sich elektrostatisch voneinander ab. Diese relativ kostengünstigen Fließmittel können bei w/z-Werten von über 0,35 verwendet werden, weisen jedoch eine relativ kurze Wirkungsdauer von etwa 15 bis 30 Minuten nach Zugabe auf. Zu hohe Dosierungen können zudem eine ungewünschte Entmischung des Betons hervorrufen.

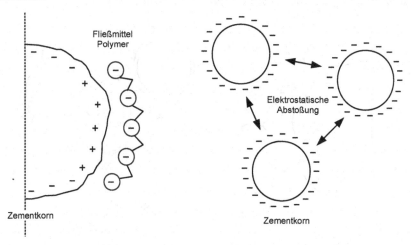

Abbildung 1.23: Elektrostatischer Wirkmechanismus eines Fließmittels

Fließmittel auf Basis von Polycarboxylatether (PCE) sind die neuste Generation der Fließmittel und besitzen zusätzlich zur elektrostatischen Abstoßung eine sterische Wirkung, resultierend aus den Seitenketten der PCE-Moleküle (Abbildung 1.24). Die Hauptkette adsorbiert ähnlich wie bei der elektrostatischen Wirkungsweise auf den positiv geladenen Zementpartikeln, die Seitenketten ermöglichen die zusätzliche räumliche Abstoßung der Zementkörner.

PCE mit langen Seitenketten weisen eine sehr gute Dosiereffizienz auf und zeichnen sich durch eine höhere Frühfestigkeit aus. Dies ist darin begründet, dass durch die langen Seitenketten noch Oberflächen der Zementkörner unbenetzt bleiben und für die Zementhydratation zur Verfügung stehen. Solche Fließmittel werden beispielsweise zur Herstellung von Fertigteilen verwendet, da die Bauteile aufgrund der höheren Frühfestigkeit schneller ausgeschalt werden können. Demgegenüber sind PCE mit kurzen Seitenketten weniger dosiereffizient, lassen sich jedoch über einen längeren Zeitraum verarbeiten. Die Hydratation wird durch die dichte Oberflächenbelegung verzögert. Solche Fließmittel finden aufgrund des langen Verarbeitungszeitraums insbesondere Verwendung für Transportbeton. Abbildung 1.25 zeigt schematisch den Einfluss der Seitenkettenlänge von PCE Fließmitteln.

Fließmittel, die auf beiden Wirkmechanismen gleichzeitig beruhen (elektrostatisch und sterisch) sind durch eine stärkere Ladungsabstoßung und demnach einer deutlich höheren Wirksamkeit und länger andauernden Wirkung, jedoch auch höheren Kosten gekennzeichnet.

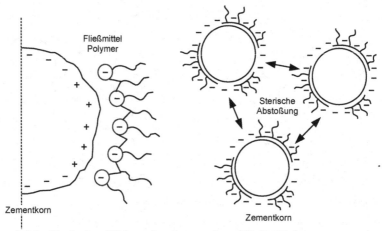

Abbildung 1.24: Sterischer Wirkmechanismus eines Fließmittels

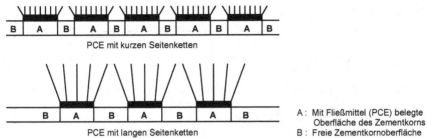

PCE mit kurzen Seitenketten

PCE mit langen Seitenketten

A : Mit Fließmittel (PCE) belegte
Oberfläche des Zementkorns
B : Freie Zementkornoberfläche

Abbildung 1.25: Einfluss der Seitenketten von PCE Fließmitteln [10]

1.3.6 Luftporenbildner (LP)

> **Luftporenbildner (LP)** ist ein Betonzusatzmittel, das eine bestimmte Menge von kleinen, gleichmäßig verteilten Luftporen während des Mischvorgangs einführt[10], die nach dem Erhärten im Beton verbleiben. (DIN EN 934-2)

Luftporenbildner werden insbesondere dann eingesetzt, wenn der Frost- bzw. Frost-Tausalz-Widerstand des Betons erhöht werden muss. Relevante Einsatzbereiche sind unter anderem der Wasser-, Brücken- und Straßenbau, in denen der Werkstoff vermehrt Frost bzw. Taumitteln ausgesetzt ist (vgl. Kapitel 1.6). Der Übergang des in den Kapillar- und Gelporen befindlichen Wassers zu Eis bei niedrigen Temperaturen geht mit einer Volumenzunahme von etwa neun Prozent einher. Der daraus entstehende Druck kann über die wasserfreien Luftporen im Werkstoff abgebaut werden. Eine zu geringe Anzahl an Ausweichräumen in Form von Luftporen oder ein zu großer Abstand der Luftporen untereinander kann Gefügespannungen in Zementstein, Rissbildungen und Abplatzungen zur Folge haben. Durch die Verwendung von Tausalzen wird dieser Prozess verstärkt. Beispiele für Luftporenbildner sind natürliche Harze (beispielsweise Kiefernöl) und synthetische Tenside (beispielsweise Alkylsulfonate). Die Moleküle dieser Stoffe zeichnen sich durch einen hydrophilen (Wasser anziehenden) Kopf sowie einen hydrophoben (Wasser abstoßenden) Schwanz aus (Abbildung 1.26).

---

10   Dieser Begriff wird in der Norm verwendet, ist jedoch missverständlich. Luftporenbildner stabilisiert bestehende Luftporen, bringt diese jedoch nicht zusätzlich in den Beton ein.

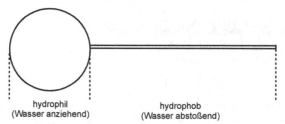

Abbildung 1.26: Luftporenbildner (LP) Molekül

Luftblasen, die beispielsweise durch den Mischprozess in den Beton eingebracht wurden und / oder in den Zwischenräumen der Partikel entstehen, werden durch den Luftporenbildner stabilisiert. Die Moleküle lagern sich in der Zwischenschicht zwischen der Luft und dem Wasser an und verhindern die Entstehung von größeren Luftblasen aus vielen kleinen Luftblasen (Abbildung 1.27). Idealerweise sorgt der Luftporenbildner für kleine Luftporen mit einem geringen Abstandsfaktor (= Kennwert für den Abstand eines Punktes von der nächstgelegenen Luftpore).

Weitere positive Nebeneffekte von Luftporenbildnern sind eine bessere Verarbeitbarkeit, ein geringerer Wasseranspruch sowie eine geringere Neigung zum Bluten. Die Verbesserung der Verarbeitbarkeit ist darauf zurückzuführen, dass die Luftporen im frischen Beton ähnlich wie Kugellager wirken und zusätzlich das Mörtelvolumen erhöhen. Als Faustformel gilt, dass pro Prozent zusätzlich eingeführter Luftporen der Wasseranspruch um etwa 5 l/m³ und der Mehlkorngehalt um 10 kg bis 15 kg reduziert werden kann, bei gleichbleibender Verarbeitbarkeit [9].

Es muss jedoch berücksichtigt werden, dass die Festigkeit des Betons durch die Verwendung von Luftporenbildner abnimmt (in etwa 1 N/mm² bis 2 N/mm² Festigkeitsverlust pro Prozent eingebrachter Luft [6]). Außerdem können Luftporenbildner Schwindprozesse des Betons negativ beeinflussen [11].

Die Einflussfaktoren auf den Luftporengehalt sind vielseitig. So hinterlassen sehr fein gemahlene Zemente im Vergleich zu gröberen Zementen meist weniger Luftporen im Beton. Das gleiche Phänomen ergibt sich bei der Feinheit der eingesetzten Gesteinskörnung. Auch die Temperatur beeinflusst die Ausbildung von Luftporen. Alternativ zu Luftporenbildnern können sogenannte Mikrohohlkugeln eingesetzt werden. Diese künstlich vorgefertigten Luftbläschen in Kunststoffhüllen können sehr gezielt den Luftporengehalt eines Betons beeinflussen. Mikrohohlkugeln ermöglichen die Vermeidung des Eintrags von ungewünschten großen Luftporen.

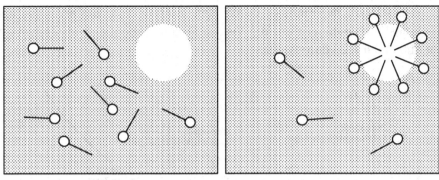

Abbildung 1.27: Wirkungsweise von Luftporenbildner (LP)

1.3.7 Beschleuniger (BE)

Bei den Beschleunigern wird zwischen Erstarrungs- und Erhärtungsbeschleunigern unterschieden. Erstarrungsbeschleuniger beschleunigen das Erstarren indem sie die Ruhephase des Klinkerminerals Tricalciumaluminat (C_3A) überbrücken (vgl. Kapitel 1.1.4). Das frühzeitige Eintreten der Aluminatreaktion bewirkt eine schnellere Hydratation. Als Erstarrungsbeschleuniger werden beispielsweise Aluminiumsalze verwendet, die in der Regel jedoch die Endfestigkeiten reduzieren. Sie finden vor allem bei Spritzbeton Verwendung.

> **Erstarrungsbeschleuniger** ist ein Betonzusatzmittel, das die Zeit bis zum Beginn des Übergangs der Mischung vom plastischen in den festen Zustand verringert.
> **Erhärtungsbeschleuniger** ist ein Betonzusatzmittel, das die Anfangsfestigkeit beschleunigt, mit oder ohne Einfluss auf die Erstarrungszeit. (DIN EN 934-2)

Erhärtungsbeschleuniger beschleunigen die Festigkeitsentwicklung durch eine gezielte Einwirkung auf die Bildung der CSH-Phasen. Dies kann unter anderem durch das zusätzliche Einbringen von künstlichen (nanokristallinen) CSH-Phasen erfolgen. Dadurch stehen den Hydratationsprodukten zusätzliche Keime für das Wachstum zur Verfügung, sodass festigkeitsbildende Reaktionsprodukte schneller entstehen können. Erhärtungsbeschleuniger beschleunigen die Festigkeitsentwicklung des Werkstoffes in der Regel insbesondere nach acht bis zehn Stunden. Typische Anwendungsbereiche sind das Betonieren bei tiefen Temperaturen sowie die Herstellung von Fertigteilen. [12]

Der unterschiedliche Einfluss durch den Einsatz von Erstarrungs- und Erhärtungsbeschleunigern auf die Viskosität von Zementleim im Zeitverlauf ist in Abbildung 1.28 dargestellt.

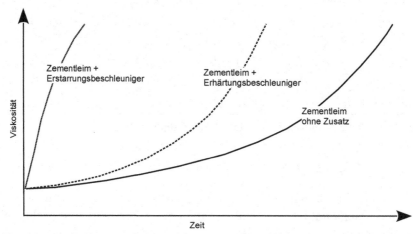

Abbildung 1.28: Einfluss von Erstarrungs- und Erhärtungsbeschleuniger auf die Viskosität

1.3.8 Verzögerer (VZ)

> **Verzögerer (VZ)** ist ein Betonzusatzmittel, das die Zeit bis zum Beginn des Übergangs der Mischung vom plastischen in den festen Zustand verlängert. (DIN EN 934-2)

Verzögerer können den Verarbeitungszeitraum von Frischbeton deutlich erhöhen, ohne die Endfestigkeit des Werkstoffes zu beeinflussen. Verzögerer werden dem Beton beim Mischen mit dem Anmachwasser zugegeben. Die Wirkung der Verzögerer beruht auf der Ausbildung einer zusätzlichen Schutzschicht auf der bestehenden Ettringithülle und einer damit verbundenen Verzögerung der weiteren Hydratationsprozesse.

Da das Erstarren und die Anfangserhärtung des Zementleims verzögert wird, ist in der Regel ein späteres Ausschalen und eine längere Nachbehandlung des Betons erforderlich. Bei einer zu hohen Dosierung des Verzögerers kann eine Umkehrung der Wirkung stattfinden. Verzögerer werden in erster Linie bei hohen Temperaturen, für Transportbeton sowie bei großen Bauteilen zur Vermeidung von Arbeitsfugen angewendet (Massenbeton).

1.3.9 Dichtungsmittel (DM)

Dichtungsmittel (DM) ist ein Betonzusatzmittel, das die kapillare Wasseraufnahme von Festbeton verringert. (DIN EN 934-2)

Dichtungsmittel vermindern die Wasseraufnahme bzw. das Eindringen von Wasser in den Beton. Der Wirkmechanismus von Dichtungsmitteln beruht auf einer Hydrophobierung des Kapillarporensystems und / oder auf einem Verstopfen der Poren durch Quelleffekte. Unerwünschte Nebenwirkungen können ein erhöhtes Schwindmaß, vermehrte Luftporenbildung sowie eine Reduktion der Festigkeit des Betons sein. [11]

Die Bedeutung der Dichtungsmittel für die Betontechnologie wird vielfach überschätzt, da die Wasserundurchlässigkeit und die Wasseraufnahme eines mit ausreichend niedrigem w/z-Wert hergestellten Betons durch Dichtungsmittel meist nicht signifikant oder dauerhaft verbessert werden kann.

1.4 Frischbeton

Frischbeton ist Beton, der fertig gemischt ist, sich noch in einem verarbeitbaren Zustand befindet und durch das gewählte Verfahren verdichtet werden kann. (DIN EN 206)

Frischbeton kann als 5-Stoffsystem betrachtet werden, welches sich aus den Komponenten Zement, Wasser, Gesteinskörnung, Betonzusatzstoffe und Betonzusatzmittel zusammensetzt. Ohne Zusatzstoffe und Zusatzmittel ergibt sich ein 3-Stoffsystem. Das Gemisch aus Zement und Wasser wird als Zementleim bezeichnet, der zusammen mit der Gesteinskörnung sowie etwaigen Betonzusatzstoffen und Betonzusatzmitteln den Frischbeton bildet. Dabei wird das Massenverhältnis des wirksamen Wassergehaltes zum Zementgehalt im Frischbeton als w/z-Wert angegeben. Beim Entwurf des Betons können die fünf bzw. drei Komponenten für den jeweiligen Anwendungszweck entsprechend variiert werden, um bestimmte Eigenschaften des Werkstoffes zu erzielen.

Der **w/z-Wert** gibt das Masseverhältnis des wirksamen Wassergehaltes zum Zementgehalt im Frischbeton an (DIN EN 206).

1.4.1 Abgrenzung zu Festbeton

Bei Frischbeton handelt es sich um den frischen, noch verarbeitbaren Beton vor dem Erstarren. Nach dem Erstarren ist der Beton nicht mehr verarbeitbar und wird als Festbeton bezeichnet. Frischbeton durchläuft nach dem Anmachen[11] den Prozess des Ansteifens, Festbeton den Prozess des Erhärtens. Somit können die Phasen der Festigkeitsbildung insgesamt eingeteilt werden in den Prozess des Ansteifens, des Erstarrens und des Erhärtens.

Bei fortschreitender Hydratation steigt die Viskosität des Zementleims an. Dies ist auf die Verzahnungen der gebildeten Hydratphasen zurückzuführen, was die Verarbeitbarkeit des Betons zunehmend herabsetzt. Die Abgrenzung von Frisch- und Festbeton bezüglich der Prozesse, die Beton im Zuge der Festigkeitsentwicklung durchläuft, ist in Abbildung 1.29 dargestellt.

Als „grüner" Beton wird verdichteter Frischbeton vor dem Einsetzen des Erstarrungsprozesses bezeichnet. Die Standfestigkeit des Betons unmittelbar nach dem Verdichten wird als **Grünstandfestigkeit** bezeichnet. Die Bezeichnung „junger" Beton wird für erstarrten Beton verwendet, der sich am Anfang des Erhärtungsprozesses befindet.

Das Herstellen, Fördern, Verarbeiten und Nachbehandeln des Betons ist für dessen Qualität von grundlegender Bedeutung. Während der Herstellung ist darauf zu achten, dass der Mehlkornanteil gut dispergiert und dadurch die Bildung von Agglomeraten verhindert wird. Unter dem Begriff Fördern wird der Transport des Betons auf der Baustelle von der Entleerung des Mischers zu der jeweiligen Einbaustelle verstanden. Dies kann beispielsweise mithilfe von Betonkübeln oder Betonpumpen erfolgen.

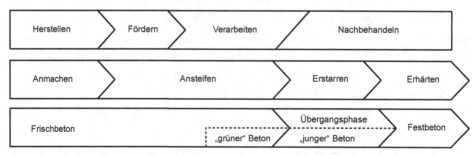

Abbildung 1.29: Phasen der Festigkeitsbildung von Beton nach [6]

---

11   Anmachen bezeichnet das Mischen der Ausgangsstoffe.

Die Förderart ist unter Berücksichtigung der Betonzusammensetzung sowie der Gegebenheiten auf der Baustelle zu wählen, die Förderweite und -höhe, die einzubringende Menge und die Bauteilabmessungen sind dementsprechend anzupassen. Die Verarbeitung des Betons beinhaltet unter anderem das Einbringen und Verdichten des Betons. Diese Vorgänge sind so vorzunehmen, dass keine Verdichtungsporen oder Kiesnester[12] entstehen und die Bestandteile des Betons nicht sedimentieren. Im Zuge der daran anschließenden Nachbehandlung ist über einen Mindestzeitraum hinweg sicherzustellen, dass in den oberflächennahen Bereichen des Betons genügend Wasser für eine ausreichende Zementhydratation zur Verfügung steht. Einen Überblick der Phasen des Anmachens, Ansteifens, Erstarrens und Erhärtens sowie den Zeiträumen für die Herstellung, das Fördern, die Verarbeitung und die Nachbehandlung des Betons zeigt ebenfalls Abbildung 1.29.

Beim Übergang vom Frisch- zum Festbeton treten Schwindverformungen auf, die auf chemische und physikalische Ursachen zurückzuführen sind. Diese führen zur Verkürzung der Bauteilabmessungen und können zur Bildung von Schwindrissen führen. Schwindrisse reduzieren die Dauerhaftigkeit des Betons und können im ungünstigsten Fall die Tragfähigkeit einer Konstruktion beeinträchtigen. Zu großen Schwindverformungen kann mit einem günstigen Kornaufbau, begrenzten Bauteilabmessungen, einem niedrigen w/z-Wert und geeigneten Zusatzstoffen entgegengewirkt werden.

1.4.2 Eigenschaften und Frischbetonprüfungen

Frischbeton lässt sich anhand verschiedener Eigenschaften charakterisieren. Diese sind bei der Konzeption des Betons an den jeweiligen Verwendungszweck anzupassen. Eigenschaften von Frischbeton sind unter anderem die Entwicklung der Konsistenz im Zeitverlauf sowie die Neigung des Betons zum Entmischen. Normativ sind die Prüfungen bestimmter Frischbetoneigenschaften in der DIN EN 12350 festgelegt. In diesem Kapitel werden die verschiedenen Prüfverfahren näher erläutert. Tabelle 1.35 gibt eine Übersicht über die Teile der DIN EN 12350 sowie die jeweils zu prüfenden Frischbetoneigenschaften.

---

12 Als Kiesnester werden Hohlräume zwischen der Gesteinskörnung bezeichnet, die nicht mit Zementleim oder Mörtel gefüllt sind.

Tabelle 1.35:   Übersicht über die Teile der Normenreihe DIN EN 12350

DIN EN 12350	Prüfverfahren	Frischbetoneigenschaft
-1	Probenahme	-
-2	Setzmaß	Konsistenz
-3	Vébé-Prüfung	Konsistenz
-4	Verdichtungsmaß	Konsistenz
-5	Ausbreitmaß	Konsistenz
-6	Frischbetonrohdichte	Rohdichte
-7	Luftgehalt - Druckverfahren	Luftgehalt
-8	Selbstverdichtender Beton - Setzfließversuch	Konsistenz und Viskosität
-9	Selbstverdichtender Beton - Auslauftrichterversuch	Viskosität
-10	Selbstverdichtender Beton - L-Kasten-Versuch	Fließvermögen
-11	Selbstverdichtender Beton - Sedimentationsstabilität	Sedimentationsstabilität
-12	Selbstverdichtender Beton - Blockierring-Versuch	Fließvermögen

1.4.3 Verarbeitbarkeit und Konsistenzklassen

Die **Verarbeitbarkeit** ist die wichtigste Eigenschaft des Frischbetons. Sie ist ein Sammelbegriff für die Beweglichkeit, den Zusammenhalt und die Verdichtbarkeit des frischen Betons [13]. Die Bezeichnung einer „guten" Verarbeitbarkeit muss stets im Kontext der jeweiligen Betonanwendung gesehen werden und stellt eine Grundvoraussetzung zum Erreichen eines dichten Gefüges dar. So ist beispielsweise ein fließfähiger Beton für feingliedrige Bauteile mit enger Bewehrungsführung optimal, wohingegen steifere Betone bei Massenbeton, zum Beispiel für ein Dammbauwerk, verwendet werden. Eine zu weiche Konsistenz eines Massenbetons erhöht die Schwindneigung und trägt zur verstärkten Rissbildung bei. Die aus diesen Effekten resultierenden Spannungen überlagern sich bei Massenbeton mit denen aus dem Temperaturanstieg und schädigen infolgedessen das Bauteil. [14] Die erforderliche Konsistenz richtet sich folglich nach dem Verwendungszweck des Betons und den Einbaumöglichkeiten vor Ort. Da die Verarbeitbarkeit keine physikalisch messbare Größe ist, wird sie über die sogenannte **Konsistenz** des Materials bestimmt. Die Konsistenz dient der quantitativen Beurteilung der Verarbeitbarkeit und wird von unterschiedlichen Faktoren beeinflusst. Der Frischbeton wird beispielsweise steifer, wenn der Wassergehalt des Betons verringert und / oder die Menge an Zementleim reduziert wird. Ähnlich verhält es sich mit der Konsistenz, wenn Gesteinskörnung mit einem höheren Wasseranspruch eingesetzt und / oder der Mehlkorngehalt erhöht wird, da dem Zementleim in beiden Fällen effektiv weniger Wasser zur Verfügung steht. An dieser Stelle soll erneut darauf hingewiesen werden, dass ein hoher w/z-Wert zu einer vermehrten Bildung von Kapillarporen führt. Dadurch erhöht sich die Saugfähigkeit des Betons, die Druckfestigkeit verringert sich und die Durchlässigkeit des Betons gegenüber Gasen und Flüssigkeiten erhöht ist. Weitere Einflussfaktoren auf die Konsistenz von Frischbeton sind die Temperatur sowie insbesondere der Einsatz von Betonzusatzstoffen und Betonzusatzmitteln. Vor allem bei w w/z-Werten kleiner 0,4 ist es in der Regel notwendig, Fließmittel zur Gewährleistung der Verarbeitbarkeit einzusetzen. Eine höhere Frischbetontemperatur sowie die Verwendung von Fasern im Beton können zu einer steiferen Konsistenz des Frischbetons führen. Zudem nimmt die Konsistenz mit der Zeit ab, da der Frischbeton mit zunehmendem Alter steifer wird. Der Grund hierfür ist, dass Wasser verdunstet sowie von der Gesteinskörnung aufgenommen wird und die Wirkung etwaig beigefügter Zusatzmittel nachlässt.

Die **Konsistenz** ist das Maß für die Verarbeitbarkeit des Frischbetons. DIN 1045-2 unterscheidet die folgenden sieben Konsistenzklassen: Sehr steif, steif, plastisch, weich, sehr weich, fließfähig, sehr fließfähig.

Für die Prüfung der Konsistenz stehen verschiedene Prüfverfahren zur Verfügung. Je nach Konsistenzbereich eignen sich bestimmte Verfahren mehr als andere. Aufgrund der unzureichenden Empfindlichkeit der unterschiedlichen Prüfverfahren außerhalb bestimmter Konsistenzbereiche gibt die DIN EN 206 für die aufgeführten Prüfungen Konsistenzklassen innerhalb der folgenden Bereiche vor:

- Ausbreitmaß   > 340 mm und ≤ 620 mm
- Verdichtungsmaß   ≥ 1,04 und < 1,46
- Setzmaß   ≥ 10 mm und ≤ 210 mm
- Setzfließmaß   > 550 mm und ≤ 850 mm

Die nach DIN 1045-2 bevorzugten Prüfverfahren sind die Prüfung des Ausbreitmaßes und des Verdichtungsmaßes. Bei steiferen Betonen ist das Verdichtungsmaß aussagekräftiger, wohingegen für weichere Betone das Ausbreitmaß „bessere" Ergebnisse liefert.

Die Konsistenz von Frischbeton kann in Konsistenzklassen von sehr steif bis sehr fließfähig eingeteilt werden (nach DIN 1045-2: Sehr steif, steif, plastisch, weich, sehr weich, fließfähig, sehr fließfähig), wobei sich die erforderliche Konsistenz des Frischbetons in Abhängigkeit vom Einsatzzweck ergibt. Dabei ist ebenfalls das mögliche Verdichtungsverfahren zu berücksichtigen. Beim Ausbreitmaß existieren die Konsistenzklassen F1 bis F6, beim Verdichtungsmaß die Klassen C0 bis C4.

Sehr steifer Beton (C0) zeichnet sich durch einen erdfeuchten Feinmörtel aus. Wird dieser Beton geschüttet, so zerfällt er in große Brocken, die teilweise größer als das enthaltene Größtkorn sind. Beton dieser Konsistenzklasse wird insbesondere als Walzbeton verwendet, der mit Rüttelwalzen verdichtet wird und beispielsweise im Straßenbau Verwendung findet.

Steifer Beton (C1, F1) ist durch seine beim Schütten lose und zum Teil schollig zusammenhängende Eigenschaft gekennzeichnet. Der Feinmörtel ist etwas nasser als erdfeucht. Verdichten lässt sich steifer Beton durch intensives Rütteln oder kräftiges Stampfen. Das Haupteinsatzgebiet sind massige, unbewehrte Bauteile.

Der Feinmörtel von **plastischem Beton (C2, F2)** ist weich. Beim Schütten ist der Beton schollig bzw. fast zusammenhängend und lässt sich entweder durch Rütteln oder Stochern und Stampfen verdichten. Plastischer Beton findet bei allen bewehrten und unbewehrten Bauteilen Verwendung, von denen eine hohe Festigkeit, Dichtigkeit und Widerstandsfähigkeit gefordert wird.

Der Feinmörtel von **weichem Beton (C3, F3)** ist flüssig, sodass der Beton beim Schütten schwach fließt. Um weichen Beton zu verdichten ist keine große Verdichtungsarbeit erforderlich. Folglich ist leichtes Rütteln oder Stochern in der Regel ausreichend. Weicher Beton eignet sich für bewehrte Bauteile mit enger Schalung. Er zeigt sich relativ unempfindlich gegen Einbau- und Verdichtungsfehler. Der Konsistenzbereich von weichem Beton stellt den Bereich dar, der im Regelfall empfohlen wird. Die Verdichtungsmaßklasse **C4** dient einzig und allein der Bewertung der Konsistenz von fließfähigem pumpbaren Leichtbeton, da Leichtbeton aufgrund seiner geringeren Dichte ein abweichendes Fließverhalten als Normalbeton besitzt. Für Normal- oder Schwerbeton darf die Klasse C4 nicht herangezogen werden.

Beton der Ausbreitmaßklassen F4 bis F6 besitzen fließfähige Eigenschaften. DIN 1045-2 unterteilt diesen Bereich in **sehr weiche (F4), fließfähige (F5) und sehr fließfähige (F6) Betone**. Für die Herstellung von Beton dieser Konsistenzklassen müssen Betonverflüssiger oder Fließmittel eingesetzt werden, da die Konsistenzsteigerung infolge erhöhter Wasseranteile in der Rezeptur zum Entmischen des Betons (Sedimentation einzelner Betonbestandteile) und zur Bildung hoher Kapillarporenanteile führen würde.

Beton mit einem Ausbreitmaß von mehr als 700 mm wird als **selbstverdichtender Beton** bezeichnet. Er zeichnet sich durch eine extrem hohe Fließfähigkeit bei gleichzeitiger Sedimentationsstabilität aus. Selbstverdichtender Beton wird nicht verdichtet. Er füllt alle Bereiche der Schalung alleine unter der Einwirkung der Schwerkraft, umhüllt die Bewehrung vollständig und entlüftet selbstständig. Im Vergleich zu Beton, der verdichtet werden muss, ist ein geringer Aufwand beim Fördern und Verarbeiten notwendig, die Lärmbelastung durch Verdichtungsgeräte entfällt und die Bauzeit lässt sich verkürzen. Ebenfalls lassen sich gleichmäßige Betonqualitäten über das gesamte Bauteil realisieren, die den Anforderungen an Sichtbetonbauteile gerecht werden können.

> **Selbstverdichtender Beton (SVB)** ist Beton, der aufgrund seines eigenen Gewichts fließt, sich selbst verdichtet sowie die Schalung mit Bewehrung, Kanälen, Aussparungskästen usw. ausfüllt und dabei seine Homogenität beibehält (DIN EN 206).

Ausbreitmaß f

Für die Prüfung des Ausbreitmaßes nach DIN EN 12350-5 werden ein Ausbreittisch, ein Kegelstumpf und ein Stößel benötigt (Abbildung 1.30).

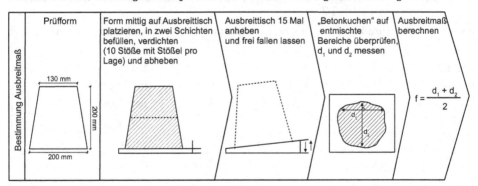

Abbildung 1.30: Bestimmung des Ausbreitmaßes

Vor der Prüfung muss sichergestellt werden, dass der Ausbreittisch auf einer horizontalen Fläche steht. Der Ausbreittisch sowie die Prüfform (Kegelstumpf) müssen gereinigt und angefeuchtet werden. Dadurch ergeben sich gleiche Bedingungen für alle aufeinander folgenden Frischbetonprüfungen und der Vergleich der Prüfergebnisse wird ermöglicht. Im Anschluss wird die Form mittig auf den Ausbreittisch platziert und mit zwei gleich hohen Betonschichten gefüllt. Nach dem Einfüllen jeder Betonschicht erfolgt ein Verdichten durch zehn leichte Stöße mit dem Stößel. Falls erforderlich ist die Form nach der zweiten Betonschicht erneut aufzufüllen und abzustreichen. Die Tischplatte ist von überschüssigem Beton zu befreien. 30 Sekunden nach dem Abstreichen der Form wird diese langsam (innerhalb von ein bis drei Sekunden) vertikal abgehoben. Im Anschluss wird die Platte des Ausbreittisches langsam bis zum Anschlag angehoben und 15 Mal frei fallen gelassen. Dabei soll jeder Einzelvorgang zwischen ein und drei Sekunden dauern. Der ausgebreitete „Betonkuchen" ist auf entmischte Bereiche zu überprüfen. Ist er geschlossen und gleichförmig, so wird der maximale Durchmesser jeweils parallel zu den Seiten des Ausbreittisches in beide Richtungen gemessen (d_1 und d_2). Das Ausbreitmaß f ergibt sich als Mittelwert der beiden gemessenen Werte (Formel 1.4.1). Eine Einteilung des Betons in Konsistenzbereiche nach dem Ausbreitmaß ist Tabelle 1.36 zu entnehmen.

$$\text{Ausbreitmaß f [mm]} = \frac{d_1 + d_2}{2} \tag{1.4.1}$$

d_1, d_2:   Die größte Ausbreitung des Betons parallel zu jeweils einer Kante des Ausbreittisches [mm]

Tabelle 1.36:   Konsistenzbeschreibung, Ausbreitmaßklasse und Ausbreitmaß nach DIN 1045-2

Konsistenzbeschreibung	Ausbreitmaßklasse	Ausbreitmaß [mm]
Steif	F1	≤ 340
Plastisch	F2	350 – 410
Weich	F3	420 – 480
Sehr weich	F4	490 – 550
Fließfähig	F5	560 – 620
Sehr fließfähig	F6[1]	≥ 630

[1] Selbstverdichtend bei über 700 mm.

Die beiden Abbildungen 1.31 und 1.32 zeigen exemplarisch Einflussfaktoren auf das Ausbreitmaß auf. In Abbildung 1.31 ist das Ausbreitmaß in Abhängigkeit des Zementleimgehaltes sowie dem w/z-Wert dargestellt. Je mehr Zementleim in der Betonmischung enthalten ist, desto fließfähiger ist seine Konsistenz. Außerdem erhöht sich das Ausbreitmaß mit steigendem w/z-Wert. Sehr weiche bis sehr fließfähige Betone lassen sich nur mit der Zugabe von Fließmittel herstellen (vgl. Abbildung 1.32).

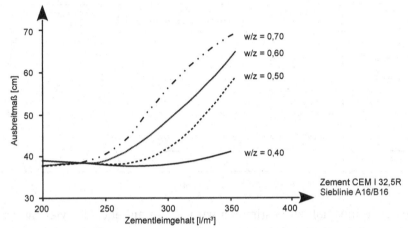

Abbildung 1.31: Ausbreitmaß in Abhängigkeit des Zementleimgehaltes und dem w/z-Wert

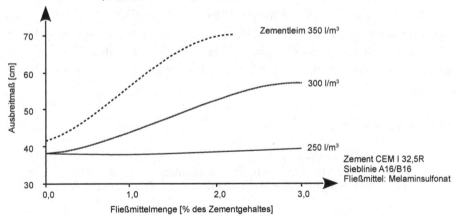

Abbildung 1.32: Ausbreitmaß in Abhängigkeit der Fließmittelmenge

Verdichtungsmaß c

Das Verfahren zur Prüfung des Verdichtungsmaßes ist in DIN EN 12350-4 normativ festgelegt und eignet sich insbesondere zur Beurteilung der Konsistenz von steifen Betonen.

Für die Prüfung wird ein nach oben offener, kastenförmiger Behälter benötigt, dessen Abmessungen die Norm festlegt (Abbildung 1.33). Der Behälter wird vor der Prüfung gesäubert und mit einem feuchten Tuch befeuchtet. Anschließend wird der Frischbeton eingefüllt und überschüssiger Beton bündig abgestrichen. Der im Behälter befindliche Frischbeton wird auf einem Rütteltisch oder mittels eines Innenrüttlers so lange verdichtet, bis keine Volumenabnahme mehr ersichtlich ist.

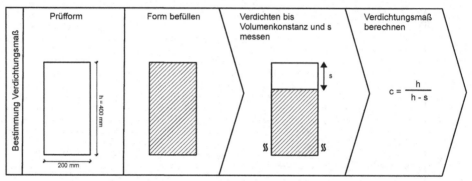

Abbildung 1.33: Bestimmung des Verdichtungsmaßes

Um das Verdichtungsmaß zu bestimmen wird mittig an jeder der vier Seiten des Behälters der Abstand der Oberkante zum verdichteten Beton gemessen. Der Mittelwert dieses Abstandes fließt als Wert s in die Formel zur Bestimmung des Verdichtungsmaßes ein (Formel 1.4.2). Das Verdichtungsmaß c gibt das Verhältnis der Höhe des unverdichteten (h) zum verdichteten Beton (h – s) an. Eine Einteilung des Betons in Konsistenzbereiche nach dem Verdichtungsmaß ist Tabelle 1.38 zu entnehmen.

$$\text{Verdichtungsmaß } c = \frac{h}{h - s} \tag{1.4.2}$$

h: Innenhöhe des Behälters [mm]
s: Mittelwert der vier Messwerte für den Abstand zwischen der Oberfläche
          des verdichteten Betons und der Oberkante des Behälters [mm]

Tabelle 1.37:   Konsistenzbeschreibung, Verdichtungsmaßklasse und Verdichtungsmaß nach DIN 1045-2

Konsistenzbeschreibung	Verdichtungsmaßklasse	Verdichtungsmaß
Sehr steif	C0	≥ 1,46
Steif	C1	1,45 – 1,26
Plastisch	C2	1,25 – 1,11
Weich	C3	1,10 – 1,04
-	C4[1]	< 1,04

[1] Nur für Leichtbeton.

Setzmaß h

Das Setzmaß nach DIN EN 12350-2 eignet sich ähnlich wie das Verdichtungsmaß für steife Betone (Abbildung 1.34).

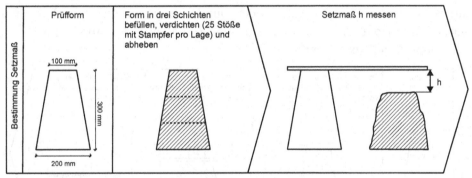

Abbildung 1.34: Bestimmung des Setzmaßes

Vor der Prüfung wird die Form (Kegelstumpf) sowie die Oberfläche, die als Untergrund verwendet wird, gesäubert und angefeuchtet. Anschließend wird die Form in drei Schichten befüllt und je Schicht mit 25 Stößen des Stößels verdichtet. Nach dem Verdichten ist gegebenenfalls Beton bis über die Oberkante aufzufüllen, die Form bündig abzustreichen und der Untergrund von überschüssigem Beton zu befreien. Anschließend wird die Form in einer Zeitspanne von zwei bis fünf Sekunden langsam lotrecht abgehoben. Vom Beginn des Einfüllens bis zum Hochziehen der Form dürfen nicht mehr als 150 Sekunden vergehen. Direkt nach dem Abheben der Form ist das Setzmaß h zu bestimmen. Dieses ergibt sich aus der Höhendifferenz des „Betonkuchens" zur Höhe der Form. Eine Einteilung des Betons in Setzmaßklassen ist Tabelle 1.38 zu entnehmen.

Tabelle 1.38:   Setzmaßklassen nach DIN EN 206

Setzmaßklasse	Setzmaß [mm]
S1	10 – 40
S2	50 – 90
S3	100 – 150
S4	160 – 210
S5	≥ 220

Vébé-Zeit / Setzzeit

Ein weiteres Prüfverfahren zur Bestimmung der Konsistenz von Frischbeton ist die Vébé-Prüfung nach DIN EN 12350-3, die besonders für steife Betone geeignet ist. Gemessen wird die erforderliche Zeit, um einen Betonkegelstumpf auf einem Rütteltisch unter gleichzeitiger Wirkung einer Auflast in einen Zylinder von 24 cm Durchmesser umzuformen. Für die Durchführung der Prüfung wird das Vébé-Zeit-Messgerät (Abbildung 1.35) auf einem Rütteltisch befestigt.

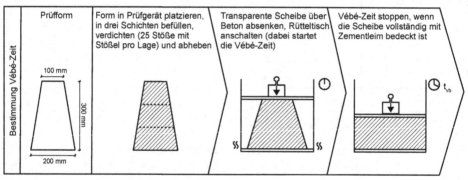

Abbildung 1.35: Bestimmung der Vébé-Zeit

Vor dem Befüllen mit Beton muss die Form (Kegelstumpf) befeuchtet werden. Das Einbringen des Betons erfolgt in drei Schichten, wobei jede Schicht mit 25 Stößen des Stößels verdichtet wird. Anschließend wird der Beton bündig abgestrichen, die Form an den Handgriffen langsam lotrecht nach oben gezogen, die transparente Scheibe des Vébé-Zeit-Messgeräts über den Beton geschwenkt und vorsichtig abgesenkt bis sie den Beton berührt. Die Zeitmessung startet, sobald der Rütteltisch angeschaltet wird. Sobald die Unterseite der Scheibe vollständig mit Zementleim bedeckt ist, stoppt die Zeitmessung. Die gesamte Prüfung darf maximal fünf Minuten dauern.

Setzfließmaß und t_{500}-Zeit

Das Setzfließmaß sowie die t_{500}-Zeit werden zur Bewertung der Fließfähigkeit und der Ausbreitgeschwindigkeit von selbstverdichtendem Beton (SVB) verwendet (Abbildung 1.36). Beide Prüfverfahren sind in DIN EN 12350-8 beschrieben. Die Ergebnisse der Versuche ermöglichen eine Einschätzung der Füllfähigkeit von SVB, d.h. wie gut der Beton eine Schalung selbstständig zu füllen vermag. Das Setzfließmaß ist ein Maß für die Konsistenz des Betons wohingegen die t_{500}-Zeit zur Einordnung in Viskositätsklassen verwendet wird.

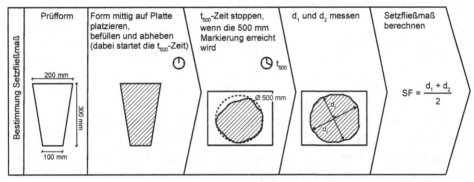

Abbildung 1.36: Bestimmung des Setzfließmaßes und der t_{500}-Zeit

Für die Durchführung der Versuche wird der gleiche Kegelstumpf wie zur Bestimmung des Setzmaßes verwendet (DIN EN 12350-2). Dieser wird mit dem kleinen oder dem großen Durchmesser nach unten mittig auf einer Platte platziert und ohne Verdichten in einem Durchgang gefüllt. Dabei muss darauf geachtet werden, dass die Form nicht von der Unterlage abhebt. Überschüssiger Beton wird anschließend entfernt. In einem Zeitraum von 30 Sekunden nach dem Einfüllen des Betons wird der Kegelstumpf innerhalb von ein bis drei Sekunden vertikal angehoben. Zu diesem Zeitpunkt startet die t_{500}-Zeit. Diese gibt die Zeit an, die der Beton benötigt, um einen Kreis mit dem Durchmesser von 500 mm zu formen. Wenn sich der Betonfluss stabilisiert hat, wird der größte Durchmesser des „Betonkuchens" gemessen (d_1). Ein weiterer Durchmesser (d_2) wird an der größten Ausprägung im rechten Winkel dazu bestimmt. Weichen die Werte von d_1 und d_2 über 50 mm voneinander ab, so muss der Versuch wiederholt werden. Anschließend erfolgt eine Prüfung auf Entmischung. Das Setzfließmaß SF ergibt sich als Mittelwert aus den beiden gemessenen Durchmessern (d_1 und d_2) und ist Formel 1.4.3 zu entnehmen. Die Einteilung des Betons in Setzfließmaßklassen sowie Viskositätsklassen ist Tabelle 1.39 zu entnehmen.

Setzfließmaß SF [mm] $= \dfrac{d_1 + d_2}{2}$ (1.4.3)

d_1:   Der größte Ausbreitdurchmesser [mm]
d_2:   Der größte, rechtwinklig zu d_1 gemessene Ausbreitdurchmesser

Tabelle 1.39:   Setzfließmaßklassen und Viskositätsklassen t_{500} nach DIN EN 206

Setzfließmaßklasse	Setzfließmaß [mm]	Viskositätsklasse t_{500}	t_{500}-Zeit [s][1]
SF1	550 – 650	VS1	< 2,0
SF2	660 – 750	VS2	≥ 2,0
SF3	760 – 850		

[1] Die Klasseneinteilung gilt nicht für Beton mit D_{max} > 40 mm.

1.4.4 Frischbetonrohdichte

Die Frischbetonrohdichte ist das Verhältnis der Masse zum Volumen des verdichteten Frischbetons unter Berücksichtigung eventuell eingeschlossener Luftporen. Bei üblichen Normalbetonen liegt sie in der Größenordnung von etwa 2300 kg/m³.

Bei der Prüfung der Frischbetonrohdichte nach DIN EN 12350-6 wird zunächst ein genormter Behälter mit bekanntem Volumen gewogen (m_1). Im Anschluss wird der zu prüfende Beton in einer oder mehreren Lagen eingefüllt, vollständig verdichtet und bündig abgestrichen. Bei selbstverdichtendem Beton entfällt die Verdichtung. Anschließend wird der gefüllte Behälter gewogen (m_2). Die Frischbetonrohdichte D ergibt sich aus der Masse des eingefüllten Betons dividiert durch das bekannte Volumen des Behälters (Formel 1.4.4).

Frischbetonrohdichte D [kg/m³] $= \dfrac{m_2 - m_1}{V}$ (1.4.4)

m_1:   Masse des leeren Behälters [kg]
m_2:   Masse des vollständig mit verdichtetem Beton gefüllten Behälters [kg]
V: Volumen des Behälters [m³]

Die Frischbetonrohdichte kann ebenfalls rechnerisch bestimmt werden. Sie ergibt sich aus der Addition der Massen aller Ausgangsstoffe dividiert durch das gesamte Volumen der Ausgangsstoffe.

1.4.5 Luftgehalt

Selbst nach sorgfältiger Verdichtung und ohne den Einsatz von Luftporenbildner weist Frischbeton in der Regel Luftgehalte von ein bis zwei Volumenprozent auf. Kenntnisse über den Luftporengehalt sind von besonderer Bedeutung und helfen bei der Beurteilung der Festigkeit und Dauerhaftigkeit des Festbetons.

Druckausgleichsverfahren

Der Luftgehalt von verdichtetem Frischbeton kann mithilfe des Druckverfahrens nach DIN EN 12350-7 bestimmt werden. Normativ beschrieben sind zwei verschiedene Verfahren (Wassersäulenverfahren und Druckausgleichsverfahren) wobei an dieser Stelle das Druckausgleichsverfahren näher erläutert wird. Für dieses Verfahren wird ein Druckmessgerät benötigt, welches aus einem Behälter (mit mindestens fünf Liter Fassungsvermögen) und einem dazugehörigen Verschluss besteht. Der Verschluss ist mit einer Druckkammer und einem Druckmesser (Manometer) ausgestattet. Für die Prüfung wird der Frischbeton lagenweise in den Behälter des Druckmessgerätes eingefüllt und vollständig verdichtet, anschließend bündig abgestrichen und der Verschluss des Druckmessgerätes aufgesetzt. Über zwei Ventile im Verschluss wird so lange Wasser eingefüllt, bis die gesamte Luft im Behälter von dem Wasser verdrängt ist. Luft ist nun nur noch in den Luftporen des Betons vorhanden und entspricht genau dem Luftgehalt, der bestimmt werden soll. Anschließend wird in der Druckkammer ein definierter Luftüberdruck erzeugt. Die Luft aus der Druckkammer wird mit dem vorgegebenen Druck durch das Öffnen eines Ventils in den Frischbeton gepumpt. Der Luftgehalt kann anschließend durch den Druckausgleich zwischen der Druckkammer und dem Behälter bestimmt und direkt am Druckmesser abgelesen werden. Der abgelesene Wert entspricht dem scheinbaren Luftgehalt und muss eventuell noch um einen Korrekturfaktor der Gesteinskörnung korrigiert werden (Formel 1.4.5). Der Korrekturfaktor berücksichtigt eine mögliche Erhöhung der Wasseraufnahme der Gesteinskörnung unter Druck. Er muss vom gemessenen Wert abgezogen werden, da dieser Anteil nicht in den Luftgehalt des Frischbetons einbezogen wird.

$$\text{Luftgehalt } A_c \ [\%] \ = \ A_1 - G \tag{1.4.5}$$

A_1:   Scheinbarer Luftgehalt der geprüften Probe [%]
G: Korrekturfaktor der Gesteinskörnung ($G = 0$, sofern nicht anders ermittelt oder im Nationalen Anhang angegeben) [%]

Berechnung über die Frischbetonrohdichte

Der Luftgehalt kann ebenfalls über die nach DIN EN 12350-6 gemessene Frischbetonrohdichte bestimmt werden. Hierzu wird zunächst die theoretische, rechnerische Dichte des Frischbetons ohne den Einschluss von Luft berechnet. Zusätzlich wird die tatsächliche Rohdichte des Frischbetons mit enthaltener Luft nach DIN EN 12350-6 bestimmt (vgl. Kapitel 1.4.4). Wird die Differenz der beiden Dichten auf die berechnete Dichte des Frischbetons (ohne Luftporen) bezogen, so ergibt sich der prozentuale Luftgehalt der Probe (Formel 1.4.6).

$$\text{Luftgehalt [\%]} = \frac{\rho_{\text{berechnet}} - \rho_{\text{gemessen}}}{\rho_{\text{berechnet}}} \cdot 100 \qquad (1.4.6)$$

$\rho_{\text{berechnet}}$:   Berechnete Rohdichte aus den Ausgangsstoffen des Frischbetons [kg/m³]
ρ_{gemessen}:   Gemessene Frischbetonrohdichte nach DIN EN 12350-6 [kg/m³] (vgl. Kapitel 1.4.4)

1.4.6 Frischbetontemperatur

Damit der Beton ausreichend schnell erhärtet, bei zu niedrigen Temperaturen keine Frostschäden auftreten, eine ausreichende Verarbeitbarkeit gewährleistet wird sowie negative Einflüsse auf die Festigkeitsentwicklung vermieden werden, sind Anforderungen an die Frischbetontemperatur festgelegt. DIN 1045-3 schreibt vor, dass die Frischbetontemperatur im Allgemeinen 30 °C nicht überschreiten darf, sofern nicht durch geeignete Maßnahmen sichergestellt ist, dass keine nachteiligen Folgen zu erwarten sind. Die minimale Frischbetontemperatur ergibt sich in Abhängigkeit der Lufttemperatur (Tabelle 1.40).

Tabelle 1.40:   Mindesttemperatur des Frischbetons beim Einbau in Abhängigkeit der Lufttemperatur nach DIN 1045-3

Lufttemperatur	Mindesttemperatur des Frischbetons beim Einbau
-3 °C bis 5 °C	Allgemein: 5 °C
	Zementgehalt < 240 kg/m³ oder LH-Zemente: 10 °C
< -3 °C	10 °C für mindestens drei Tage[1]

[1] Anderenfalls ist der Beton so lange zu schützen, bis eine ausreichende Festigkeit erreicht ist.

Weiterhin muss der Beton vor Frost geschützt werden, bis er für mindestens drei Tage eine Temperatur von über 10 °C aufweist oder seine Zylinderdruckfestigkeit mindestens 5 N/mm² beträgt. Gefriert der Beton bevor die zuvor erwähnten Anforderungen gegeben sind, wird selbst nach dem Ende des Frostangriffs keine brauchbare Festigkeit und Dauerhaftigkeit des Betongefüges erreicht. Die Frischbetontemperatur resultiert aus den Temperaturen der Ausgangsstoffe (Zement, Betonzusatzstoffe, Wasser, Gesteinskörnung) sowie deren spezifischer Wärmekapazität und kann durch Kühlung bzw. Erwärmung der Stoffe beeinflusst werden. Für die Feststoffe wird die spezifische Wärmekapazität vereinfacht zu 0,84 kJ/(kg·K) und für Wasser zu 4,2 kJ/(kg·K) angenommen. Die Berechnung erfolgt nach Formel 1.4.7, welche die spezifische Wärmekapazität, die Temperatur und den Gehalt der Stoffe in einem Kubikmeter Beton berücksichtigt.

Frischbetontemperatur

$$T_b \ [°C] = \frac{0,84 \cdot \left(z \cdot T_z + f \cdot T_f + g \cdot T_g\right) + 4,2 \cdot w \cdot T_w}{0,84 \cdot (z + f + g) + 4,2 \cdot w} \tag{1.4.7}$$

T_b, T_z, T_f, T_g, T_w: Temperaturen des Frischbetons (b), des Zements (z), der
Zusatzstoffe (f), der Gesteinskörnung (g) und des Wassers (w) [°C]
z, f, g, w: Gehalt an Zement (z), Zusatzstoff (f), Gesteinskörnung (g) und
Wasser (w) [kg/m³]

Die Frischbetontemperatur kann ebenfalls grafisch ermittelt werden (Abbildung 1.37). Die Grafik basiert auf einer Zementtemperatur von 5 °C, bei abweichender Zementtemperatur muss der abgelesene Wert der Frischbetontemperatur korrigiert werden (1 °C pro 10 °C abweichender Zementtemperatur). Liegen beispielsweise die Temperaturen der Gesteinskörnung bei 23 °C, die des Zugabewassers bei 20 °C und jene des Zementes bei 65 °C, so kann eine Frischbetontemperatur von 20 °C in der Grafik abgelesen werden. Da die Zementtemperatur 60 °C über den in der Grafik festgelegten 5 °C liegt, muss die abgelesene Frischbetontemperatur um 6 °C erhöht werden und beträgt demnach 26 °C.

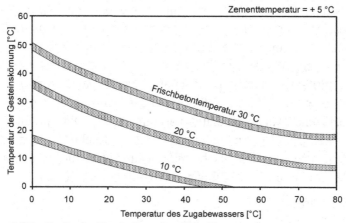

Abbildung 1.37: Grafische Ermittlung der Frischbetontemperatur

1.4.7 Zusätzliche Eigenschaften von SVB

Die Beurteilung von selbstverdichtendem Beton (SVB) kann zusätzlich zu den zuvor beschriebenen Verfahren der Konsistenzprüfung hinsichtlich seiner Viskosität, Blockierneigung und Sedimentationsstabilität erfolgen. Eine Einteilung der Viskosität von selbstverdichtendem Beton kann entweder durch die Auslauftrichter-Fließdauer oder die t_{500}-Zeit erfolgen. Die Blockierneigung wird mithilfe des Blockierring-Versuchs und / oder dem L-Kasten-Versuch beurteilt. Um die Sedimentationsstabilität zu bewerten, kann unter anderem ein Siebversuch durchgeführt werden.

Auslauftrichter-Fließdauer t_v

Der Auslauftrichterversuch nach DIN EN 12350-9 dient der Beurteilung der Viskosität und der Füllfähigkeit von selbstverdichtendem Beton (Abbildung 1.38). Vor der Versuchsdurchführung wird ein genormter Trichter gereinigt und angefeuchtet. Die am unteren Ende angebrachte Klappe wird verschlossen und die Betonprobe in einem Arbeitsgang ohne Verdichtung eingefüllt. Überschüssiger Beton wird bündig abgestrichen und der Trichter über einem Behälter platziert. Zehn Sekunden nach dem Einfüllvorgang wird die Klappe des Trichters schnellstmöglich geöffnet und die Zeit ab Öffnung der Klappe bis zum vollständigen Entleeren des Trichters gemessen. Der Betonfluss durch den Trichter sollte kontinuierlich sein. Sobald es möglich ist, von oben vertikal durch den Trichter in den darunter liegenden Behälter zu sehen, wir die Zeit gestoppt. Die gemessene Zeit entspricht der Auslauftrichter-Fließdauer t_v und dient der Einteilung des SVB in

Viskositätsklassen (Tabelle 1.41). Der Zielwert der Auslauftrichter-Fließdauer liegt zwischen zehn und 20 Sekunden. Je größer der Wert für t_v, umso viskoser ist der untersuchte Beton.

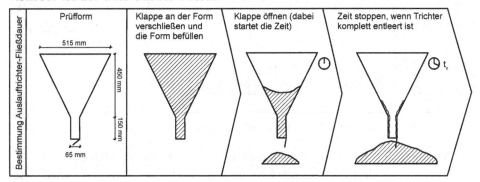

Abbildung 1.38: Bestimmung der Auslauftrichter-Fließdauer von SVB

Tabelle 1.41: Viskositätsklassen t_v nach DIN EN 206

Viskositätsklasse t_v	Auslauftrichter-Fließdauer t_v [s]
VF1	< 9,0
VF2	9,0 bis 25,0

Blockierneigung PJ - Blockierring-Versuch

Der Blockierring-Versuch wird zur Bewertung des Fließvermögens von SVB durch enge Öffnungen einschließlich der Zwischenräume zwischen Bewehrungsstäben bzw. zwischen anderen Hindernissen ohne Entmischung oder Verstopfen angewendet. Er ist in DIN EN 12350-12 normativ verankert und basiert auf der Bestimmung des Setzfließmaßes nach DIN EN 12350-8. Für das Prüfverfahren wird ein Blockierring mit vertikal angeordneten Stäben (12 bzw. 16 Stäbe) um die mit SVB zu füllende Form (Kegelstumpf) platziert (Abbildung 1.39).

Abbildung 1.39: Bestimmung der Blockierneigung von SVB

Die Versuchsdurchführung erfolgt anschließend analog zu DIN EN 12350-8. Zusätzlich zu den Ausbreitdurchmessern und der t_{500}-Zeit wird die Blockierneigung des Betons bestimmt. Gemessen wird hierfür der Abstand von der Oberkante des Blockierrings zur Oberkante des außerhalb des Rings befindlichen „Betonkuchens". Dies geschieht an vier Stellen, die jeweils im rechten Winkel zueinander stehen (Δh_{x1}, Δh_{x2}, Δh_{y1}, Δh_{y2}). Die Messung des Abstandes von der Oberkante des Blockierrings zu der Oberkante des Betons in der Mitte des Ringes ergibt die Größe Δh_0. Die Blockierneigung PJ ergibt sich aus der Differenz des Mittelwertes der äußeren Abstände zum Abstand in der Mitte des Ringes und ist Formel 1.4.8 zu entnehmen. Die Blockierneigungsklassen PJ1 und PJ2 ergeben sich in Abhängigkeit der Versuchsdurchführung mit 12 oder 16 Bewehrungsstäben (Tabelle 1.42). Die Anforderungen der beiden Klassen sind jeweils erfüllt, wenn das Blockierneigungsmaß unter 10 mm liegt. Falls gefordert muss mit dem beschriebenen Versuch nachgewiesen werden, dass der SVB die Anforderung der entsprechenden Klasse erfüllt.

$$\text{Blockierneigung} \ \ PJ \ [mm] = \frac{\Delta h_{x1} + \Delta h_{x2} + \Delta h_{y1} + \Delta h_{y2}}{4} - \Delta h_0 \qquad (1.4.8)$$

Δh: Messhöhen [mm]

Tabelle 1.42:   Blockierneigungsklassen und Blockierneigungsmaß nach
                  DIN EN 206

Blockierneigungsklasse	Blockierneigungsmaß [mm][1]
PJ1	≤ 10 mit 12 Bewehrungsstäben
PJ2	≤ 10 mit 16 Bewehrungsstäben

[1] Die Klasseneinteilung gilt nicht für Beton mit $D_{max} > 40$ mm.

Zur Beurteilung der Zusammensetzung des SVB kann das Setzfließmaß mit und ohne Blockierring verglichen werden. Liegen die beiden Werte maximal 50 mm auseinander und wird das Größtkorn gut durch die Stabzwischenräume transportiert, so kann die Zusammensetzung als funktionstüchtig eingestuft werden. Ein weiteres Merkmal hierfür ist ein nur geringer bzw. kein Niveauunterschied im „Betonkuchen" innerhalb und außerhalb des Blockierrings.

Fließvermögen PL - L-Kasten-Versuch

Der L-Kasten-Versuch nach DIN EN 12350-10 dient der Bewertung des Fließvermögens von selbstverdichtendem Beton (SVB) beim Fließen durch enge Öffnungen einschließlich der Zwischenräume zwischen Bewehrungsstäben sowie anderen Hindernissen ohne Entmischung oder Verstopfen (Abbildung 1.40).

Der L-Kasten kann mit zwei oder drei Bewehrungsstäben ausgestattet sein. Vor der Durchführung wird der L-Kasten auf einem ebenen Untergrund platziert, gereinigt und angefeuchtet. Vor dem Einfüllen des Betons wird die Öffnung zwischen dem horizontalen und vertikalen Bereich des Kastens verschlossen. Der Beton wird ohne Verdichten in den Kasten gefüllt und bündig abgestrichen. 60 Sekunden nach dem Befüllen des Kastens wird der Schieberverschluss zwischen dem horizontalen und vertikalen Bereich des Kastens in einer langsamen gleichmäßigen Bewegung geöffnet, sodass der Beton in den horizontalen Teil des L-Kastens fließen kann. Kommt der Fließvorgang zum Erliegen, wird die Höhe des Betons am Ende des vertikalen Bereichs (H_2) und im horizontalen Bereichs (H_1) des Kastens gemessen. Das Fließvermögen PL ergibt sich aus dem Verhältniswert der zwei Betonhöhen (Formel 1.4.9). Der Wert des Fließvermögens dient ebenso wie das Ergebnis aus dem Blockierring-Versuch der Einteilung des SVB in Blockierneigungsklassen (Tabelle 1.43). Die Klasse PL1 bezieht sich auf den L-Kasten-Versuch mit zwei Bewehrungsstäben und PL2 auf den Versuch mit drei Bewehrungsstäben. Der Grenzwert beider Klassen liegt bei einem Fließvermögen von 0,8.

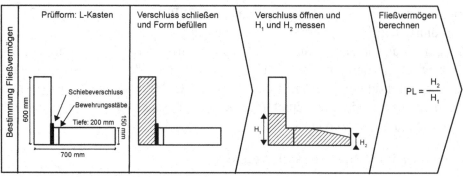

Abbildung 1.40: Bestimmung des Fließvermögens von SVB

$$\text{Fließvermögen} \quad PL = \frac{H_2}{H_1} \qquad\qquad (1.4.9)$$

H_1:   Mittelwert der Betonhöhe im vertikalen Bereich des Kastens [mm]
H_2:   Mittelwert der Betonhöhe am Ende des horizontalen Bereiches des Kastens [mm]

Tabelle 1.43:   Blockierneigungsklassen – L-Kasten-Versuch nach DIN EN 206

Blockierneigungsklasse	Fließvermögen (L-Kasten-Wert) PL
PL1	≥ 0,80 mit 2 Bewehrungsstäben
PL2	≥ 0,80 mit 3 Bewehrungsstäben

Entmischung SR - Sedimentationsstabilität im Siebversuch

Die Bewertung der Sedimentationsstabilität von selbstverdichtendem Beton erfolgt mithilfe eines Siebversuches nach DIN EN 12350-11. Hierfür wird ein Probenbehälter mit Beton gefüllt und 15 Minuten ruhen gelassen. In dieser Zeit wird ein Auffangbehälter mit darüber liegendem Sieb (Maschenweite 5 mm) auf einer Waage platziert und die Masse des Auffangbehälters und des Siebes notiert. Nach der Standzeit von 15 Minuten werden 4,8 kg Beton stetig in einem Arbeitsgang mittig auf das Sieb gegeben und die Masse des Betons notiert. 120 Sekunden nach dem Einfüllen des Betons auf das Sieb wird dieses ohne Erschütterungen vertikal entfernt. Die Masse des Auffangbehälters inklusive des Siebdurchgangs wird aufgezeichnet. Die Entmischung SR gibt den Anteil des Siebdurchgangs an der gesamten untersuchten Betonprobe in Prozent wieder (Formel 1.4.10).

$$\text{Entmischung} \quad SR \, [\%] = \frac{(m_{ps} - m_p) \cdot 100}{m_c} \qquad (1.4.10)$$

m_{ps}:   Masse des Siebauffangbehälters einschließlich der Siebdurchgangsmenge [g]

m_p: Masse des Siebauffangbehälters [g]

m_c: Ursprüngliche Masse des auf das Sieb gegebenen Betons [g]

Eine Einteilung der Sedimentationsstabilität erfolgt anhand des im Siebversuch ermittelten Wertes SR für die Entmischung des SVB (Tabelle 1.44).

Tabelle 1.44:   Sedimentationsstabilitätsklassen und Entmischung SR nach DIN EN 206

Sedimentationsstabilitätsklasse	Entmischung SR [%][1)
SR1	≤ 20
SR2	≤ 15

[1) Die Klasseneinteilung gilt nicht für Beton mit $D_{max} > 40\,mm$.

1.4.8 Einbau und Verdichten des Betons

Der Einbau des Frischbetons an seinen Anwendungsort kann je nach Konsistenz und Einsatzbereich auf zwei unterschiedliche Arten erfolgen.

* **„Fließbeton"** hat eine sehr weiche bis sehr fließfähige Konsistenz und kann beim Einbau über Rinnen und Rohre in die Schalung fließen. Fließbeton weist keinen bzw. einen   Schüttkegel[13] mit nur geringer Höhe auf.

* **„Schüttbeton"** besitzt eine steifere Konsistenz als Fließbeton und wird lagenweise am Einsatzort eingebaut, um Schüttkegel und Entmischen zu vermeiden und ein vollständiges Verdichten zu ermöglichen.

Beton ist so einzubauen, dass er seine geforderte Festigkeit und Dauerhaftigkeit erreicht und gleichzeitig die Bewehrung ausreichend umhüllt. Beim Einbau muss darauf geachtet werden, dass der Beton sich nicht entmischt. Die Gefahr der Entmischung erhöht sich mit steigender Fallhöhe des Frischbetons. Ab einer Fallhöhe von mehr als zwei Metern müssen Fallrohre bzw. Schläuche zum Einbau verwendet werden. Für

---

13   Als Schüttkegel wird der Kegel bezeichnet, der sich bildet, wenn Material auf einen Haufen geschüttet wird.

Sichtbeton ist dieses Vorgehen schon ab einer Fallhöhe von einem halben Meter notwendig.

Beim Einbau ist in den meisten Fällen ein Verdichten des Betons erforderlich. Die vollständige Verdichtung garantiert ein geschlossenes Betongefüge, die angestrebten Festbetoneigenschaften sowie den vollflächigen Korrosionsschutz der Bewehrung. Durch den Verdichtungsprozess wird die Festigkeit des Betons erhöht, der Verbund zwischen Beton und Stahl verbessert, eine geschlossene Bauteiloberfläche ermöglicht und die Dauerhaftigkeit des Bauteils erhöht. Um ein bestmögliches Ergebnis zu erreichen, ist eine adäquate Abstimmung der Konsistenz des Frischbetons mit dem Verdichtungsverfahren notwendig.

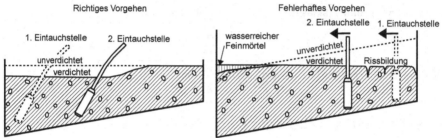

Abbildung 1.41: Prinzip der Verdichtung bei geneigten Schalungen

Es existieren verschiedene Verdichtungsverfahren, von denen an dieser Stelle die vier gebräuchlichsten näher erläutert werden.

- **Rüttelverdichtung**

  Die Rüttelverdichtung ist das im Betonbau meist genutzte Verdichtungsverfahren. Als Rütteln wird das Einleiten hochfrequenter Vibrationen in den Frischbeton verstanden. Die Rüttelenergie wird dabei durch eine im Gehäuse des Rüttlers befindliche Unwucht erzeugt und auf den Frischbeton übertragen. Dadurch wird der Beton verdichtet und gleichzeitig dessen Fließfähigkeit erhöht, sodass die eingeschlossene Luft entweichen kann.

  Unabhängig vom Verdichtungsverfahren wird bei geneigten Schalungen an der tiefsten Stelle des Bauteiles mit dem Verdichten begonnen, sodass diese Bereiche beim nachfolgenden Verdichten der höher liegenden Bereiche nicht mehr beeinträchtigt werden (Abbildung 1.41). Würden die höheren Bereiche zuerst verdichtet werden, würde beim anschließenden Verdichten der tiefer liegenden

Bereiche der bereits verdichtete Beton der höheren Bereiche in die tiefer liegenden Bereiche „nachrutschen".

Die Verdichtung des Frischbetons durch Rütteln kann mithilfe von drei verschiedenen Verfahren erfolgen:

- **Innenrüttler** sind meist zylindrische Rüttelflaschen, die in den Frischbeton eingetaucht werden. Sie sind die auf der Baustelle am häufigsten verwendeten Geräte. Die Voraussetzung für deren Verwendung ist ein hinreichend verformbarer Beton, da nur so die Schwingungen in vollem Umfang auf den Beton übertragen werden können. Um ein optimales Ergebnis zu erzielen, wird die Rüttelflasche in der Regel schräg in den Frischbeton eingetaucht. Erfolgt der Betoneinbau aufgrund der Bauteilhöhe in mehreren Schichten wird die Rüttelflasche jeweils bis in die darunter liegende bereits verdichtete Betonschicht eingeführt, sodass ein fugenloser Verbund der Schichten erreicht wird.

- **Außenrüttler** werden an Schalungen, Formen oder Platten befestigt und versetzen diese in Schwingungen, welche wiederum auf den Frischbeton übertragen werden. Sie kommen insbesondere dann zum Einsatz, wenn der Schalungsraum unzugänglich ist (bspw. durch hohe Bewehrungsgrade). Aufgrund des geringeren Zeitaufwands für die Verdichtung eignet sich das Verfahren ebenfalls für die Serienfertigung von Fertigteilen. Nach einmaligem Einrichten kann durch diese Verdichtungsart eine gute und gleichmäßige Verdichtung erreicht werden. Voraussetzung für die Verwendung von Außenrüttlern ist eine stabile Schalung, die die Schwingungsenergie in den Frischbeton leitet.
- Die Verdichtung mit **Oberflächenrüttlern** erfolgt über Schwingungen, die von dem auf die Betonoberfläche aufgesetzten Gerät übertragen werden. Der Beton sollte eine möglichst steife Konsistenz besitzen und gleichzeitig ausreichend feuchten Feinmörtel besitzen, damit der Beton durch die Schwingungen ins Fließen versetzen werden kann. Oberflächenrüttler eignen sich insbesondere zum Verdichten von

mäßig dicken, flächigen und annähernd waagerechten Betonschüttungen.

- **Vakuumverdichtung**

  Bei der Vakuumverdichtung wird dem eingebauten und verdichteten Frischbeton ein Teil des Wassers entzogen, was einer Verringerung des wirksamen w/z-Wertes entspricht und eine erhöhte Festigkeit sowie Dichtigkeit zur Folge hat. Über Vakuummatten, die auf der Betonoberfläche platziert werden, wird ein Unterdruck erzeugt. Die auf diese Weise erzeugte Flächenpressung auf der Oberfläche führt zur Verdichtung des darunter liegenden Betongefüges. Die Vakuumverdichtung eignet sich insbesondere für großflächige Bauteile geringer Dicke und zur Vergütung von Oberflächen. Bauteile, die mit diesem Verfahren behandelt wurden, können in der Regel früher ausgeschalt werden als solche ohne Vakuumbehandlung.

- **Walzen**

  Das Verdichten mit Walzen ist nur für Betone mit steifer bis sehr steifer Konsistenz geeignet und erfordert spezielle Geräte aus dem Erdbau. Typische Anwendungsbereiche sind Fahrbahnplatten, Dämme und Staumauern. Als vorteilhaft erweist sich die Technik insbesondere im Hinblick auf eine hohe Einbauleistung und die anschließende sofortige Befahrbarkeit.

- **Schleudern**

  Schleudern ist die Verdichtung des in schnell rotierenden Formen eingebrachten Betons infolge der Zentrifugalkraft unter innenseitiger Absonderung des überschüssigen Wassers. Dadurch reduziert sich der w/z-Wert des Betons in den äußeren Randbereichen des Bauteils und es ergeben sich sehr feste und dauerhafte Betone mit einer dichten glatten Oberflächen. Das Schleuderverfahren kann nur für rohrförmige Betonbauteile eingesetzt werden.

Beton gilt als vollständig verdichtet, wenn sich der Beton nicht weiter setzt, die Oberfläche mit Feinmörtel geschlossen ist und keine größeren Luftblasen mehr aufsteigen. Der Luftgehalt beträgt nach vollständiger Verdichtung noch etwa ein bis zwei Volumenprozent und lässt sich mit den im Baugewerbe üblichen Verfahren nicht weiter reduzieren. [6]

1.4.9 Nachbehandlung

Um die im Mischungsentwurf festgelegten Eigenschaften des Betons in der Praxis auch tatsächlich einhalten zu können, ist ein gewisser Hydratationsgrad des Zementes erforderlich. Die Hydratation wird insbesondere durch die Temperatur und den Feuchtegehalt im Beton bestimmt. Um eine ausreichende Hydratation in einer angemessenen Zeit zu gewährleisten, sind nach dem Einbau des Betons zusätzliche Maßnahmen erforderlich, die unter dem Begriff „Nachbehandlung" zusammengefasst werden. Die Schutzmaßnahmen, die eine Beeinträchtigung der Hydratation verhindern, sollen insbesondere das frühzeitige Austrocknen, das Auswaschen von Zementbestandteilen durch Regen, zu hohe oder zu niedrige Temperaturen und Einwirkungen aus mechanischen Belastungen verhindern.

Die im Beton enthaltene Wassermenge reduziert sich in Abhängigkeit der Umgebungsbedingungen (Temperatur, Luftfeuchte) infolge der Feuchtigkeitsabgabe an die angrenzende Luft. Davon besonders betroffen sind die oberflächennahen Bereiche des Betons. Da diese Bereiche in besonderem Maße die Dauerhaftigkeit und Widerstandsfähigkeit des Bauteils bestimmen, ist durch geeignete Maßnahmen ein ausreichendes Feuchtigkeitsangebot sicherzustellen. DIN 1045-3 unterscheidet beim Schutz gegen vorzeitiges Austrocknen zwischen wasserrückhaltenden und wasserzuführenden Maßnahmen. Wasserrückhaltende Maßnahmen können durch das Belassen des Bauteils in der Schalung, das Abdecken der Oberfläche mit Folien oder durch den Einsatz von Nachbehandlungsmitteln mit hohem Widerstand gegen Wasserdampfdiffusion umgesetzt werden. Bei den wasserzuführenden Maßnahmen kann durch Fluten oder Besprühen der Bauteiloberfläche mit Wasser oder das Abdecken mit Folie bei gleichzeitiger Wasserzufuhr ein Austrocknen der Randbereiche des Betons verhindert werden. Beträgt die relative Luftfeuchte ständig über 85 % so müssen nach DIN 1045-3 keine der zuvor erwähnten Maßnahmen ergriffen werden.

Die Dauer der Nachbehandlung muss sicherstellen, dass in den oberflächennahen Bereichen des Betons eine ausreichende Erhärtung stattfinden kann. Die Mindestnachbehandlungsdauer hängt vom zeitlichen Erhärtungsverlauf des Betons ab, was wiederum durch die Festigkeitsentwicklung des Betons selbst und durch die Umgebungsbedingungen beeinflusst wird. Nach DIN 1045-3 erfolgt die Bestimmung der Mindestnachbehandlungsdauer anhand der Oberflächentemperatur des Betons und dessen Festigkeitsentwicklung. Die Festigkeitsentwicklung ergibt sich aus dem Verhältnis der

Zylinderdruckfestigkeit nach zwei und nach 28 Tagen. Unterschiedliche Verhältniswerte ergeben sich für schnell, mittel, langsam und sehr langsam erhärtende Betone. Die zur Berechnung der Mindestnachbehandlungsdauer erforderliche Tabelle der DIN 1045-3 gilt für alle Expositionsklassen ausgenommen X0, XC1 und XM (Tabelle 1.45). Die auf diese Weise ermittelte Mindestnachbehandlungsdauer stellt sicher, dass der oberflächennahe Beton mindestens 50 % der charakteristischen Festigkeit des Betons erreicht. Bauteile der Expositionsklassen X0 und XC1, die in der Praxis nur geringen Umwelteinflüssen ausgesetzt sind, müssen mindestens einen halben Tag nachbehandelt werden. Die Mindestnachbehandlungsdauer muss daher nicht explizit berechnet werden. Ist ein Bauteil mechanischen Beanspruchungen ausgesetzt (XM) muss so lange nachbehandelt werden, bis die charakteristische Druckfestigkeit des oberflächennahen Betons 70 % des Betons besitzt. Ohne expliziten Nachweis mithilfe spezieller Tabellenwerte gilt dies bei Verdopplung der Nachbehandlungsdauer aus Tabelle 1.45 als erfüllt.

Tabelle 1.45:   Mindestdauer der Nachbehandlung von Beton nach DIN 1045-3 für alle Expositionsklassen außer X0, XC1 und XM

Oberflächen-temperatur υ [°C]	Mindestdauer der Nachbehandlung in Tagen			
	Festigkeitsentwicklung des Betons $r = f_{cm2} / f_{cm28}$			
	Schnell	Mittel	Langsam	Sehr langsam
	$r \geq 0{,}50$	$r \geq 0{,}30$	$r \geq 0{,}15$	$r < 0{,}15$
$\upsilon \geq 25$	1	2	2	3
$25 > \upsilon \geq 15$	1	2	4	5
$15 > \upsilon \geq 10$	2	4	7	10
$10 > \upsilon \geq 5$	3	6	10	15

Bei Temperaturen unter 5 °C ist die Nachbehandlungsdauer um die Zeit zu verlängern, während der die Temperatur unter 5 °C lag. Anstelle der Oberflächentemperatur kann auch die Lufttemperatur angesetzt werden. Die hierfür erforderliche Tagesmitteltemperatur T_L berechnet sich mithilfe der Mannheimer Stunden nach Formel 1.4.11. In die berechnete Tagesmitteltemperatur fließen die Temperaturen zu drei Tageszeitpunkten ein (T_7, T_{14}, T_{21}). Da eine Temperaturmessung in der Nacht aus baupraktischer Sicht zu umständlich wäre, wir die Temperatur gegen Tagesende (T_{21}) mit dem Faktor 2 multipliziert. Anschließend erfolgt die Bildung des Mittelwertes.

Tagesmitteltemperatur $T_L\,[°C] = \dfrac{1}{4} \cdot (T_7 + T_{14} + 2 \cdot T_{21})$ (1.4.11)

T_7:   Temperatur um 7:00 [°C]
T_{14}:   Temperatur um 14:00 [°C]
T_{21}:   Temperatur um 21:00 [°C]

Exemplarisch sei der Temperaturverlauf eines Tages in Abbildung 1.42 gegeben. Die Tagesmitteltemperatur berechnet sich folglich nach Formel 1.4.11 zu 16,25 °C (vgl. Formel 1.4.12)..

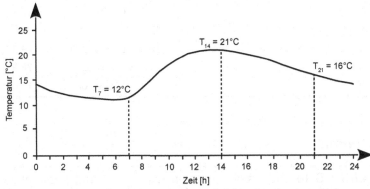

Abbildung 1.42: Exemplarischer Temperaturverlauf im Laufe eines Tages

$T_L\,[°C] = \dfrac{1}{4} \cdot (12\ °C + 21\ °C + 2 \cdot 16\ °C) = 16,25\ °C$ (1.4.12)

Schwanken die Tagesmitteltemperaturen im Verlauf des Nachbehandlungszeitraums muss für jeden einzelnen Tag die erforderliche Nachbehandlungsdauer bestimmt werden, die sich wiederum aus der am jeweiligen Tag vorherrschenden Tagesmitteltemperatur ergibt. Um aus diesen Einzelwerten die erforderliche gesamte Mindestnachbehandlungsdauer zu berechnen wird für jeden Tag der entsprechende Anteil des einzelnen Tages an der zum jeweiligen Tag erforderlichen Nachbehandlungsdauer bestimmt. Die Anteile werden anschließend über die Tage kumuliert. Beträgt der kumulierte Anteil mindestens 100 %, so ist die Mindestnachbehandlungsdauer erreicht. Wenn beispielsweise (Tabelle 1.46) bei einer Tagesmitteltemperatur von 10 °C eine Nachbehandlungsdauer von 7 Tagen erforderlich wird, so ergibt sich nach einem Tag ein Anteil von 14,3 % (1/7 = 0,143 entspricht 14,3 %). Bei einer Zylinderdruckfestigkeit nach 2 Tagen von 15 N/mm² und 60 N/mm² nach 28 ergibt sich für die Festigkeitsentwicklung r = 0,25 (15/60). Somit muss die Spalte mit r ≥ 0,15 aus Tabelle 1.45 herangezogen werden. Bei nachfolgend gegebenem Temperaturverlauf über die Zeit ergibt sich eine Mindestnachbehandlungsdauer des Betonbauteils von sechs Tagen.

Tabelle 1.46:   Beispiel zur Bestimmung der Mindestnachbehandlungsdauer bei schwankenden Tagesmitteltemperaturen

Tag	Tagesmittel-temperatur [°C]	Nachbehandlungs-dauer nach Tabelle 1.45 [Tagen]	Anteil [%]	Kumulierter Anteil [%]
1	15	4	25,0 (1 Tag von 4)	25,0
2	10	7	14,3 (1 Tag von 7)	39,3
3	3	∞	0,0	39,3
4	6	10	10,0 (1 Tag von 10)	49,3
5	20	4	25,0 (1 Tag von 4)	74,3
6	26	2	50,0 (2 Tage von 4)	124,3

1.5 Festbeton

Festbeton ist Beton, der sich in einem festen Zustand befindet und eine gewisse Festigkeit entwickelt hat. (DIN EN 206)

Festbeton kann vereinfacht als Zweiphasen-System betrachtet werden, bei dem die Gesteinskörnung der einen und der Zementstein (= erhärteter Zementleim) der anderen Phase zugeordnet wird. Häufig ist es zweckmäßig, anstelle des Zementsteins die sogenannte „Matrix" als zweite Phase zu betrachten. Diese besteht aus dem Feinmörtel, welcher sich aus dem Zementstein und dem Feinanteil der Gesteinskörnung zusammensetzt.

1.5.1 Eigenschaften und Festbetonprüfungen

Die Festbetoneigenschaften resultieren aus den Eigenschaften der Ausgangsstoffe und deren Zusammenwirken. Sie sind keine Materialkonstanten sondern Ergebnisse der jeweiligen Prüfungen, da die gemessenen Werte von verschiedenen Faktoren während der Prüfung beeinflusst werden. Die Normenreihe DIN EN 12390 legt Prüfverfahren von Festbeton fest, Tabelle 1.47 zeigt eine Übersicht der Teile der Norm und der jeweils zu prüfenden Festbetoneigenschaft.

Tabelle 1.47:   Übersicht über die Teile der Normenreihe DIN EN 12390

DIN EN 12390	Festbetoneigenschaft
-1	Form, Maße und andere Anforderungen für Probekörper und Formen
-2	Herstellung und Lagerung von Probekörpern für Festigkeitsprüfungen
-3	Druckfestigkeit von Probekörpern
-4	Bestimmung der Druckfestigkeit - Anforderungen an Prüfmaschinen
-5	Biegezugfestigkeit von Probekörpern
-6	Spaltzugfestigkeit von Probekörpern
-7	Dichte von Festbeton
-8	Wassereindringtiefe unter Druck
-9	Frost- und Frost-Tausalz-Widerstand - Abwitterung
-10	Bestimmung des relativen Karbonatisierungswiderstandes von Beton
-11	Bestimmung des Chloridwiderstandes von Beton - Einseitig gerichtete Diffusion
-12	Bestimmung des Chloridwiderstandes von Beton
-13	Bestimmung des Elastizitätsmoduls unter Druckbelastung

Die wichtigste Kenngröße von Festbeton ist seine Festigkeit. Aber auch das Verformungsverhalten, die Dichte und die Wassereindringtiefe sind wichtige Größen bei der Beurteilung der Eignung eines Betons für den jeweiligen Anwendungsfall. Die Festbetoneigenschaften werden hauptsächlich durch die Porenstruktur und die Alkalität des Zementsteins beeinflusst, ebenfalls jedoch auch durch den Typ und die Menge der verwendeten Gesteinskörnung.

1.5.2 Festigkeit

Festigkeit ist der Widerstand eines Körpers gegen verformende oder trennende mechanische Beanspruchungen. Sie ist die wichtigste Bemessungsgröße für Baustoffe in tragenden Bauteilen. Die Festigkeit wird an Prüfkörpern in Kraft-Verformungs-Versuchen ermittelt, wobei die erzielte Höchstlast die Festigkeit definiert und in der Regel in N/mm² oder analog in MPa angegeben wird (1 N/mm² = 1 MPa). Neben der Art der Belastung (Zug, Druck) hängt die Festigkeit auch von der Belastungsgeschwindigkeit ab. Der Widerstand des Baustoffs nimmt in der Regel in der Rangfolge Kurzzeitfestigkeit, Dauerstandfestigkeit und Betriebsfestigkeit ab. Dabei beschreibt die Betriebsfestigkeit den Widerstand eines Baustoffes bei häufig wiederholten dynamischen Wechselbeanspruchungen. Die Dauerstandfestigkeit hingegen ist die dauerhafte Tragfähigkeit des Betons unter einer langfristigen statischen Belastung. Bei der Festigkeitsprüfung von Beton wird die Kurzzeitfestigkeit ermittelt. Auf der Basis der Betondruckfestigkeit wird die Bemessung von Betonbauteilen nach DIN EN 206 vorgenommen. Zur experimentellen Bestimmung der Festigkeit sieht die Normung unterschiedliche Verfahren vor, darunter den Würfeldruckversuch, den Zylinderdruckversuch, den 3- und 4-Punkt-Biegezugversuch, den Spaltzugversuch und den zentrischen Zugversuch. Auf der Baustelle bzw. am fertigen Bauteil kann die Druckfestigkeit beispielsweise mit einem Rückprallhammer beurteilt werden.

Druckfestigkeitsklassen

Die **Druckfestigkeitsklasse** ist eine Klassifizierung bestehend aus der Beton Art (Normal-, Schwer- oder Leichtbeton), der charakteristischen Zylinderfestigkeit (bei Zylindern von 150 mm Durchmesser und 300 mm Länge: $f_{ck,cyl}$) und der charakteristischen Würfelfestigkeit (bei einer Kantenlänge des Würfels von 150 mm: $f_{ck,cube}$). (DIN EN 206)

Bei den Betonfestigkeitsklassen wird Normal- und Schwerbeton mit dem Buchstaben „C" gekennzeichnet, dem die charakteristische Druckfestigkeit des Zylinders und des Würfels folgen. Als Schwerbetone werden nach DIN EN 206 Betone mit einer Rohdichte von über 2600 kg/m³ bezeichnet (Tabelle 1.48). Leichtbetone hingegen, mit Rohdichten zwischen 800 kg/m³ und 2000 kg/m³, werden mit dem Kürzel „LC" gekennzeichnet (Tabelle 1.48). Die Mischungszusammensetzung von Leichtbeton entspricht prinzipiell der Mischungszusammensetzung von Normalbeton, es wird jedoch leichte Gesteinskörnung verwendet. Die Druckfestigkeitsklassen von Leichtbeton unterscheiden sich von denen des Normalbetons insbesondere in der charakteristischen Würfeldruckfestigkeit und sind der europäischen Norm DIN EN 206 zu entnehmen.

Tabelle 1.48:   Unterscheidung von Leicht-, Normal- und Schwerbeton

Bezeichnung	Abkürzung	Rohdichte [kg/m³]
Leichtbeton	LC	800 – 2000
Normalbeton	C	2000 - 2600
Schwerbeton	C	> 2600

Die Kategorisierung von Beton kann prinzipiell nach verschiedenen Kriterien erfolgen. Die wichtigste Einteilung erfolgt mithilfe von

Betonfestigkeitsklassen (Tabelle 1.49), für die die Druckfestigkeit des Betons im Alter von 28 Tagen herangezogen wird. Die Druckfestigkeit als Spannungswert (N/mm² bzw. MPa) gibt allgemein die unter einer einachsigen Druckbeanspruchung ertragbare Höchstkraft bezogen auf die ursprüngliche Querschnittsfläche des Prüfkörpers wieder. Die für die Betonfestigkeitsklasse relevante Druckfestigkeit wird entweder an 300 mm hohen Zylindern mit einem Durchmesser von 150 mm ($f_{ck,cyl}$) oder an Würfeln mit einer Kantenlänge von 150 mm ($f_{ck,cube}$) geprüft.

Tabelle 1.49:   Druckfestigkeitsklassen von Normal- und Schwerbeton (Wasserlagerung)

Druckfestig-keitsklasse	Charakteristische Mindestdruckfestigkeit von Zylindern $f_{ck,cyl}$ [N/mm²]	Charakteristische Mindest-druckfestigkeit von Würfeln $f_{ck,cube}$ [N/mm²]
C8/10	8	10
C12/15	12	15
C16/20	16	20
C20/25	20	25
C25/30	25	30
C30/37	30	37
C35/45	35	45
C40/50	40	50
C45/55	45	55
C50/60	50	60
C55/67	55	67
C60/75	60	75
C70/85	70	85
C80/95	80	95
C90/105	90	105
C100/115	100	115

Die charakteristische Festigkeit entspricht dabei dem 5 %-Quantil. Das bedeutet, dass bei der Prüfung einer großen Anzahl an Prüfkörpern (mit der gleichen Betonrezeptur) nur fünf Prozent der Prüfergebnisse den Wert der charakteristischen Festigkeit unterschreiten.

Die **charakteristische Festigkeit** ist ein Festigkeitswert, unter dem erwartungsgemäß 5 % der Grundgesamtheit aller möglichen Festigkeitswerte des betrachteten Betonvolumens liegen. (DIN EN 206)

Prüfung der Druckfestigkeit

Die Prüfung der Druckfestigkeit nach DIN EN 12390-3 erfolgt an nach DIN EN 12390-2 herzustellenden Prüfkörpern. Die Prüfkörper werden mit einer Druckprüfmaschine, die den Anforderungen der DIN EN 12390-4 entspricht, bis zum Bruch belastet. Die erreichte Höchstlast wird aufgezeichnet und dient der späteren Ermittlung der charakteristischen Festigkeit. Die Druckfestigkeit von Beton wird an Prüfkörpern in Form von Würfeln oder Zylindern bestimmt. Die Maße der Prüfkörper sowie die zulässigen Toleranzen der Abmessungen sind DIN EN 12390-1 zu entnehmen. Die jeweiligen Nennmaße für Würfel und Zylinder sind in Tabelle 1.50 zusammengefasst. In Deutschland werden als Standardprüfkörper Würfel mit einer Kantenlänge von 150 mm herangezogen.

Tabelle 1.50:   Nennmaße der Probekörper Würfel und Zylinder nach DIN EN 12390-1

	Würfel mit der Kantenlänge d	**Zylinder mit dem Durchmesser d und der Höhe 2d**
Nennmaße d	100 mm 150 mm 200 mm 250 mm 300 mm	100 mm 113 mm 150 mm 200 mm 250 mm 300 mm

Die Lagerung der Prüfkörper bis zum Prüfzeitpunkt kann nach DIN EN 12390-2 auf zwei verschiedene Arten erfolgen. Beim Referenzverfahren (Wasserlagerung) müssen sie bei Raumtemperatur (20 °C) mindestens 16 Stunden und maximal drei Tage in der Form verbleiben, in der sie vor Erschütterungen und Austrocknen zu schützen sind. Anschließend sind sie bis zum Prüftermin in Wasser bzw. einer Feuchtkammer (relative Luftfeuchtigkeit mindestens 95 %) bei 20 °C zu lagern. Der nationale Anhang der Norm lässt eine weitere Lagerungsbedingung zu (Trockenlagerung), bei der die Prüfkörper für 24 Stunden geschützt vor Zugluft und Austrocknen in der Form verbleiben, anschließend sechs Tage unter Wasser oder in einer Feuchtekammer bei 20 °C lagern und ab dem siebten Tag bis zum Prüftermin an der Luft gelagert werden. Die Trockenlagerung entspricht dem in Deutschland gängigen Verfahren.

Für die Druckfestigkeitsprüfung werden die Prüfkörper im Fall der Wasserlagerung von überschüssiger Feuchtigkeit befreit und so in der Prüfmaschine platziert, dass dessen Einfüllseite keinen Kontakt zu den Druckplatten der Prüfmaschine hat. Dadurch ergeben sich bei maßhaltigen Schalungen zwei gegenüberliegende parallele Flächen. Würde die Lasteinleitung über die Einfüllseite des Prüfkörpers erfolgen, so hätte dies Auswirkungen auf das Ergebnis, da die Einfüllseite nie absolut eben hergestellt werden kann. Aus diesem Grund muss vor der Prüfung der Zylinderdruckfestigkeit die Einfüllseite des Zylinders eben geschliffen werden. Vor dem Aufbringen der Last wird der Prüfkörper auf der unteren Druckplatte zentriert. Im Anschluss wird die Druckkraft stoßfrei auf den Prüfkörper aufgebracht. Die Belastung zu Beginn der Prüfung darf etwa 30 % der Bruchlast nicht überschreiten. Die angezeigte Höchstlast F ist in kN aufzuzeichnen, die Druckfestigkeit wird als Quotient der aufgebrachten Höchstlast beim Bruch zu der Fläche des ursprünglichen Prüfquerschnittes bestimmt (Formel 1.5.1).

$$\text{Druckfestigkeit } f_c \ [\text{N/mm}^2] = \frac{F}{A_c} \qquad (1.5.1)$$

F: Die Höchstkraft beim Bruch [N]
A_c: Die Fläche des Probenquerschnitts, auf den die Druckbeanspruchung wirkt [mm²], berechnet aus dem Nennmaß des Probekörpers (DIN EN 12390-1) oder aus Messungen des Probekörper bei Prüfung nach DIN EN 12390-3 Anhang B

Zusätzlich zur Bestimmung der Druckfestigkeit ist das Bruchbild des Prüfkörpers zu beurteilen. Ein zufriedenstellendes Bruchbild eines Würfels ergibt sich unter anderem durch ähnliche Rissbildung an allen vier freiliegenden Seiten sowie den zwei unbeschädigten Seiten, über die die Lasteinleitung erfolgte. Liegen nicht zufriedenstellende Bruchbilder der Prüfkörper vor, so ist dies im Prüfbericht zu vermerken und das Bruchbild aus der DIN EN 12390-3 zu notieren, welches dem vorliegenden Bruch am nächsten kommt. Ein ungewöhnlicher Bruch kann beispielsweise dann entstehen, wenn die Durchführungsvorschriften der Prüfung nach DIN EN 12390-3 nicht ausreichend beachtet wurden (bspw. der Einbau des Probekörpers in die Prüfmaschine), ein Fehler an der Prüfmaschine selbst vorliegt oder die Geometrie des Prüfkörpers nicht auf das Größtkorn des Betons abgestimmt ist.

Die in der Festigkeitsprüfung ermittelte Druckfestigkeit des Betons hängt von den gewählten Lagerungsbedingungen ab (Wasserlagerung,

Trockenlagerung). Beide Festigkeitswerte lassen sich jedoch mithilfe der Formeln 1.5.2 und 1.5.3 (DIN 1045-2) umrechnen. Die Umrechnung ist ausschließlich für würfelförmige Probekörper zulässig.

Normalbeton bis einschließlich C50/60: $f_{c,cube} = 0,92 \cdot f_{c,dry,cube}$ (1.5.2)

Hochfester Normalbeton ab C55/67: $f_{c,cube} = 0,95 \cdot f_{c,dry,cube}$ (1.5.3)

$f_{c,cube}$:   Druckfestigkeit eines Würfels mit der Kantenlänge von 150 mm bei Wasserlagerung

$f_{c,dry,cube}$:   Druckfestigkeit eines Würfels mit der Kantenlänge von 150 mm bei Trockenlagerung

Die Formeln lassen erkennen, dass die Druckfestigkeit bei Wasserlagerung ($f_{c,cube}$) geringer ausfällt als bei Trockenlagerung. Eine Erklärung hierfür erfolgt auf den nachfolgenden Seiten.

In älteren Normen wurde die Druckfestigkeitsprüfung an Würfeln mit von dem derzeitigen Standardmaß abweichenden Kantenlängen (bspw. 100 mm) durchgeführt. Liegen solche Festigkeitswerte vor, so können diese in die Festigkeit des Standardprüfkörpers (Würfel mit Kantenlänge 150 mm) nach Formeln 1.5.4 näherungsweise umgerechnet werden (vgl. DIN 1045-2).

$$f_{c,dry(150),cube} = 0,97 \cdot f_{c,dry(100),cube} \qquad (1.5.4)$$

$f_{c,dry(100),cube}$:Druckfestigkeit eines Würfels mit der Kantenlänge von 100 mm bei Lagerung von 7 Tagen im Wasserbad und 21 Tagen im Normklima

$f_{c,dry(150),cube}$:Druckfestigkeit eines Würfels mit der Kantenlänge von 150 mm bei Lagerung von 7 Tagen im Wasserbad und 21 Tagen im Normklima

Beim Entwurf von Betonrezepturen (siehe Kapitel 1.7) muss berücksichtigt werden, dass die Betonfestigkeitsklassen in Tabelle 1.49 den charakteristischen Druckfestigkeitswerten der Wasserlagerung entsprechen. Da in Deutschland die Trockenlagerung üblich ist, muss entsprechend eine Umrechnung der Druckfestigkeiten erfolgen (Formeln 1.5.2 und 1.5.3).

In der Praxis kann die Druckfestigkeit von Beton zudem zerstörungsfrei über die Rückprallzahl geschätzt werden. Dieses Prüfverfahren ersetzt nicht die Bestimmung der Druckfestigkeit nach DIN EN 12390-3, kann jedoch für den Nachweis der Gleichmäßigkeit von Ortbeton sowie für die Darstellung von Bereichen geringerer Güte oder beschädigten Flächen zusätzlich herangezogen werden. Die Prüfung erfolgt nach DIN EN 12504-2 mithilfe des sogenannten Rückprallhammers, auch Schmidthammer genannt. Dieser besteht aus einem Federhammer mit bestimmter Masse, der nach dem Lösen auf einen Kolben schlägt, welcher wiederum die dadurch freiwerdende Kraft auf die zu prüfende Betonoberfläche überträgt. Während der Prüfung ist der Rückprallhammer lagestabil in einer Stellung zu halten, der Kolben muss rechtwinklig auf die Prüffläche stoßen. Der Druck auf den Kolben ist so lange zu erhöhen, bis der Rückprallhammer aufschlägt. Dann kann die Rückprallzahl auf Grundlage der Rückprallstrecke und / oder von Energie- oder Geschwindigkeitsmessungen erfolgen. Ein zuverlässiger Schätzwert der Rückprallzahl ergibt sich aus mindestens neun gültigen Ablesungen. Der Abstand zwischen zwei Aufschlagpunkten darf 25 mm nicht unterschreiten, die Entfernung jedes Aufschlagpunktes muss mindestens 25 mm von einer Kante entfernt sein.

Einflussfaktoren auf die Druckfestigkeit

Die Betondruckfestigkeit wird im Wesentlichen von der Betonzusammensetzung bestimmt. Insbesondere durch den gewählten w/z-Wert, die Zementart und die Art sowie Zusammensetzung der Gesteinskörnung können die Eigenschaften des Zementsteins, der Gesteinskörnung sowie des Verbundes der beiden Phasen beeinflusst werden. Folglich bestimmen diese Faktoren die Druckfestigkeit von Festbeton in erheblichem Maße. In diesem Zusammenhang spielt ebenfalls das Alter des Prüfkörpers eine entscheidende Rolle. Das Alter einer Betonprobe wird ab dem Zeitpunkt der Herstellung gezählt und allgemein in Tagen angegeben. Der Verlauf der Festigkeit in Abhängigkeit vom Alter wird als Festigkeitsentwicklung bezeichnet. Einen wesentlichen Einfluss darauf hat die Festigkeitsklasse des Zementes sowie der w/z-Wert des Betons. Je höher die Festigkeitsklasse des Zementes und je niedriger der w/z-Wert ist, desto höhere Betonfestigkeiten werden erreicht.

Die im Rahmen der Prüfung ermittelte Betondruckfestigkeit wird jedoch ebenfalls von weiteren Faktoren beeinflusst. Hierzu zählen unter anderem

- die Geometrie des Prüfkörpers (Prüfkörpereinfluss),
- die Randbedingungen während der Prüfung (Prüfeinfluss) sowie
- die Lagerungsbedingungen während der Erhärtung (Lagerungseinfluss).

Unter sonst gleichen Bedingungen hängt der gemessene Wert der Druckfestigkeit von der Größe und Form des Prüfkörpers ab (**Prüfkörpereinfluss**). Schlankere Probekörper (Zylinder) weisen eine niedrigere Druckfestigkeit auf als gedrungene Proben (Würfel). Die Schlankheit kann als Verhältnis der Höhe zur Dicke (h/d) des Prüfkörpers bestimmt werden. In Abbildung 1.43 ist die Druckfestigkeit bezogen auf die Würfeldruckfestigkeit in Abhängigkeit der Prüfkörperschlankheit angegeben. Die Grafik veranschaulicht, dass schlankere Proben eine niedrigere und gedrungene Proben eine höhere Druckfestigkeit aufweisen verglichen mit würfelförmigen Probekörpern.

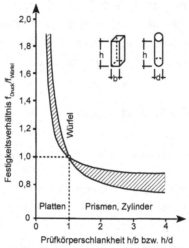

Abbildung 1.43: Druckfestigkeit in Abhängigkeit der Prüfkörperschlankheit

Die erhöhte Druckfestigkeit gedrungener Proben resultiert hauptsächlich aus der Reibung, die zwischen den Druckplatten der Prüfmaschine und der den Druckplatten zugewandten Prüfkörperoberflächen entsteht (Abbildung 1.44). Wird der Prüfkörper unter Druckspannung gesetzt, findet eine Stauchung in Richtung der eingeleiteten Kraft statt. Dies führt zur Ausdehnung (Querdehnung) des Prüfkörpers rechtwinklig zur Kraftrichtung. Die Reibung im Bereich der Druckplatten resultiert demnach aus dem Bestreben des Prüfkörpers, sich „seitlich" der Kraft zu entziehen. Die Querdehnung des Prüfkörpers wird infolge der Reibung im Bereich der Druckplatten behindert, was ausgehend vom Krafteinleitungsbereich einen mehrachsigen Spannungszustand zur Folge hat. Im Bereich des mehrachsigen Spannungszustandes kommt es nicht zum Versagen des Prüfkörpers, da dieser in allen drei Achsen unter Druckspannung steht. In Bereichen, in denen kein mehrachsiger Spannungszustand entsteht, versagt der Prüfkörper infolge der durch Querdehnung resultierenden Zugspannungen im Betongefüge.

Dass sich der mehrachsige Spannungszustand ausgehend von den Druckplatten in einem gewissen Winkel über die Höhe des Prüfkörpers ausbreitet, ist der eigentliche Grund, warum schlanke Prüfkörper gegenüber gedrungenen Prüfkörpern früher versagen. Je schlanker die Probe, umso geringer die Fläche des mehrachsigen Spannungszustandes (Abbildung 1.45). Mit zunehmender Schlankheit des Prüfkörpers steigt daher die Fläche, die unter Zugspannung steht und die letztendlich für das Versagen des Prüfkörpers verantwortlich ist. Wird die Reibung bzw. die Behinderung der Querdehnung beispielsweise durch bürstenartige Druckplatten vermieden, so verschwindet der Einfluss der Prüfkörperschlankheit auf die Druckfestigkeit weitestgehend.

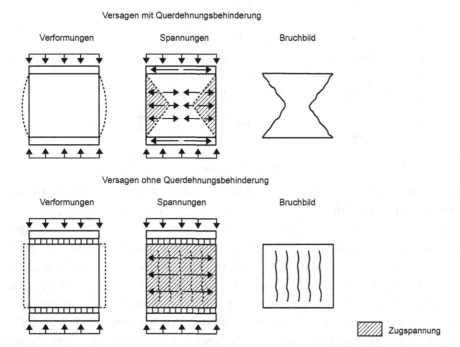

Abbildung 1.44: Bruchbilder von Beton mit und ohne Querdehnungsbehinderung nach [15]

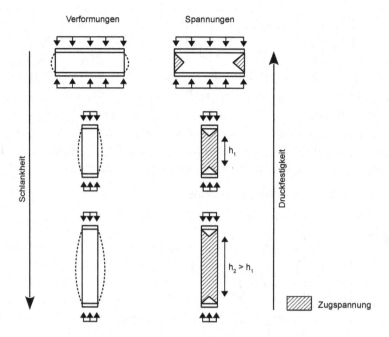

Abbildung 1.45: Einfluss der Probekörperschlankheit auf die Druckfestigkeit

Auch die Randbedingungen während der Prüfung (**Prüfeinfluss**) beeinflussen das Prüfergebnis. Die ermittelte Druckfestigkeit nimmt mit steigender Belastungsgeschwindigkeit zu. Bei sehr geringen Belastungsgeschwindigkeiten wirkt die Last sehr lange auf den Beton. Er verformt sich nicht nur elastisch, sondern erfährt zusätzlich auch erhebliche Kriechverformungen (vgl. Kapitel 1.5.4). Dies entspricht dann der Dauerstandfestigkeit (dauernde konstante Belastung) des Werkstoffes, welche etwa 75 bis 80 % der zugehörigen Kurzzeitfestigkeit (einmalige kurzzeitige Belastung) beträgt. Der Einfluss der Belastungsgeschwindigkeit ist bei Betonen mit höherem w/z-Wert größer als bei solchen mit niedrigeren w/z-Werten [11]. Auch ohne den Einfluss von Kriechverformungen, wie sie im Fall der Dauerstandfestigkeit zum Tragen kommen können, kann sich bei der Prüfung in Abhängigkeit der Belastungsgeschwindigkeit ein Einfluss auf die ermittelte Druckfestigkeit ergeben. Im Fall einer hohen Belastungsgeschwindigkeit verformt sich das Betongefüge zeitverzögert, d.h. die Verformung des Betons, die letztendlich auch zum Versagen des Prüfkörpers führt, „hinkt" der schnell voranschreitenden Spannungszunahme hinterher. Bei geringer Belastungsgeschwindigkeit hat der Beton genügend Zeit, sich infolge der Spannungen zu verformen. Die zunehmenden Spannungen und daraus resultierenden Verformungen entwickeln sich daher weniger stark zeitversetzt, was letztendlich zum früheren Versagen des Prüfkörpers führt.

Die Temperatur des Betons während der Prüfung beeinflusst ebenfalls die Messergebnisse, da mit steigender Betontemperatur (im Bereich von etwa 0 bis 80 °C) während der Prüfung die ermittelte Druckfestigkeit sinkt. Dies lässt sich insbesondere durch eine temperaturbedingte Ausdehnung des Materials bei einer Erhöhung der Temperatur erklären. Bei sehr tiefen Temperaturen bis etwa -170 °C nimmt die Druckfestigkeit des Betons erheblich zu. Dies ist auf das im Gefüge vorhandene Wasser zurückzuführen, welches bei niedrigen Temperaturen gefriert und als Eis eine hohe Festigkeit aufweist. Folglich ist der Festigkeitszuwachs von Beton bei niedrigen Temperaturen stark vom Feuchtegehalt des Materials vor dem Gefrieren abhängig.

Die Lagerungsbedingungen während der Erhärtung spielen ebenfalls eine entscheidende Rolle (**Lagerungseinfluss**). Bei der Wasserlagerung ist der Prüfkörper zum Prüfzeitpunkt voll mit Wasser gesättigt, infolge der Trockenlagerung verdunstet ein Teil des im Beton enthaltenen Wassers und der Feuchtegehalt im Prüfkörper reduziert sich. Die Druckfestigkeit nach Wasserlagerung fällt generell geringer aus als die Druckfestigkeit nach Trockenlagerung (Abbildung 1.46). Dies ist unmittelbar auf den Feuchtegehalt im Prüfkörper zurückzuführen, resultiert jedoch streng genommen aus zwei unterschiedlichen Prozessen. Bei der Wasserlagerung sind die Poren des Betons während der Prüfung der Druckfestigkeit mit Wasser gefüllt. Unter Druckspannung wird daher das in den Poren befindliche Wasser komprimiert was zusätzliche Spannungen im Betongefüge zur Folge hat. Dadurch versagt der Prüfkörper früher bzw. bei geringerer Spannung. Der zweite Effekt ergibt sich dadurch, dass während der Prüfung eines feuchten Prüfkörpers Wasser aus den oberflächennahen Poren des Betons gedrückt wird. Dieses wirkt als Gleitfilm zwischen den Druckplatten und der Oberfläche des Prüfkörpers, reduziert daher die Reibung in diesem Bereich und reduziert den Effekt des günstig wirkenden mehrachsigen Spannungszustandes. Durch den reversiblen Vorgang der Trockenlagerung kann je nach Betonzusammensetzung und Feuchtegehalt eine Festigkeitssteigerung von 10 % bis 40 % erreicht werden. Reversibel bedeutet in diesem Zusammenhang, dass sich bei einer erneuten Aufnahme von Wasser die geprüfte Druckfestigkeit wieder reduzieren würde.

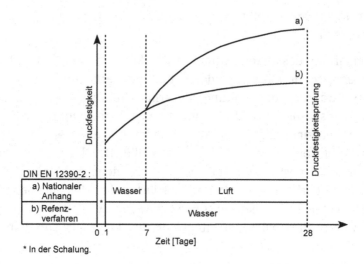

Abbildung 1.46: Einfluss eines Lagerungswechsels auf die geprüfte Druckfestigkeit
von Beton

In diesem Zusammenhang wird ebenfalls deutlich, dass die an dieser Stelle
beschriebenen Einflüsse des Wassergehaltes bzw. der
Lagerungsbedingungen des Prüfkörpers nicht mit der feuchteabhängigen
Hydratation des Zements verwechselt werden darf. Da Beton im Zuge der
Nachbehandlung insbesondere in der Anfangsphase der Erhärtung feucht
gelagert wird, hängt sein späterer Feuchtegehalt und damit auch die
geprüfte Festigkeit davon ab, zu welchem Zeitpunkt die Feuchtelagerung
abgebrochen wird und welchen Trocknungsbedingungen der Beton
anschließend ausgesetzt ist.

Zugfestigkeit

Allgemein gibt die Zugfestigkeit die unter einer einachsigen
Zugbeanspruchung ertragbare Höchstspannung bezogen auf die
ursprüngliche Querschnittsfläche wieder und wird in der Einheit N/mm^2 oder
MPa angegeben. Die Zugfestigkeit kann als Näherung aus der gemessenen
Druckfestigkeit abgeleitet werden, der Zusammenhang beider
Prüfergebnisse ist Formel 1.5.5 zu entnehmen [16].

Zugfestigkeit f_{ct} [N/mm²] = c · $f_c^{2/3}$ (1.5.5)

f_{ct}:   Zugfestigkeit
f_c: Würfeldruckfestigkeit
c: Empirischer Wert zur Unterscheidung der unterschiedlichen
          Zugfestigkeiten
          Biegezug c_{BZ} = 0,35 bis 0,55
          Spaltzug c_{SZ} = 0,22 bis 0,32
          Zentrischer Zug c_{ZZ} = 0,17 bis 0,32

Prüfung der Zugfestigkeit

Werden an den Beton Anforderungen bezüglich der Zugfestigkeit gestellt, so ist diese mit dem zentrischen Zugversuch, dem Spaltzugversuch oder dem Biegezugversuch zu ermitteln.

Die Zugfestigkeit von Beton wird in der Regel an Prüfkörpern in Form von Prismen oder Zylindern bestimmt. Die Maße der Prüfkörper sowie die zulässigen Toleranzen der Abmessungen sind der DIN EN 12390-1 zu entnehmen (Tabelle 1.51).

Für die Bestimmung der **zentrischen Zugfestigkeit** existieren keine genormten Prüfkörper. Oft werden daher zylinderförmige Proben verwendet. Die Lasteinleitung der Zugkräfte an den Stirnseiten erfolgt entweder über angeklebte steife Lasteinleitungsplatten aus Stahl, über einbetonierte Bewehrungsstäbe oder kraftschlüssig über Einspannköpfen. Die Probe wird in eine Zugmaschine eingebaut und zentrisch belastet. Die Zugfestigkeit des Prüfkörpers ergibt sich als Verhältnis der aufgebrachten Höchstlast beim Bruch zur belasteten ursprünglichen Querschnittsfläche (Formel 1.5.6). Die Prüfung ist relativ schwierig und umständlich, da die Zugkräfte genau zentrisch eingeleitet werden müssen, um im Probekörper eine einachsige Beanspruchung zu erzeugen.

Tabelle 1.51:   Nennmaße der prismatischen und zylindrischen Probekörper nach DIN EN 12390-1

	Prisma mit quadratischer Grundfläche d² und der Länge L ≥ 3,5 d	Zylinder mit dem Durchmesser d und der Höhe 2d
Nennmaße d	100 mm 150 mm 200 mm 250 mm 300 mm	100 mm 113 mm 150 mm 200 mm 250 mm 300 mm

Zentrische Zugfestigkeit f_{ct} $[N/mm^2]$ = $\dfrac{F}{A}$ = $\dfrac{4 \cdot F}{\pi \cdot d^2}$ (1.5.6)

F: Die Höchstkraft beim Bruch [N]
A: Die Fläche des Probenquerschnitts (Kreisfläche), auf den die
            Zugbeanspruchung wirkt [mm²]
d: Durchmesser des Probenquerschnitts bei einer zylindrischen Probe [mm]

Einfacher durchzuführen sind die nach DIN EN 12390-5 (Biegezugfestigkeit)
sowie nach DIN EN 12390-6 (Spaltzugfestigkeit) normierten Prüfverfahren.
Für die Herstellung und Lagerung der Prüfkörper gilt ebenfalls die
DIN EN 12390-2.

Zur Bestimmung der **Biegezugfestigkeit** nach DIN EN 12390-5 werden
prismatische Probekörper einem Biegemoment durch Lasteintragung über
obere und untere Rollen ausgesetzt. Da Beton eine gegenüber der
Druckfestigkeit wesentlich geringere Zugfestigkeit besitzt, tritt der Bruch
durch Versagen der Zugzone ein. Maßgebend für den Bruch bei
Biegezugbeanspruchung ist daher die Randspannung in der Biegezugzone.
Ist die Oberfläche infolge Austrocknung durch eine Schwindspannung
vorbelastet, so wird der Bruch bereits bei einer geringeren Last eintreten.
Darum ist der Prüfkörper für die Biegezugprüfung nach dem Ausschalen bis
unmittelbar vor der Prüfung in Wasser zu lagern. Die Prüfung kann mit dem
Dreipunkt   oder   Vierpunkt-Biegezugversuch   durchgeführt   werden
(Abbildung 1.47).

Aus der Versuchsanordnung bedingt ergibt sich für die Vierpunktlagerung
ein geringeres aufnehmbares Biegemoment und daraus resultierend auch
eine geringere Biegezugfestigkeit. Aus diesem Grund kann die über die
Vierpunktlagerung ermittelte Biegezugfestigkeit als „auf der sicheren Seite"
angenommen werden. Bei der Vierpunktlagerung wird ein über das mittlere
Drittel des Prüfkörpers konstantes Biegemoment erzeugt. Demgegenüber
ergibt sich das maximale Biegemoment bei der Dreipunktlagerung nur exakt
in   Feldmitte.   Daraus   resultiert,   dass   der   Prüfkörper   bei   der
Vierpunktlagerung   im   gesamten   Bereich   des   größten   Biegemomentes
versagen   kann,   sodass   die   Versagenswahrscheinlichkeit   bei   dieser
Prüfanordnung erhöht ist. Die Prüfwerte der Vierpunktlagerung sind ca.
10 % bis 15 % niedriger als jene der Dreipunktlagerung. Nach dem mittigen
Einbau der Probe in die Prüfmaschine wird zunächst eine Ausgangsbelastung
aufgebracht, die etwa 20 % der Bruchlast nicht überschreiten darf.

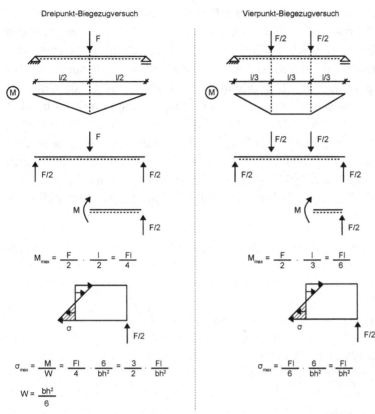

Abbildung 1.47: Gegenüberstellung des Dreipunkt- und Vierpunkt-Biegezugversuchs

Die Biegezugfestigkeit aus dem Vierpunkt-Biegezugversuch kann nach Formel 1.5.7 bestimmt werden.

$$\text{Biegezugfestigkeit } f_{ct,fl} \ [\text{N/mm}^2] = \frac{M}{W} = \frac{F \cdot l}{b \cdot h^2} \tag{1.5.7}$$

mit

$$\text{Widerstandsmoment Rechteck:} \qquad W\,[\text{mm}^3] = \frac{b \cdot h^2}{6}$$

$$\text{Max. Biegemoment (Balkenmitte):} \qquad M\,[\text{Nmm}] = \frac{F}{2} \cdot \frac{l}{3} = \frac{F \cdot l}{6}$$

F: Höchstkraft beim Bruch [N]
l: Abstand zwischen den Auflagerrollen [mm]
b: Breite des Balkens im Bruchquerschnitt [mm]
h: Höhe des Balkens im Bruchquerschnitt [mm]

Zur Ermittlung der **Spaltzugfestigkeit** nach DIN EN 12390-6 werden zylindrische Prüfkörper mit dem Verhältnis der Länge zum Durchmesser von ≥ 1 bis zum Versagen belastet. Die Lasteinleitung erfolgt über zwei sich gegenüberliegenden Lasteinleitungsbalken, die parallel zur Längsachse des Prüfkörpers ausgerichtet sind (Abbildung 1.48). Dabei treten in Richtung der Lasteinleitung Druck- sowie senkrecht dazu Zugspannungen auf. Es handelt sich bei dieser Art der Belastung folglich um einen planmäßigen zweiachsigen Spannungszustand. Infolge der Linienlast entsteht eine nahezu über den gesamten Querschnitt konstante Zugspannung, die nach Formel 1.5.8 in die Spaltzugfestigkeit überführt werden kann. Hierzu wird die aufgebrachte Prüfkraft F auf die halbe Mantelfläche des Zylinders bezogen.

$$\text{Spaltzugfestigkeit } f_{ct,sp} \ [\text{N/mm}^2] = \frac{F}{A} = \frac{2 \cdot F}{\pi \cdot d \cdot l} \qquad (1.5.8)$$

mit

$$\text{Halbe Mantelfläche Zylinder:} \qquad A \ [\text{mm}^2] = \frac{\pi \cdot d \cdot l}{2}$$

F: Die Höchstkraft beim Bruch [N]
d: Durchmesser des Zylinders [mm]
l: Länge des Zylinders [mm]

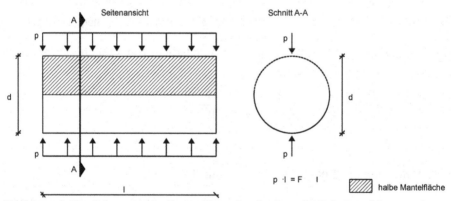

Abbildung 1.48: Schematische Darstellung der Spaltzugfestigkeitsprüfung

Einflussfaktoren auf die Zugfestigkeit

Analog zur Druckfestigkeit wird die Zugfestigkeit des Festbetons im Wesentlichen durch die Eigenschaften des Zementsteins, der verwendeten Gesteinskörnung und deren Verbund bestimmt. Folglich beeinflussen der w/

z-Wert, die Festigkeitsklasse des Zementes sowie die Form und Oberfläche der Gesteinskörnung die Zugfestigkeit des Werkstoffes. Erhöht werden kann die Zugfestigkeit beispielsweise durch den gezielten Einsatz von Fasern, da dadurch die Rissbreite überbrückt bzw. verringert werden kann.

1.5.3 Dichte und Wassereindringtiefe

Die Dichte und Wassereindringtiefe des Betons bestimmen maßgebend die Festigkeit und Dauerhaftigkeit des Werkstoffes. Beide Kenngrößen werden insbesondere durch den w/z-Wert und die Art bzw. Ausführung des Verdichtens beeinflusst.

Die **Dichte** eines Feststoffes gibt im Allgemeinen das Verhältnis der Masse zum Volumen des Körpers wieder. DIN EN 12390-7 enthält Verfahren zur Bestimmung der Masse und der Volumina von Leicht-, Normal- und Schwerbeton. Dabei werden drei verschiedene Zustände des Festbetons unterschieden.

Die Prüfkörper können

- wassergesättigt,
- im Wärmeschrank getrocknet oder
- wie angeliefert (Anlieferungszustand) vorliegen.

Die Bestimmung der Masse **wassergesättigter** Proben erfolgt nach Wasserlagerung (20 °C), sobald sich die Masse des Prüfkörpers innerhalb von 24 Stunden um nicht mehr als 0,2 % verändert. Vor jeder Wägung ist das überschüssige Wasser mit einem feuchten Tuch abzuwischen. Die Masse kann außerdem an Proben gemessen werden, welche bei 105 °C **im Wärmeschrank getrocknet** wurden. Die Wägung findet statt, nachdem die Prüfkörper auf Raumtemperatur abgekühlt sind und innerhalb von 24 Stunden ihr Gewicht um nicht mehr als 0,2 % verändern. Die Probekörper im **Anlieferungszustand** sind entsprechend ohne gesonderte Vorlagerung zu wägen.

Für die Bestimmung des Volumens der Probekörper stehen drei verschiedene Verfahren zur Verfügung. Das Volumen kann

- durch Wasserverdrängung (Referenzverfahren),
- aus den gemessenen Ist-Maßen oder
- aus überprüften angegebenen Maßen (nur für Würfel) ermittelt werden.

Bei der Volumenbestimmung **durch Wasserverdrängung** muss sich der Prüfkörper zunächst im wassergesättigten Zustand befinden. Analog zum Drahtkorbverfahren (vgl. Kapitel 1.2.5) wird die scheinbare Masse der Probe unter Wasser sowie die Masse der wassergesättigten Probe an der Luft gemessen. Das zu bestimmende Volumen des Prüfkörpers ergibt sich als das Volumen des durch die Probe verdrängten Wassers (Formel 1.5.9).

$$\text{Volumen des Probeköpers V } [m^3] = \frac{M_1 - M_2}{\rho_w} \qquad (1.5.9)$$

ρ_w: Dichte des Wassers bei 20 °C, angenommen mit 998 kg/m³
M_1:   Masse des wassergesättigten Probekörpers an der Luft [kg]
M_2:   Scheinbare Masse des eingetauchten Probekörpers unter Wasser [kg]

Neben dem Referenzverfahren ist auch die Berechnung des Volumens aus den **gemessen Ist-Maßen** sowie den **überprüften angegebenen Maßen** (nur für Würfel) möglich.

Die Rohdichte des Festbetons ergibt sich anschließend durch folgenden Zusammenhang (Formel 1.5.10).

$$\text{Rohdichte des Probeköpers D } [kg/m^3] = \frac{m}{V} \qquad (1.5.10)$$

m: Masse des Probekörpers [kg]
V: Volumen des Probekörpers [m³]

Die **Wassereindringtiefe** wird nach DIN EN 12390-8 bestimmt, indem Wasserdruck auf die Oberfläche von Festbeton aufgebracht, der Prüfkörper anschließend gespalten und die größte Wassereindringtiefe ermittelt wird. Die Prüfung erfolgt an Probekörpern in Form von Würfeln, Zylindern oder Prismen, deren Kantenlänge bzw. Durchmesser der Prüffläche mindestens 150 mm beträgt. Alle weiteren Maße müssen mindestens 100 mm betragen. Die dem Wasserdruck auszusetzende Oberfläche wird unmittelbar nach dem Ausschalen mit einer Drahtbürste aufgeraut. Die Prüfkörper werden nach DIN EN 12390-2 für mindestens 28 Tage unter Wasser gelagert. Auf die Prüfkörper wird ein Wasserdruck von 500 kPa für 72 Stunden aufgebracht. Nach dieser Zeit ist der Prüfkörper senkrecht zu der dem Druck ausgesetzten Seite aufzuspalten. Die Wassereindringtiefe hebt sich optisch als nasser Bereich ab und wird an der Stelle, an der sie maximal ist, gemessen.

1.5.4 Lastabhängige Formänderungen

Beton kann sich lastabhängig oder lastunabhängig verformen. Formänderungen im Frisch- und Festbeton werden bezogen auf die Ausgangslänge als Dehnungen bezeichnet. Bei lastabhängigen Verformungen handelt es sich um Verformungen, welche durch Spannungen hervorgerufen werden. Formänderungen des Frisch- und Festbetons müssen bei dem Entwurf, der Berechnung und Konstruktion sowie entsprechend auch bei der Betonzusammensetzung und Nachbehandlung berücksichtigt werden. Beton wird nach seinen rheologischen Eigenschaften als **viskoelastischer Stoff** betrachtet. Viskoelastische Materialien vereinen elastische mit viskosen Eigenschaften. Während die elastische Verformung direkt und reversibel auftritt bewirkt der viskose Anteil eine zeitabhängige, irreversible (plastische) Verformung. Auch Beton weist unter äußeren Lasten Formänderungen auf, die ausgelöst durch innere zwischenmolekulare Kräfte zeitverzögert auftreten und nicht vollständig reversibel sind.

Bei lastabhängigen Verformungen wird im Allgemeinen zwischen kurzzeitig und langzeitig aufgebrachten Lasten unterschieden. Während kurzzeitige Lasten weitestgehend elastische Verformungen hervorrufen weisen langzeitig aufgebrachte Lasten verzögert elastische und plastische Verformungen auf. Die Spannungsdehnungslinie von Beton hat unter kurzzeitiger Druckbeanspruchung einen charakteristischen Verlauf, der von Anfang an leicht gekrümmt ist (Abbildung 1.49).

Der Verlauf folgt somit im aufsteigenden Ast nur näherungsweise dem Hooke'schen Gesetz. Das **Hooke'sche Gesetz** beschreibt einen linearen Zusammenhang zwischen der Spannung und der Dehnung eines Werkstoffes (Formel 1.5.11). Die Krümmung der Spannungsdehnungslinie geht im Wesentlichen auf Mikrorisse im Zementstein und in der Verbundzone zwischen der Gesteinskörnung und der Zementsteinmatrix zurück, die durch die Belastung bzw. durch das Schwinden und Temperatureinflüsse verursacht werden. Bei einer Laststeigerung bis circa 40 % der Bruchspannung entwickeln sich Mikrorisse, die ihren Ursprung in den inhomogenen Bereichen der Matrix haben. Bis zu dieser Grenze erstreckt sich der Bereich der sogenannten Gebrauchstauglichkeit (Bereich 1, Abbildung 1.49). Bei weiterer Laststeigerung vermehren sich die Risse im Bereich der Kontaktzone zwischen Zementstein und Gesteinskörnung und die Verformungen nehmen stärker zu. Mit dem Ende des stabilen Risswachstums bei etwa 70 % bis 90 % der Bruchspannung wird die Dauerstandfestigkeit erreicht (Bereich 2, Abbildung 1.49). Weitere Laststeigerungen mit instabilem Risswachstum führen in begrenzter Zeit zum Bruch des Werkstoffes (Bereich 3, Abbildung 1.49). [6]

Hooke'sches Gesetz: $\sigma = E \cdot \varepsilon$ (1.5.11)

E: Elastizitätsmodul [N/mm²]
ε: Dehnung [-]
σ: Spannung [N/mm²]

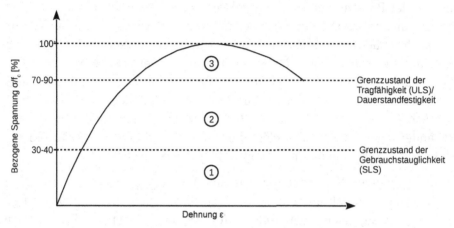

Abbildung 1.49: Gefügeveränderung unter Druckbeanspruchung nach [6]

Die Bruchdehnung von Beton unter Druckbeanspruchung liegt in der Größenordnung von 2 mm/m bis 2,5 mm/m und unter Zugbeanspruchung bei 0,1 mm/m bis 0,15 mm/m. Der Einfluss der Querdehnung wird bei der Bemessung in der Regel vernachlässigt.

Die Formänderung von Beton aufgrund von lang einwirkenden Lasten lassen sich in zeitabhängige und zeitunabhängige Verformungen unterscheiden. Wird in einem Dauerstandversuch eine konstante Last auf einen Werkstoff aufgebracht und anschließend wieder entfernt, so ergeben sich vier verschiedene Verformungen (Abbildung 1.50). Eine Unterscheidung findet statt nach

- sofort eintretenden elastischen Verformungen ε_e,
- sofort eintretenden bleibenden (plastische) Verformungen ε_p,
- verzögert eintretenden (zeitabhängige) elastischen Verformungen ε_v und
- zeitabhängigen bleibenden Verformungen ε_f (=Fließen).

Die gesamten zeitabhängigen Verformungen werden unter dem Begriff **Kriechen** zusammengefasst ($\varepsilon_k = \varepsilon_f + \varepsilon_v$). Kriechen bezeichnet die zeitabhängige Veränderung der Dehnungen eines Werkstoffes bei einer konstanten aufgebrachten Spannung. Die darin enthaltenen zeitabhängigen bleibenden Verformungen werden auch als **Fließen** bezeichnet. Wenn der Beton während der Belastung weiter erhärtet, so kann es sein, dass sich nicht alle elastischen Verformungen, die bei der Lastaufbringungen entstehen, rückverformen können. Bei Entlastung verschwindet der elastische Verformungsanteil spontan. Auch der Kriechanteil geht zeitabhängig teilweise wieder zurück. Das Fließen des Betons wird im Wesentlichen auf die Bewegung und Umlagerung von Wasser im Zementstein und den damit verbundenen Gleitvorgängen zurückgeführt. Es ist daher stark vom Feuchtegehalt und dessen Änderung abhängig.

Kennzeichnend für den zeitlichen Verlauf des Kriechens ist eine anfänglich starke Zunahme der Verformung, die sich mit zunehmender Belastungsdauer asymptotisch einem Endwert, dem Endkriechmaß, nähert. Für das Kriechen des Betons ist der Zementstein verantwortlich, die Gesteinskörnung wirkt der Verformung entgegen. Ursache für das Kriechen ist eine Verlagerung des Gelwassers unter Druck und eine damit einhergehende Verformung des Gels. Das Ausmaß des Kriechens ist vom Feuchtegehalt des Betons, dem Alter des Betons bei Belastungsbeginn, dem Zementgehalt, den Bauteilabmessungen sowie der Höhe der Lastspannung abhängig.

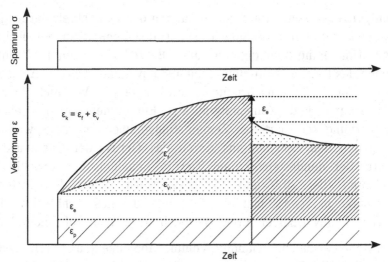

Abbildung 1.50: Gesamtverformung des Betons (ohne Schwinden) bei
Dauerstandbelastung und anschließender Entlastung [11]

Zur Vorhersage von Kriechverformungen müssen empirische Gesetzmäßigkeiten herangezogen werden, da bislang kein umfassend begründetes Stoffgesetz vorliegt. Infolge des zeitabhängigen Kriechvorgangs im Beton nehmen die durch eine aufgezwungene Verformung erzeugten Spannungen im Laufe der Zeit ab [11]. Die Spannungsabnahme bei konstanter Verformung wird als **Relaxation** bezeichnet. Sie kann als Umkehrung des Kriechens verstanden werden. Im Gegensatz zu der Definition von Kriechprozessen, bei denen die Spannung konstant bleibt, wird die Relaxation als Spannungsabnahme bei gleichbleibender Verformung definiert.

1.5.5 Lastunabhängige Formänderungen

Auch lastunabhängige Einwirkungen, wie beispielsweise Temperatur- und Feuchteänderungen, rufen im Frisch- und Festbeton Formänderungen hervor, die bezogen auf die Ausgangslänge als Dehnung bezeichnet werden. Zu lastunabhängigen Verformungen zählen unter anderem das Schwinden, Quellen und temperaturbedingte Formänderungen.

Die Verformung bzw. Volumenänderung infolge einer Änderung des Feuchtegehaltes in den Poren des Zementsteins wird als **Schwinden** (Feuchteabgabe) bzw. **Quellen** (Feuchteaufnahme) bezeichnet.

Schwindprozesse können auf Verformungen des Zementgels zurückgeführt werden und sind umso größer, je höher der Zementsteingehalt ist. Bei gleichen Umgebungsbedingungen und Bauteilabmessungen hängt das Schwinden des Betons neben dem Zementsteinvolumen von der Art und dem Volumen der Gesteinskörnung sowie dem Verbund zwischen Gesteinskörnung und Zementstein ab. Ein zunehmender Gehalt an Gesteinskörnung reduziert das Zementsteinvolumen, ebenfalls werden die Verformungen des Zementsteins durch das Gerüst der Gesteinskörnung behindert. Bei mindestens einem Tag in Schalung und anschließender Austrocknung (bei 20 °C und 65 % r.F.) weist reiner Zementstein ein Schwindmaß von etwa 3 mm/m auf. Aufgrund eines nicht schwindenden Korngerüstes im Normalbeton reduziert sich dieser Wert auf rund 0,6 mm/m.

Das Schwinden als lastunabhängige Volumenabnahme kann durch chemische und physikalische Prozesse hervorgerufen werden. In Abhängigkeit der Entstehung werden verschiedene Arten von Schwindprozessen unterschieden.

Chemisch:	Physikalisch:
• Chemisches Schwinden	• Kapillar- oder Frühschwinden
• Carbonatisierungsschwinden	(plastisches Schwinden)
	• Trocknungsschwinden
	• Autogenes Schwinden

Das (irreversible) **chemische Schwinden** basiert auf der Volumenverminderung durch Bindung des Anmachwassers in die Hydratphasen. Chemisch gebundenes Wasser weist ein um etwa 25 % verringertes Volumen auf als ungebundenes Wasser. Wird ein Volumenanteil Wasser mit einem Volumenanteil Zement gemischt, so erfährt der sich bildende Zementstein eine Volumenverringerung von etwa zehn Prozent. In der frischen Phase resultiert diese Schwindart in einer Volumenabnahme. Ab Ende des Ansteifens (Anfang des Erstarrens) bilden sich interne Poren und es findet keine weitere externe Volumenänderung infolge chemischem Schwinden mehr statt.

Das **Carbonatisierungsschwinden** ist ein irreversibles Schwinden, das durch die Reaktion des Kohlenstoffdioxids der Luft mit dem Calciumhydroxid im Zementstein entsteht. Durch die Volumenverkleinerung können Netzrisse entstehen, die den Korrosions- und Frostwiderstand des Betons im oberflächennahen Bereich beeinträchtigen können. Da sie jedoch nur im Bereich der Betonrandzone auftreten, sind sie für die Bemessung von untergeordneter Relevanz.

Das **Kapillarschwinden** (auch Frühschwinden oder plastisches Schwinden) entsteht durch Kapillarkräfte beim Entzug des Wassers aus dem frischen noch verarbeitbaren Beton, beispielsweise durch wassersaugende Gesteinskörnungen oder durch Verdunstung an der Oberfläche während des Ansteifens. Im Beton kann das Kapillarschwinden bei fehlender Nachbehandlung zu Dehnungen von bis zu 4 mm/m führen, so dass senkrecht zur Oberfläche Risse entstehen, die mehrere Zentimeter tief in den Beton hineinreichen können.

Im Gegensatz zum Kapillarschwinden bezeichnet das **Trocknungsschwinden** das Schwinden des Festbetons durch Wasserverlust nach außen. Es umfasst insbesondere die Abgabe des physikalisch freien Wassers aus den Kapillarporen an die Umgebung. Durch das Entweichen von Wasser aus den Poren entstehen Kapillarkräfte, die das Material zusammen ziehen. Nicht nur die Betonzusammensetzung sondern insbesondere auch die

Umgebungsfeuchte und Temperatur sind bedeutende Einflussfaktoren für diese Schwindart. [2] Voraussetzung für das Trocknungsschwinden sind offene Kapillarporen, welche bis zur Bauteiloberfläche durchgehen.

Der noch nicht hydratisierte Zement entzieht den Kapillarporen bei fortschreitender Hydratation Wasser, welches er für die Hydratation benötigt. Dadurch entsteht im Porenraum ein Unterdruck, welcher eine Kompression des Mikrogefüges auslöst und als **autogenes Schwinden** bezeichnet wird. Grundvoraussetzungen für den entstehenden Unterdruck sind geschlossene Poren im Gefüge. Autogenes Schwinden findet insbesondere bei niedrigen w/z-Werten statt, da in diesem Fall eine relativ geringe Wassermasse im Beton zur Verfügung steht, und der Entzug des Kapillarwassers einen stärkeren Schwindeffekt hervorruft.

Das Gesamtschwindmaß von Beton kann als Summe des Schwindens während der erstmaligen Austrocknung und während der Erhärtung ermittelt werden.

Dem **Quellen** von Beton durch die Aufnahme von Wasser kommt in der Praxis eine weit geringere Bedeutung zu als dem Schwinden. Das Endquellmaß ist wesentlich geringer als das Schwindmaß und liegt im Bereich von etwa 0,1 mm/m bis 0,2 mm/m.

Auch Temperaturänderungen, resultierend aus der Hydratation oder durch Änderungen der Umgebungsbedingungen, können lastunabhängige Verformungen des Betons auslösen. Die **Temperaturdehnung** (ε_T) ergibt sich im einachsigen Zustand durch die Multiplikation des materialspezifischen Ausdehungskoeffizienten (α_T) und der Temperaturänderung (Δ_T) nach Gleichung 1.5.12. Temperaturerhöhungen bewirken eine Ausdehnung des Betons, -verringerungen reduzieren die Abmessungen des Werkstoffes. Eine Behinderung der Temperaturdehnung führt zu Spannungen im Bauteil, welche Gefügeschäden und Rissbildung zur Folge haben können. In Abhängigkeit des Feuchtegehaltes besitzt Beton einen thermischen Ausdehnungskoeffizienten zwischen $4,5 \cdot 10^{-6}$/K und $14 \cdot 10^{-6}$/K. Der thermische Ausdehnungskoeffizient von Bewehrungsstahl in der selben Größenordnung (zwischen $11 \cdot 10^{-6}$/K und $12 \cdot 10^{-6}$/K) ermöglicht die Verwendung des Verbundwerkstoffes Stahlbeton. [8]

Temperaturdehnung ε_T [mm/m] = $\alpha_T \cdot \Delta_T$ (1.5.12)

Unter lastunabhängigen Verformungen sollen abschließend auch **Treiberscheinungen** erfasst werden. Diese gehen auf chemischmineralogische Reaktionen zurück, die im erhärteten Beton durch die Volumenzunahme eine Schädigung des Gefüges bewirken. Normgerechter Zement ist raumbeständig, sodass seine Bestandteile untereinander keine treibenden Reaktionen auslösen. Treiben ist aber bei einer Reaktion zwischen dem Zementstein und der Gesteinskörnung möglich, wie es beispielsweise bei der Alkali-Kieselsäure-Reaktion (AKR) der Fall ist. Außerdem können dem Beton reaktionsfähige Stoffe von außen zugeführt werden (zum Beispiel Sulfate), die Treiberscheinungen auslösen können.

1.6 Expositionsklassen

Bei der Planung von Gebäuden und Bauteilen sind neben mechanischen Anforderungen ebenfalls Anforderungen an die Dauerhaftigkeit zu berücksichtigen. Für Bauteile jeglicher Art wird für die Bemessung eine Lebensdauer von mindestens 50 Jahren angesetzt. Neben der Tragfähigkeit muss daher auch eine ausreichende Dauerhaftigkeit gewährleistet werden. Anforderungen an die Dauerhaftigkeit eines Bauteils werden maßgeblich von dessen Umgebungsbedingungen beeinflusst. Aus diesem Grund werden Betonbauteile sogenannten Expositionsklassen zugeordnet (Abbildung 1.51), welche die Umgebungsbedingungen des Bauteils berücksichtigen und Anforderungen an die Betonzusammensetzung festlegen. Diese sind durch den Planer zu bestimmen und in der Ausschreibung anzugeben.

Eine **Expositionsklasse** ist die Klassifizierung der chemischen und physikalischen Umgebungsbedingungen, denen der Beton ausgesetzt werden kann und die auf den Beton, die Bewehrung oder metallische Einbauteile einwirken können und die nicht als Lastannahmen in die Tragwerksplanung eingehen. (DIN 1045-2)

Ein Betonbauteil kann mehr als einer Expositionsklasse ausgesetzt sein, sodass die Einflüsse aus der Umgebung auf den Beton durch eine Kombination von Expositionsklassen ausgedrückt werden. Beim Entwurf der Betonzusammensetzung gilt jeweils die strengste Anforderung aus den relevanten Expositionsklassen. Weiterhin können unterschiedliche Bereiche eines Bauteils verschiedenen Expositionen ausgesetzt sein und müssen daher verschiedenen Expositionsklassen zugeordnet werden. DIN 1045-2 unterscheidet zwischen sieben Expositionsklassen, DIN EN 206 hingegen nur zwischen sechs (XM ist nur national zu berücksichtigen). Expositionsklassen werden grundlegend in zwei Kategorien unterteilt. So werden chemische und physikalische Einwirkungen auf den Beton selbst (XF, XA und XM) und auf die Bewehrung im Beton (XC, XD und XS) erfasst. Die Expositionsklasse X0 für unbewehrte Bauteile beschreibt eine Umgebung, die kein Angriffsrisiko für den Beton darstellt (Tabelle 1.52).

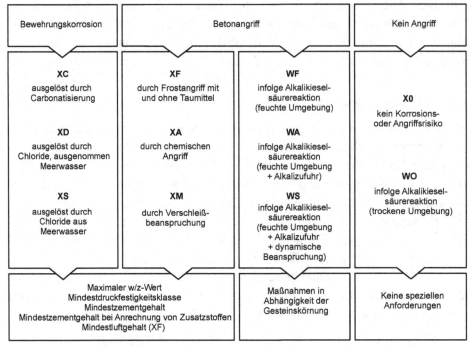

Abbildung 1.51: Übersicht über die Expositionsklassen

Tabelle 1.52:   Expositionsklasse X0 nach DIN 1045-2

Klasse	Beschreibung der Umgebung	Beispiele für die Zuordnung
X0	Für Beton ohne Bewehrung oder eingebettetes Metall: Alle Umgebungsbedingungen, ausgenommen Frostangriff, Verschleiß oder chemischer Angriff	• Fundamente ohne Bewehrung und ohne Frost • Innenbauteile ohne Bewehrung

XC: Bewehrungskorrosion, ausgelöst durch Carbonatisierung

Bewehrter Beton, der Luft und Feuchtigkeit ausgesetzt ist, muss der Expositionsklasse XC zugeordnet werden. Diese Expositionsklasse ermöglicht die Beurteilung der Bewehrungskorrosion ausgelöst durch Carbonatisierung. Der durch diese Klasse zu beurteilende Schädigungsmechanismus beruht darauf, dass der ursprünglich hohe pH-Wert des Betons und damit auch die Passivierung der Bewehrung durch Carbonatisierungsvorgänge reduziert wird. Voraussetzungen für die Carbonatisierung ist das CO_2 aus der Luft sowie Wasser bzw. Feuchtigkeit. Trockene sowie ständig nasse Bauteile sind jeweils nur einer der beiden Bedingungen ausgesetzt, sodass Carbonatisierungsprozesse in diesen Fällen praktisch nicht stattfinden (XC1). Am stärksten ausgeprägt ist diese Art der Schädigung bei Bauteilen, die wechselnd nassen und trockenen Umgebungsbedingungen ausgesetzt sind (XC4). Tabelle 1.53 gibt eine Übersicht über die Einteilung der Expositionsklassen XC1, XC2, XC3 und XC4 anhand der Umgebungsbedingungen und zeigt Beispiele für die jeweilige Zuordnung. Wie bereits in Kapitel 1.1.3.1 beschrieben reagiert die Kohlensäure (H_2CO_3) mit dem Calciumhydroxid ($Ca(OH)_2$) der Porenlösung zu Calciumcarbonat ($CaCO_3$) unter Abspaltung von Wasser. Durch die Umwandlung des Calciumhydroxids reduziert sich der pH-Wert des Zementsteins, die Passivierungsschicht des Bewehrungsstahls geht verloren und der Stahl korrodiert. Die bei der Korrosion entstehenden Reaktionsprodukte weisen ein deutlich größeres Volumen auf als das der Ausgangsstoffe. Die aus der Volumenzunahme resultierenden Gefügespannungen im Material können zu Abplatzungen und Rissbildungen führen.

Tabelle 1.53:   Übersicht über die Expositionsklasse XC nach DIN 1045-2

Klasse	Beschreibung der Umgebung	Beispiele für die Zuordnung
XC1	Trocken oder ständig nass	• Bauteile in Innenräumen mit üblicher Luftfeuchte (einschließlich Küche, Bad und Waschküche in Wohngebäuden) • Beton, der ständig in Wasser getaucht ist
XC2	Nass, selten trocken	• Teile von Wasserbehältern • Gründungsbauteile
XC3	Mäßige Feuchte	• Bauteile, zu denen die Außenluft häufig oder ständig Zugang hat, bspw. offene Hallen; Innenräume mit hoher Luftfeuchte, bspw. in gewerblichen Küchen, Bädern, Wäschereien, Viehställen • Dachflächen mit flächiger Abdichtung
XC4	Wechselnd nass und trocken	• Außenbauteile mit direkter Beregnung

XD: Bewehrungskorrosion, ausgelöst durch Chloride, ausgenommen Meerwasser

Ist bewehrter Beton chloridhaltigem Wasser einschließlich Taumitteln, die Chloride enthalten, ausgesetzt, so muss er der Expositionsklasse XD zugeordnet werden. Chloridhaltiges Meerwasser wird in dieser Klasse nicht berücksichtigt, sondern über die Klasse XS erfasst. Der Schädigungsmechanismus beruht ähnlich wie der der Klasse XC auf der Korrosion des Bewehrungsstahls. Im Gegensatz zu XC wird die Korrosion bei XD nicht durch den reduzierten pH-Wert infolge Carbonatisierung ausgelöst sondern durch das Vorhandensein von Chloriden. Gelangen Chloridionen durch den Beton an den Bewehrungsstahl, zerstören sie lokal die Passivierungsschicht. Der Stahl korrodiert an diesen Stellen sehr intensiv und zerstört die Bewehrung. Diese Art der Korrosion wird auch als Lochfraßkorrosion bezeichnet und kann im schlimmsten Fall den Stahl komplett durchtrennen (vgl. Kapitel 2.5). Es kann durch diesen Schädigungsmechanismus zu einem ungewünschten schlagartigem Bauteilversagen kommen, da sich die Lochfraßkorrosion im Gegensatz zur Flächenkorrosion nicht durch Abplatzungen an der Betonoberfläche bemerkbar macht. Tabelle 1.54 gibt eine Übersicht über die Einteilung der Expositionsklassen XD1, XD2 und XD3 anhand der Umgebungsbedingungen und zeigt Beispiele für die jeweilige Zuordnung.

Tabelle 1.54:   Übersicht über die Expositionsklasse XD nach DIN 1045-2

Klasse	Beschreibung der Umgebung	Beispiele für die Zuordnung
XD1	Mäßige Feuchte	• Bauteile im Sprühnebelbereich von Verkehrsflächen • Einzelgaragen
XD2	Nass, selten trocken	• Solebäder • Bauteile, die chloridhaltigen Industriewässern ausgesetzt sind
XD3	Wechselnd nass und trocken	• Teile von Brücken mit häufiger Spritzwasserbeanspruchung • Fahrbahndecken

XS: Bewehrungskorrosion, ausgelöst durch Chloride aus Meerwasser

Ist bewehrter Beton Meerwasser ausgesetzt, so muss er der Expositionsklasse XS zugeordnet werden. Der unter dieser Klasse erfasste Schädigungsmechanismus der Bewehrungskorrosion ist identisch mit dem der Expositionsklasse XD. Lediglich die Quelle der Choride unterscheidet sich in beiden Klassen. Dementsprechend sind die Anforderungen der beiden Expositionsklassen gleich. Meerwasser kann ebenfalls den Beton angreifen, was über die Expositionsklasse XA erfasst wird. Tabelle 1.55 gibt eine Übersicht über die Einteilung der Expositionsklassen XS1, XS2 und XS3 anhand der Umgebungsbedingungen und zeigt Beispiele für die jeweilige Zuordnung.

Tabelle 1.55:   Übersicht über die Expositionsklasse XS nach DIN 1045-2

Klasse	Beschreibung der Umgebung	Beispiele für die Zuordnung
XS1	Salzhaltige Luft, kein unmittelbarer Kontakt mit Wasser	• Außenbauteile in Küstennähe
XS2	Unter Wasser	• Bauteile in Hafenanlagen, die ständig unter Wasser liegen
XS3	Tidebereiche, Spritzwasser- und Sprühnebelbereiche	• Kaimauern in Hafenanlagen

XF: Betonkorrosion durch Frostangriff mit und ohne Taumittel

Wenn Beton Frost-Tauwechseln ausgesetzt ist, erfolgt die Zuordnung zur Expositionsklasse XF. Tabelle 1.56 gibt eine Übersicht über die Einteilung der Expositionsklassen XF1, XF2, XF3 und XF4 anhand der Umgebungsbedingungen und zeigt Beispiele für die jeweilige Zuordnung. In Deutschland kann davon ausgegangen werden, dass Bauteile, welche nicht tiefer als 80 cm unter der Geländeoberkante liegen, Frostbelastungen ausgesetzt sind.

Der Schädigungsmechanismus beruht insbesondere darauf, dass Wasser beim Gefrieren eine Volumenzunahme von circa neun Prozent zur Folge hat. Zunächst nimmt der Beton Wasser aus seiner Umgebung über Kapillarporen auf. Gefriert das Wasser anschließend im Betongefüge, so entstehen Sprengdrücke die zu Rissbildungen und Abplatzungen führen können. Der Gefrierpunkt des Wassers in den Poren hängt von der Porengröße ab. In kleineren Poren gefriert das Wasser erst bei deutlich niedrigeren Temperaturen als in größeren Poren. Der Widerstand von Beton gegenüber Frostangriffen hängt folglich nicht nur von dem Gesamtporenvolumen, sondern auch von der Porengrößenverteilung ab. Je mehr Kapillarporen im System enthalten sind, desto saugfähiger ist der Beton und umso geringer ausgeprägt ist sein Frost- bzw. Frost-Tausalz-Widerstand. Beim Kontakt mit

Taumitteln wird der Schädigungsmechanismus zusätzlich verstärkt [17]. Poren die nicht mit Wasser gefüllt sind (Luftporen) können dem entstehenden Druck als Ausweichräume dienen und erhöhen den Widerstand des Betons gegenüber Frost-Tauwechsel (vgl. Kapitel 1.3.6). Des Weiteren unterbrechen Luftporen das Kapillarporensystem und verringern dadurch die kapillare Wasseraufnahme des Baustoffes. Für die Anforderungen der Klassen XF2 und XF3 wird demnach unterschieden, ob ein Mindestluftgehalt durch die Verwendung von Luftporenbildner oder Mikrohohlkugeln eingehalten wird oder nicht.

Tabelle 1.56:   Übersicht über die Expositionsklasse XF nach DIN 1045-2

Klasse	Beschreibung der Umgebung	Beispiele für die Zuordnung
XF1	Mäßige Wassersättigung, ohne Taumittel	• Außenbauteile
XF2	Mäßige Wassersättigung, mit Taumittel	• Bauteile im Sprühnebel- oder Spritzwasserbereich von taumittelbehandelten Verkehrsflächen, soweit nicht XF4 • Betonbauteile im Sprühnebelbereich von Meerwasser
XF3	Hohe Wassersättigung, ohne Taumittel	• Offene Wasserbehälter • Bauteile in der Wasserwechselzone von Süßwasser
XF4	Hohe Wassersättigung, mit Taumittel	• Verkehrsflächen, die mit Taumitteln behandelt werden • Überwiegend horizontale Bauteile im Spritzwasserbereich von taumittelbehandelten Verkehrsflächen • Räumerlaufbahnen von Kläranlagen • Meerwasserbauteile in der Wasserwechselzone

XA: Betonkorrosion durch chemischen Angriff

Wenn Beton einem chemischen Angriff ausgesetzt ist, so muss er der Expositionsklasse XA zugeordnet werden. Tabelle 1.57 gibt eine Übersicht über die Einteilung der Expositionsklassen XA1, XA2 und XA3 anhand der Umgebungsbedingungen und zeigt Beispiele für die jeweilige Zuordnung. In der DIN EN 206 sind für die jeweiligen Klassen XA1, XA2 und XA3 Grenzwerte für unterschiedliche chemische Merkmale gegeben, die eine Einordnung der Umgebungsbedingungen ermöglichen.

Tabelle 1.57: Übersicht über die Expositionsklasse XA nach DIN 1045-2

Klasse	Beschreibung der Umgebung	Beispiele für die Zuordnung
XA1	Chemisch schwach angreifende Umgebung	• Behälter von Kläranlagen • Güllebehälter
XA2	Chemisch mäßig angreifende Umgebung und Meeresbauwerke	• Betonbauteile, die mit Meerwasser in Berührung kommen • Bauteile in betonangreifenden Böden
XA3	Chemisch stark angreifende Umgebung	• Industrieabwasseranlagen mit chemisch angreifenden Abwässern • Futtertische der Landwirtschaft • Kühltürme mit Rauchgasableitung

Die Schädigung beruht hauptsächlich auf zwei verschiedenen Mechanismen, dem treibenden und dem lösenden Betonangriff. Beim treibenden Angriff finden im Material chemische Reaktionen statt, deren Reaktionsprodukte ein wesentlich größeres Volumen aufweisen als jenes der Ausgangsstoffe. Durch die Volumenvergrößerung entstehen Gefügespannungen im Beton, die zu Abplatzungen und Rissbildungen führen können. Die meisten treibenden Angriffe beruhen auf dem Eindringen von Sulfationen in den Beton (Sulfattreiben). Aluminathaltige Phasen (C_3A, CAH) der Zementsteinmatrix reagieren mit Sulfat und Wasser zu Ettringit, welches ein wesentlich größeres Volumen aufweist als die Ausgangsstoffe. Im Gegensatz dazu finden beim lösenden Angriff chemische Reaktionen statt, die den Zementstein zersetzen. Dadurch verliert der Beton seine Festigkeit, die Porosität erhöht sich und die Dauerhaftigkeit reduziert sich. Als potentiell lösende Stoffe kommen unter anderem Säuren und Fette in Frage.

XM: Betonkorrosion durch Verschleißbeanspruchung

Wird Beton einer erheblichen mechanischen Beanspruchung ausgesetzt, muss dieser der Expositionsklasse XM zugeordnet werden. Der zugrunde liegende Schadensmechanismus beruht auf dem mechanischen Abrieb von Material an der Bauteiloberfläche bzw. dem Abschlagen von Material durch Schlagbeanspruchung. Die Einteilung in die Klassen XM1, XM2 oder XM3 findet in Abhängigkeit der Intensität der Beanspruchung statt. Tabelle 1.58 gibt eine Übersicht über die Einteilung anhand der Umgebungsbedingungen und zeigt Beispiele für die jeweilige Zuordnung.

Tabelle 1.58:   Übersicht über die Expositionsklasse XM nach DIN 1045-2

Klasse	Beschreibung der Umgebung	Beispiele für die Zuordnung
XM1	Mäßige Verschleißbeanspruchung	• Tragende oder aussteifende Industrieböden mit Beanspruchung durch luftbereifte Fahrzeuge
XM2	Starke Verschleißbeanspruchung	• Tragende oder aussteifende Industrieböden mit Beanspruchung durch luft- oder vollgummibereifte Gabelstapler
XM3	Sehr starke Verschleißbeanspruchung	• Tragende oder aussteifende Industrieböden mit Beanspruchung durch elastomer- oder stahlrollenbereifte Gabelstapler • Oberflächen, die häufig mit Kettenfahrzeugen befahren werden • Wasserbauwerke in geschiebebelasteten Gewässern, bspw. Tosbecken

Beispiele zur Zuordnung von Expositionsklassen

Die Abbildungen 1.52 bis 1.55 zeigen Beispiele zur Zuordnung von Expositionsklassen zu unterschiedlichen Bauteilen.

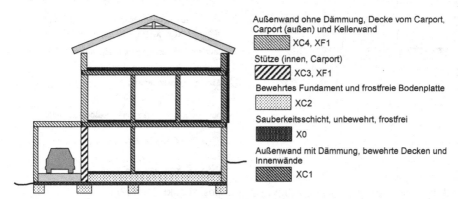

Abbildung 1.52: Beispiel zur Zuordnung von Expositionsklassen (1/4)

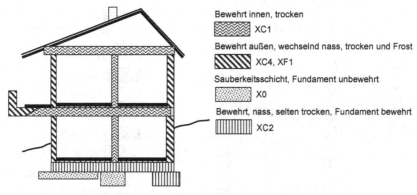

Abbildung 1.53: Beispiel zur Zuordnung von Expositionsklassen (2/4)

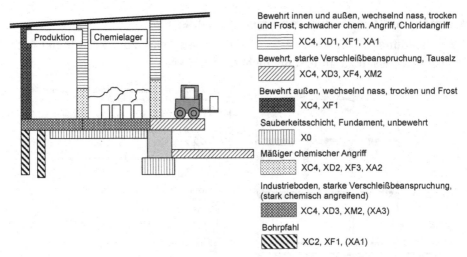

Bewehrt innen und außen, wechselnd nass, trocken und Frost, schwacher chem. Angriff, Chloridangriff
XC4, XD1, XF1, XA1

Bewehrt, starke Verschleißbeanspruchung, Tausalz
XC4, XD3, XF4, XM2

Bewehrt außen, wechselnd nass, trocken und Frost
XC4, XF1

Sauberkeitsschicht, Fundament, unbewehrt
X0

Mäßiger chemischer Angriff
XC4, XD2, XF3, XA2

Industrieboden, starke Verschleißbeanspruchung, (stark chemisch angreifend)
XC4, XD3, XM2, (XA3)

Bohrpfahl
XC2, XF1, (XA1)

Abbildung 1.54: Beispiel zur Zuordnung von Expositionsklassen (3/4)

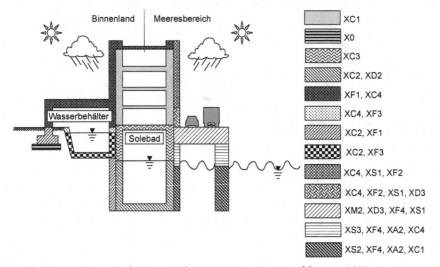

XC1

X0

XC3

XC2, XD2

XF1, XC4

XC4, XF3

XC2, XF1

XC2, XF3

XC4, XS1, XF2

XC4, XF2, XS1, XD3

XM2, XD3, XF4, XS1

XS3, XF4, XA2, XC4

XS2, XF4, XA2, XC1

Abbildung 1.55: Beispiel zur Zuordnung von Expositionsklassen (4/4)

Feuchtigkeitsklassen: Betonkorrosion infolge Alkali-Kieselsäure-Reaktion

In der DIN 1045-2 wurden als weitere Expositionsklassen die Feuchtigkeitsklassen aufgenommen. Dies ist vor dem Hintergrund der schädigenden Alkali-Kieselsäure-Reaktion (AKR) von Bedeutung. Als AKR wird die Reaktion der reaktiven Kieselsäure aus der Gesteinskörnung mit den Alkalien im Beton (meist aus dem Zement) in feuchter Umgebung bezeichnet. Infolge der Reaktion bildet sich ein quellfähiges Gel, welches große Mengen an Wasser einlagern kann und daher eine Volumenzunahme zur Folge hat. Voraussetzung für eine AKR ist das Vorhandensein von Wasser, reaktiver Gesteinskörnung sowie Alkalien im Beton (Na_2O, K_2O). Die Alkalien können durch den Zement oder infolge der Nutzungsbedingungen des Bauteils in den Beton eingetragen werden. Folglich orientieren sich die Feuchtigkeitsklassen an dem Gehalt an Feuchtigkeit sowie der etwaig zusätzlichen Alkalizufuhr von außen. Die Klasse WS, bei der das Bauteil außerdem hohen dynamischen Belastungen ausgesetzt ist, stellt die anfälligste Klasse für Alkali-Kieselsäure-Reaktionen dar. In Abhängigkeit der zu verwendenden Gesteinskörnung ergeben sich für Bauteile verschiedener Feuchteklassen unterschiedliche vorbeugende Maßnahmen gegen AKR, die im Betonentwurf berücksichtigt werden müssen.

Eine Auflistung der Feuchtigkeitsklassen jeweils mit Beschreibung der Umgebung sowie Beispielen der Zuordnung von Bauteilen ist Tabelle 1.59 zu entnehmen.

Die Umgebungsbedingungen, denen ein Bauteil ausgesetzt ist, haben einen erheblichen Einfluss auf die Konzeption des Betons. In Abhängigkeit der für das zu entwerfende Bauteil relevanten Expositionsklassen sind Grenzwerte insbesondere bezüglich dem höchstzulässigen w/z-Wert, der Mindestdruckfestigkeitsklasse des Betons und des Mindestzementgehaltes einzuhalten. In der Expositionsklasse XF kann zusätzlich ein Mindestluftgehalt vorgegeben sein. Eine Übersicht über die jeweiligen Grenzwerte in Abhängigkeit der Expositionsklassen ist Tabelle 1.60 zu entnehmen.

Tabelle 1.59:   Übersicht über die Feuchtigkeitsklassen nach DIN 1045-2

Klasse	Beschreibung der Umgebung	Beispiele für die Zuordnung
WO	Beton, der nach dem Austrocknen während der Nutzung weitgehend trocken bleibt (trocken)	• Innenbauteile eines Hochbaus • Bauteile, auf die Außenluft, aber kein Niederschlag, Oberflächenwasser, Bodenfeuchte einwirken und / oder die nicht ständig einer RH von mehr als 80 % ausgesetzt werden
WF	Beton, der während der Nutzung häufig oder längere Zeit feucht ist (feucht)	• Ungeschützte Außenbauteile • Innenbauteile des Hochbaus für Feuchträume, in denen die relative Luftfeuchte überwiegend höher als 80 % ist (bspw. Hallenbäder, Wäschereien und andere gewerbliche Feuchträume) • Bauteile mit häufiger Taupunktunterschreitung (bspw. Schornsteine, Wärmeübertragerstationen, Filterkammern und Viehställe) • Massige Bauteile, deren kleinstes Maß > 0,80 m ist (unabhängig vom Feuchtezutritt)
WA	Beton, der während der Nutzung häufig oder längere Zeit feucht ist und zusätzlich häufiger oder langzeitiger Alkalizufuhr von außen ausgesetzt ist (feucht + Alkalizufuhr von außen)	• Bauteile mit Meerwassereinwirkung • Bauteile unter Tausalzeinwirkung ohne zusätzliche hohe dynamische Beanspruchung (bspw. Spritzwasserbereiche, Fahr- und Stellflächen in Parkhäusern) • Bauteile von Industriebauten und landwirtschaftlichen Bauwerken mit Alkalisalzeinwirkung (bspw. Güllebehälter)
WS	Beton, der Klasse WA mit zusätzlicher hoher dynamischer Beanspruchung (feucht + Alkalizufuhr von außen + starke dynamische Beanspruchung)	• Bauteile unter Tausalzeinwirkung mit zusätzlicher hoher dynamischer Beanspruchung (bspw. Betonfahrbahnen)

Tabelle 1.60:   Grenzwerte für Zusammensetzung und Eigenschaften von Beton nach DIN 1045-2

Expositions-klasse	Max. w/z-Wert	Mindest-druckfestigkeits-klasse[2]	Mindestzement-gehalt[3] min. z [kg/m³]	Min. z[3] bei Anrechnung von Zusatzstoffen [kg/m³]	Mindest-luftgehalt [%]
X0[1]		C 8/10			
XC1	0,75	C 16/20	240	240	
XC2	0,75	C 16/20	240	240	
XC3	0,65	C 20/25	260	240	
XC4	0,60	C 25/30	280	270	
XD1	0,55	C 30/37[4]	300	270	
XD2	0,50	C 35/45[4)5]	320	270	
XD3	0,45	C 35/45[4]	320	270	
XS1	0,55	C 30/37[4]	300	270	
XS2	0,50	C 35/45[4)5]	320	270	
XS3	0,45	C 35/45[4]	320	270	
XF1	0,60	C 25/30	280	270	
XF2	0,55[7]	C 25/30	300	270[7]	[6]
XF2	0,50[7]	C 35/45[5]	320	270[7]	
XF3	0,55	C 25/30	300	270	[6]
XF3	0,50	C 35/45[5]	320	270	
XF4	0,50[7]	C 30/37	320	320[7]	[6)10]
XA1	0,60	C 25/30	280	270	
XA2	0,50	C 35/45[4)5]	320	270	
XA3	0,45	C 35/45[4]	320	270	
XM1[8]	0,55	C 30/37[4]	300[9]	270	
XM2[8)11]	0,55	C 30/37[4]	300[9]	270	
XM2[8]	0,45	C 35/45[4]	320[9]	270	
XM3[8]	0,45	C 35/45[4]	320[9]	270	

[1] Nur für Beton ohne Bewehrung oder eingebettetes Metall.

[2] Gilt nicht für Leichtbeton.

[3] Bei einem Größtkorn der Gesteinskörnung von 63 mm darf der Zementgehalt um 30 kg/m³ reduziert werden.

[4] Bei Verwendung von Luftporenbeton, z. B. aufgrund gleichzeitiger Anforderungen aus der Expositionsklasse XF, eine Festigkeitsklasse niedriger. In diesem Fall darf Fußnote 5) nicht angewendet werden.

[5] Bei langsam und sehr langsam erhärtenden Betonen (r < 0,30) eine Festigkeitsklasse niedriger. Die Druckfestigkeit zur Einteilung in die geforderte Druckfestigkeitsklasse ist an Probekörpern im Alter von 28 Tagen zu bestimmen. In diesem Fall darf Fußnote 4) nicht angewendet werden.

[6] Der mittlere Luftgehalt im Frischbeton unmittelbar vor dem Einbau muss bei einem Größtkorn der Gesteinskörnung von 8 mm ≥ 5,5 % (Volumenanteil), 16 mm ≥ 4,5 % (Volumenanteil), 32 mm ≥ 4,0 % (Volumenanteil) und 63 mm ≥ 3,5 % (Volumenanteil) betragen. Einzelwerte dürfen diese Anforderungen um höchstens 0,5 % (Volumenanteil) unterschreiten.

[7] Die Anrechnung auf den Mindestzementgehalt und den Wasserzementwert ist nur bei Verwendung von Flugasche zulässig. Weitere Zusatzstoffe des Typs II dürfen zugesetzt, aber nicht auf den Zementgehalt oder den w/z angerechnet werden. Bei gleichzeitiger Zugabe von Flugasche und Silicastaub ist eine Anrechnung auch für die Flugasche ausgeschlossen.

[8] Es dürfen nur Gesteinskörnungen nach DIN EN 12620 verwendet werden.

[9] Höchstzementgehalt 360 kg/m³, jedoch nicht bei hochfesten Betonen.

[10] Erdfeuchter Beton mit w/z ≤ 0,40 darf ohne Luftporen hergestellt werden.

[11] Mit Oberflächenbehandlung.

Mehlkorngehalt

In Abhängigkeit der Expositionsklassen ergibt sich zudem der höchstzulässige Gehalt an Mehlkorn. DIN 1045-2 enthält Grenzwerte für den maximalen Mehlkorngehalt in Abhängigkeit der Druckfestigkeitsklasse (Tabelle 1.61 und Tabelle 1.62). Zwischen den Werten des Zementgehaltes darf jeweils linear interpoliert werden. Die unterschiedlichen Grenzwerte bezüglich der Umgebungsbedingungen in Tabelle 1.61 ergeben sich daraus, dass die Oberflächen von Betonbauteilen bei den Expositionsklassen XF und XM sehr stark beansprucht werden. Um ein Absanden der Oberfläche durch diese Beanspruchungen zu vermeiden, sind die Grenzwerte des maximalen Mehlkorngehaltes für diese beiden Expositionsklassen geringer als für die restlichen.

> Das **Mehlkorn** ist die Summe der festen Partikel im Frischbeton mit einer Korngröße $\leq 0{,}125$ mm (DIN EN 206). Es umfasst den Zementgehalt, den in den Gesteinskörnungen enthaltenen Kornanteil von 0 mm bis 0,125 mm und den Betonzusatzstoffgehalt (DIN 1045-2).

Tabelle 1.61:   Höchstzulässiger Mehlkorngehalt für Beton bis C50/60 und LC50/55 nach DIN 1045-2

Zementgehalt [kg/m³][1]	Höchstzulässiger Mehlkorngehalt (bis C50/60 und LC50/55) [kg/m³]		XO, XC, XD, XS, XA
	XF, XM		
	Größtkorn der Gesteinskörnung		
	8 mm	$\geq$ 16 mm	$\geq$ 8 mm
$\leq$ 300	450	400[2]	550
$\geq$ 350	500	450[2]	550

[1] Zwischenwerte sind linear zu interpolieren.
[2] Die Werte dürfen erhöht werden, wenn
  • der Zementgehalt 350 kg/m³ übersteigt, um den über 350 kg/m³ hinausgehenden Zementgehalt,
  • ein puzzolanischer Betonzusatzstoff des Typs II verwendet wird, um den Gehalt des Betonzusatzstoffes, jedoch insgesamt um höchstens 50 kg/m³.

Bei den Expositionsklassen XF und XM ergeben sich im Vergleich zu den restlichen Expositionsklassen geringere zulässige Gehalte an Mehlkorn. Dies liegt daran, dass durch Frost-Tauwechsel (XF) ebenso wie bei mechanischer Beanspruchung (XM) ein verstärktes Absanden feiner Bestandteile stattfindet. Durch die verschärfte Begrenzung des Mehlkorngehaltes wird diesem Umstand Rechenschaft getragen.

Tabelle 1.62:   Höchstzulässiger Mehlkorngehalt für Beton ab C55/67 und LC55/60
nach DIN 1045-2

Zementgehalt [kg/m³]¹⁾	Höchstzulässiger Mehlkorngehalt (ab C55/67 und LC55/60) [kg/m³]	
	X0, XC, XD, XS, XA, XF, XM	
	Größtkorn der Gesteinskörnung	
	8 mm	≥ 16 mm
≤ 400	550	500²⁾
≥ 500	650	600²⁾

¹⁾ Zwischenwerte sind linear zu interpolieren.

²⁾ Die Werte dürfen erhöht werden, wenn ein puzzolanischer Betonzusatzstoff des Typs II verwendet wird, um den Gehalt des Betonzusatzstoffes, jedoch insgesamt um höchstens 50 kg/m³.

Weitere Anforderungen an den Beton können sich aus der DAfStb-Richtlinie „Wasserundurchlässige Bauwerke aus Beton" (WU-Richtlinie) ergeben. Je nach Art des auftretenden Wassers wird das Bauteil der Beanspruchungsklasse 1 oder 2 zugeordnet (Tabelle 1.63). Eine weitere Einordnung findet in Nutzungsklassen statt (Tabelle 1.64). Dabei stellt Nutzungsklasse A die Variante für hochwertig genutzte Bauwerke dar, bei der keine Feuchtstellen auftreten dürfen. Im Gegensatz dazu wird in Nutzungsklasse B nur eine begrenzte Wasserundurchlässigkeit gefordert.

Tabelle 1.63:   Beanspruchungsklassen nach der WU-Richtline

Beanspruchungsklasse 1	Beanspruchungsklasse 2
• Drückendes Wasser: Grundwasser, Schichtenwasser, Hochwasser oder anderes Wasser, das einen hydrostatischen Druck ausübt (auch zeitlich begrenzt) • Nicht drückendes Wasser: Wasser in tropfbar flüssiger Form, das keinen oder nur einen geringen hydrostatischen Druck (Wassersäule ≤ 100 mm) ausübt • Zeitweise aufstauendes Sickerwasser: Wasser, das sich auf wenig durchlässigen Bodenschichten ohne Dränung aufstauen kann. Die Bauwerkssohle liegt mindestens 30 cm über Bemessungswasserstand	• Nicht stauendes Sickerwasser: Wasser, das bei sehr stark durchlässigen Böden (k_f ≥ 10⁻⁴ m/s) ohne Aufstau absickern kann bzw. Wasser, das bei wenig durchlässigen Böden durch dauerhaft funktionierende Dränung nach DIN 4095 abgeführt wird • Bodenfeuchte: Kapillar im Boden gebundenes Wasser

Tabelle 1.64:   Nutzungsklassen nach der WU-Richtline

Nutzungsklasse A	Nutzungsklasse B
Wasserdurchtritt in flüssiger Form nicht zulässig, auch nicht temporär an Rissen; keine Feuchtstellen auf der Oberfläche (Dunkelfärbung, Wasserperlen); Tauwasserbildung möglich • Standard für Wohnungsbau • Lagerräume mit hochwertiger Nutzung	Feuchtstellen zulässig „Dunkelfärbungen", ggf. Wasserperlen; kein Wasserdurchtritt; Tauwasserbildung möglich • Einzel-, Tiefgaragen • Installations- und Versorgungsschächte und -kanäle • Lagerräume mit geringen Anforderungen

DIN 1045-2 legt Anforderungen an Beton mit hohem Wassereindringwiderstand fest, welche in Tabelle 1.65 aufgeführt sind. Weitergehende Anforderungen wie beispielsweise Mindestbauteildicken, können sich aus der Anwendung der WU-Richtlinie in Abhängigkeit der Beanspruchungs- und Nutzungsklasse ergeben.

Tabelle 1.65:   Grenzwerte für Beton mit hohem Wassereindringwiderstand nach DIN 1045-2

	Beton mit hohem Wassereindringwiderstand	
Bauteildicke [cm]	≤ 40	> 40
Maximaler w/z$_{(äquivalent)}$-Wert	0,6	0,7
Mindestzementgehalt [kg/m³]	280	-
Mindestbindemittelgehalt [kg]	270	-
Mindestdruckfestigkeitsklasse	C25/30	-

1.7 Mischungsentwurf

Das Ziel eines Mischungsentwurfes ist die Festlegung einer Betonzusammensetzung für einen vorgesehenen Anwendungsfall. Dies umfasst die Festlegung der Ausgangsstoffe sowie deren Massenanteile im Beton. Zur Erstellung des Mischungsentwurfes ist ein Raumvolumen von 1 m³ Frischbeton zu betrachten. Die Mengenanteile der einzelnen Komponenten im Frischbeton werden über die Einheit kg/m³ erfasst und geben Auskunft darüber, welche Masse des jeweiligen Ausgangsstoffes in einem Kubikmeter Frischbeton enthalten ist.

Die Grundlage des Mischungsentwurfes sind die Zielgrößen Verarbeitbarkeit, Festigkeit und Dauerhaftigkeit des Betons. Anforderungen an die Verarbeitbarkeit ergeben sich aus der Einbausituation, die erforderliche

Festigkeit ergibt sich aus der statisch konstruktiven Berechnung am Bauteil oder infolge der Expositionsklassen, die notwendige Dauerhaftigkeit lässt sich aus der Beanspruchung des Bauteils durch äußere Einwirkungen ableiten (Expositionsklassen).

1.7.1 Vorgehen zur Erstellung eines Mischungsentwurfes

Die Erstellung eines Mischungsentwurfes erfolgt in mehreren Schritten. Die einzelnen Schritte der Vorgehensweise sind nachfolgend stichpunktartig zusammengefasst und werden im Anschluss detailliert erläutert.

- Anforderungen der Expositionsklassen
- Maßgebliche Würfeldruckfestigkeit und w/z-Wert
- Sieblinie, Körnungsziffer k, D-Summe und Wasseranspruch der Gesteinskörnung
- Zement- und Betonzusatzstoffgehalt
- Gehalt an Gesteinskörnung
- Oberflächenfeuchte der Gesteinskörnung
- Höchstzulässiger Mehlkorngehalt

1) Anforderungen der Expositionsklassen

Bauteile sind unterschiedlichsten Umgebungsbedingungen ausgesetzt. In Abhängigkeit von den Expositionen werden Betonbauteile Expositionsklassen zugeordnet, welche Anforderungen an die Betonzusammensetzung stellen (vgl. Kapitel 1.6). Wird ein Bauteil mehreren Expositionsklassen zugeordnet, so gilt für jeden Grenzwert einzeln betrachtet die strengste Anforderung aus allen relevanten Expositionsklassen. Grenzwerte in Abhängigkeit der jeweiligen Expositionsklasse ergeben sich für

- den maximalen w/z-Wert,
- die Mindestdruckfestigkeitsklasse,
- den Mindestzementgehalt und
- den Mindestzementgehalt bei Anrechnung von Zusatzstoffen.

Da bei w/z-Werten größer 0,4 physikalisch freies Wasser im Zementstein verbleibt und zur Bildung von unerwünschten Kapillarporen führt, existiert ein **maximaler w/z-Wert**. Die Kapillarporen reduzieren die Dauerhaftigkeit des Betons auf zweierlei Weise. Zum einen wird das Eindringen von Kohlenstoffdioxid und Wasser erleichtert, was eine beschleunigte Carbonatisierung zur Folge hat. Zum anderen werden schädigende

Substanzen wie beispielsweise Sulfate und Chloride schneller aufgenommen und verkürzen damit die Lebensdauer des Bauteils. Zusätzlich verringert ein hoher Gehalt an Kapillarporen den Widerstand des Betons gegen Frostangriffe, da Wasser leichter vom Werkstoff aufgenommen werden kann.

Die Einhaltung der **Mindestdruckfestigkeitsklasse** aus den Expositionsklassen ergibt sich nicht infolge statisch konstruktiver Berechnungen, sondern dient der Gewährleistung einer ausreichenden Dauerhaftigkeit von Betonbauteilen. Da die Festigkeit des Betons maßgeblich vom Porenvolumen und dem Anteil an Kapillarporen im Gefüge bestimmt wird, resultieren höhere Festigkeiten aus geringeren Anteilen an Kapillarporen. Da sich bei geringem Kapillarporengehalt die Dauerhaftigkeit des Betons erhöht, wird mit der Mindestdruckfestigkeit die Dauerhaftigkeit des Betons sichergestellt.

Ebenfalls ist ein **Mindestzementgehalt** einzuhalten. Für jede Expositionsklasse sind ein Mindestzementgehalt und ein **Mindestzementgehalt bei Anrechnung von Zusatzstoffen** gegeben. Die festgelegten Grenzwerte garantieren, dass der Beton ausreichend Bindemittel enthält, um die enthaltenen Partikel (bspw. die Gesteinskörner) fest zu verbinden. Außerdem entsteht bei der Hydratation von Zement unter anderem Calciumhydroxid ($Ca(OH)_2$), das für die Alkalität der Porenlösung und somit für die Passivierung des Bewehrungsstahls verantwortlich ist. Enthält ein Beton zu wenig Zement, so kann kein ausreichender Schutz der Bewehrung vor Korrosion gewährleistet werden. Des Weiteren ist ein Mindestgehalt an Zement notwendig, um eine ausreichend gute Verarbeitbarkeit zu erreichen.

In manchen Expositionsklassen ist zusätzlich ein **Mindestluftgehalt** im Beton gefordert. Dies kann in der Expositionsklasse XF2 und XF3 der Fall sein und muss bei XF4 in jedem Fall eingehalten werden. Dieser Anforderung kann durch die Verwendung von Luftporenbildner oder Mikrohohlkugeln Rechnung getragen werden (vgl. Kapitel 1.3.6).

2) Würfeldruckfestigkeit und w/z-Wert

Die erforderliche Druckfestigkeitsklasse entspricht entweder der statisch konstruktiv erforderlichen Druckfestigkeitsklasse oder aber der Mindestdruckfestigkeitsklasse aus der relevanten Expositionsklasse. Für das weitere Vorgehen ist stets der größere Wert relevant. Die vom Tragwerksplaner festgelegte Druckfestigkeitsklasse des Betons muss daher unter Umständen erhöht werden, falls die Mindestdruckfestigkeitsklasse der relevanten Expositionsklasse einen höheren Wert fordern. Gleiches gilt für den umgekehrten Fall, sollte die statisch-konstruktive Anforderung höher liegen als jene der Expositionsklasse. Aus der Druckfestigkeitsklasse kann die charakteristische Würfeldruckfestigkeit abgelesen werden. Ist beispielsweise ein Beton der Festigkeitsklasse C20/25 zu konzipieren, so beträgt die charakteristische Würfeldruckfestigkeit $f_{ck,cube}$ 25 N/mm² (vgl. Tabelle 1.49).

Da es sich bei der charakteristischen Würfeldruckfestigkeit nicht um einen fixen Wert, sondern um eine stochastisch verteilte Zufallsvariable handelt, legt die DIN EN 206 fest, ein sogenanntes Vorhaltemaß auf den Wert aufzuschlagen. In Abhängigkeit von den Gegebenheiten des Betonherstellers, den Ausgangsstoffen und den verfügbaren Angaben über die Robustheit der Mischungen ist ein Vorhaltemaß von 6 N/mm² bis 12 N/mm² zu verwenden (DIN EN 206). Als Kriterium für die Annahme der Erstprüfungen für Standardbeton ist ein Vorhaltemaß von 12 N/mm² festgelegt. Durch das Vorhaltemaß wird sichergestellt, dass beispielsweise Abweichungen im Verlauf der Betonproduktion oder Ungenauigkeiten der Dosieranlage im Mischwerk keine Druckfestigkeit des Betons zur Folge hat, die unter der geforderten Mindestdruckfestigkeitsklasse liegt. Die mittlere Druckfestigkeit des Betons, als Ergebnis der charakteristischen Druckfestigkeit inklusive Vorhaltemaß, ergibt sich folglich nach Formel 1.7.1.

Mittlere Betondruckfestigkeit

$$f_{cm} \ [N/mm^2] \geq f_{ck} + \text{Vorhaltemaß} \ (6 \ N/mm^2 \ \text{bis} \ 12 \ N/mm^2) \qquad (1.7.1)$$

f_{ck}:   Charakteristische Betondruckfestigkeit [N/mm²]

Zur Ermittlung des erforderlichen w/z-Wertes wird das sogenannte Walz-Diagramm verwendet (Abbildung 1.56). Dieses Diagramm gibt den Zusammenhang zwischen der Betondruckfestigkeit, der Zementdruckfestigkeit und dem w/z-Wert wieder. Auf der y-Achse ist die mittlere Druckfestigkeit eines Betonwürfels mit der Kantenlänge von 150 mm bei Lagerung von sieben Tagen im Wasserbad und 21 Tagen im Normklima ($f_{cm,dry,cube}$) dargestellt. In Abhängigkeit der Festigkeitsklasse des gewählten Zementes bzw. dessen 28-Tage-Druckfestigkeit wird die zu verwendende Kurve festgelegt. Mithilfe diesen beiden Informationen kann der w/z-Wert auf der x-Achse abgelesen werden, der erforderlich ist, um die angestrebte Betondruckfestigkeit zu erreichen. Der Grenzwert für den w/z-Wert aus den Expositionsklassen muss unabhängig davon eingehalten werden.

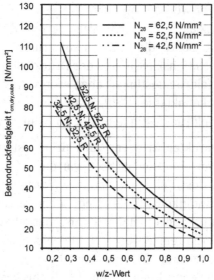

Abbildung 1.56: Walz-Diagramm

Um mit dem Walz-Diagramm den erforderlichen w/z-Wert in Abhängigkeit der benötigten Betonfestigkeit zu bestimmen, muss die Lagerung der Betonprüfkörper berücksichtigt werden. In diesem Zusammenhang kann mithilfe von Umrechnungsfaktoren von der Referenzlagerung (Wasserlagerung) auf die in Deutschland übliche Trockenlagerung (DIN EN 12390-2, nationaler Anhang) der Prüfkörper geschlossen werden, und umgekehrt. Dem Walz-Diagramm liegt dementsprechend die Betondruckfestigkeit nach Trockenlagerung zu Grunde, die eigentlichen Betondruckfestigkeitsklassen (z.B. C20/25) entsprechen jedoch den Werten der Wasserlagerung. Der Einfluss der Lagerung kann an würfelförmigen Proben nach DIN 1045-2 mithilfe der Formeln 1.7.2 und 1.7.3 berücksichtigt werden (vgl. Formeln 1.5.2 und 1.5.3 in Kapitel 1.5.1).

Normalbeton bis einschließlich C50/60: $f_{cm,dry,cube} = \dfrac{f_{cm,cube}}{0,92}$ \hfill (1.7.2)

Hochfester Normalbeton ab C55/67: $f_{cm,dry,cube} = \dfrac{f_{cm,cube}}{0,95}$ \hfill (1.7.3)

$f_{cm,cube}$: Mittlere Druckfestigkeit eines Würfels mit der Kantenlänge von 150 mm bei Lagerung von 28 Tagen im Wasserbad

$f_{cm,dry,cube}$: Mittlere Druckfestigkeit eines Würfels mit der Kantenlänge von 150 mm bei Lagerung von 7 Tagen im Wasserbad und 21 Tagen im Normklima

Die Eingangswerte für die Bestimmung des w/z-Wertes über das Walz-Diagramm sind zum einen die mittlere Druckfestigkeit des Betons an trockengelagerten Proben ($f_{cm,dry,cube}$) und zum anderen die 28-Tage-Druckfestigkeit des zu verwendenden Zementes (N_{28}).

Zementhersteller haben bezüglich der Zementfestigkeit einen zulässigen „Spielraum" von 20 N/mm² (mit Ausnahme von Zement der Festigkeitsklasse 52,5, dessen Normfestigkeit nach 28 Tagen nicht nach oben begrenzt ist). Die Grenzwerte für die Zementdruckfestigkeit ergeben sich nach Tabelle 1.9 (Kapitel 1.1.4), sodass die Zementdruckfestigkeit eines CEM 32,5 zwischen 32,5 N/mm² und 52,5 N/mm² liegen muss. Auf Basis dieses 20 N/mm² Intervalls ergibt sich, falls vom Hersteller keine abweichende Angabe des N_{28}-Wertes vorliegt, der N_{28}-Wert durch die Addition der Mindestzementdruckfestigkeit (z.B. 32,5 N/mm² für CEM 32,5) und 10 N/mm² (Formel 1.7.4). Der N_{28}-Wert beschreibt somit den Mittelwert der Zementdruckfestigkeit, berechnet aus der Mindestdruckfestigkeit und der maximal zulässigen Festigkeit für die jeweilige Zementfestigkeitsklasse.

28-Tage-Druckfestigkeit

$$N_{28} \, [N/mm^2] = \text{Mindestzementdruckfestigkeit} + 10 \, N/mm^2 \qquad (1.7.4)$$

Die drei Walz-Kurven beziehen sich auf Zemente mit 28-Tage-Druckfestigkeiten von 42,5 N/mm² (CEM 32,5), 52,5 N/mm² (CEM 42,5) und 62,5 N/mm² (CEM 52,5). Dazwischen liegende Werte können linear auf der Höhe des jeweiligen y-Achsen Wertes ($f_{cm,dry,cube}$) abgetragen und der w/z-Wert entsprechend auf der x-Achse abgelesen werden.

Der w/z-Wert, der sich aus dem Walz-Diagramm ergibt, muss anschließend auf seine Eignung innerhalb der relevanten Expositionsklassen überprüft werden. Von allen für das Bauteil maßgeblichen Expositionsklassen ist die strengste Anforderung an den maximalen w/z-Wert ausschlaggebend. Verglichen wird folglich der „kleinste" maximale w/z-Wert, der sich aus den betrachteten Expositionsklassen ergibt, mit dem aus dem Walz-Diagramm ermittelten w/z-Wert. Der niedrigere von beiden Werten wird für die Konzeption des Betons verwendet. Wird durch dieses Vorgehen ein geringerer w/z-Wert gewählt als sich aus dem Walz-Diagramm ergibt, so erreicht der Beton eine höhere Festigkeit als eigentlich erforderlich wäre. Dies ermöglicht die Verwendung eines kostengünstigeren Zementes mit einer geringeren Zementfestigkeitsklasse.

3) Sieblinie, Körnungsziffer k, D-Summe und Wasseranspruch der Gesteinskörnung

Der Wasseranspruch des Betons wird maßgeblich durch die Gesteinskörnung bestimmt, da diese den größten Teil des Betonvolumens einnimmt. Um eine gute Verarbeitbarkeit zu erreichen und im gesamten Betongefüge einen Verbund zwischen Zementstein und Gesteinskörnung gewährleisten zu können, muss die gesamte Oberfläche der Gesteinskörnung mit Wasser benetzt sein. Der Wasseranspruch hängt somit von der spezifischen Oberfläche der verwendeten Gesteinskörnung ab. Je feiner die Gesteinskörnung ist, umso größer ist deren spezifische Oberfläche und umso mehr Wasser wird benötigt, um die gesamte Oberfläche zu benetzen. Soll die Gesteinskörnung aus verschiedenen Korngruppen zu einem Korngemisch zusammengesetzt werden (bspw. 0/2, 2/4, 4/8 → 0/8), so ergeben sich die Anteile der einzelnen Korngruppen am Korngemisch aus der angestrebten Sieblinie. Als Sieblinie kann beispielsweise eine Normsieblinie nach DIN 1045-2 oder DIN EN 206 festgelegt werden. Die Ist-Sieblinie der zusammengesetzten Gesteinskörnung wird anschließend experimentell mittels eines Siebturms bestimmt. Aus den volumetrischen Siebdurchgängen bzw. Siebrückständen durch die neun Siebe (0,25-0,5-1-2-4-8-16-31,5-63 mm) kann die D-Summe bzw. die Körnungsziffer k berechnet werden (Formeln 1.7.5 und 1.7.6).

$$\text{Körnungsziffer k} = \frac{\text{Summe aller Rückstände}}{100} \qquad (1.7.5)$$

$$\text{D-Summe} = \text{Summe aller Durchgänge} \qquad (1.7.6)$$

Auf Grundlage der Körnungsziffer k bzw. der D-Summe und der zu erzielenden Konsistenzklasse (F1, F2 und F3) kann der Wasseranspruch aus dem Wasseranspruchsdiagramm (Abbildung 1.57) oder aus der zugehörigen Tabelle (Tabelle 1.66) abgelesen werden. Für diese Veranstaltung wird die Verwendung der Grafik empfohlen.

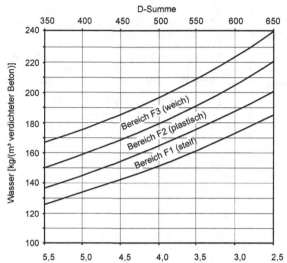

Abbildung 1.57: Wasseranspruch in Abhängigkeit von der Körnungsziffer k bzw. D-Summe und Konsistenz

Die Höhe der Konsistenzbereiche im Wasseranspruchsdiagramm deutet bereits darauf hin, dass es sich bei den abzulesenden Wassergehalten nur um grobe Richtwerte für den Erstentwurf handelt. In der Regel ist die Konsistenz im Anschluss an den Mischungsentwurf experimentell zu bestimmen und der Wassergehalt dementsprechend anzupassen. In Abhängigkeit der Korngeometrie und Saugfähigkeit der Gesteinskörnung kann der erforderliche Wassergehalt in gewissen Grenzen schwanken. Die Grafik in Abbildung 1.57 basiert auf Werten von oberflächentrockener Gesteinskörnung mit einem „normalen" Wasseranspruch. Liegt eine solche Gesteinskörnung vor, ist er in der Mitte des jeweiligen Bereichs abzulesen. Falls die Gesteinskörnung einen hohen Wasseranspruch besitzt, so sollte der Wert für die Wassermenge am oberen Rand des jeweiligen Bereiches abgelesen werden, bei einem niedrigen Wasseranspruch am unteren Rand. Darüber hinaus wird bei einer stark saugfähigen Gesteinskörnung dazu geraten, die Wasseraufnahme experimentell zu bestimmen und separat in den Mischungsentwurf einzubeziehen.

Tabelle 1.66:   Beispiele für den mittleren Wassergehalt w des Frischbetons in Abhängigkeit der Kornzusammensetzung, des Wasseranspruchs der Gesteinskörnung und der Betonkonsistenz

Gesteinskörnung		Wassergehalt w [kg/m³] bei Gesteinskörnungen mit					
Sieb-linie	Körnungs-ziffer	großem Wasseranspruch			geringem Wasseranspruch		
		F1	F2	F3	F1	F2	F3
A63	6,15	120 ± 15	145 ± 10	160 ± 10	95 ± 15	125 ± 10	140 ± 10
A32	5,48	130 ± 15	155 ± 10	175 ± 10	105 ± 15	135 ± 10	150 ± 10
A16	4,60	140 ± 20	170 ± 15	190 ± 10	120 ± 20	155 ± 15	175 ± 10
A8	3,63	155 ± 20	190 ± 15	210 ± 10	150 ± 20	185 ± 15	205 ± 10
B63	4,92	135 ± 15	160 ± 10	180 ± 10	115 ± 15	145 ± 10	165 ± 10
B32	4,20	140 ± 20	175 ± 15	195 ± 10	130 ± 20	165 ± 15	185 ± 10
B16	3,66	150 ± 20	185 ± 15	205 ± 10	140 ± 20	180 ± 15	200 ± 10
B8	2,90	175 ± 20	205 ± 15	225 ± 10	170 ± 20	200 ± 15	220 ± 10
C63	3,73	145 ± 20	180 ± 15	200 ± 10	135 ± 20	175 ± 15	190 ± 10
C32	3,30	165 ± 20	200 ± 15	220 ± 10	160 ± 20	195 ± 15	215 ± 10
C16	2,75	185 ± 20	215 ± 15	235 ± 10	175 ± 20	205 ± 15	225 ± 10
C8	2,27	200 ± 20	230 ± 15	250 ± 10	185 ± 20	215 ± 15	235 ± 10

4) Zement- und Betonzusatzstoffgehalt

Sollen keine Betonzusatzstoffe verwendet werden, so kann über den w/z-Wert und den Wasseranspruch des Betons der erforderliche Gehalt an Zement bestimmt werden (Formel 1.7.7).

$$\text{Zementgehalt z } [kg/m^3] = \frac{\text{Wasseranspruch } [kg/m^3]}{\text{w/z}-\text{Wert } [-]} \qquad (1.7.7)$$

Sollen Betonzusatzstoffe eingesetzt und auf den Zementgehalt angerechnet werden, erfolgt die Ermittlung der jeweiligen Mengen im Frischbeton über den k-Wert-Ansatz (vgl. Kapitel 1.3.1). Die Anrechnung auf den Zementgehalt darf in Deutschland nach derzeitigem Normenstand durch Flugasche und Silicastaub getrennt voneinander sowie kombiniert erfolgen (DIN EN 206). Eine Anrechnung von Hüttensandmehl ist nach der Verwaltungsvorschrift Technische Baubestimmungen (VV TB) analog zur Flugasche möglich. In Abbildung 1.58 in Verbindung mit Tabelle 1.67 (bzw. Tabelle 1.34 in Kapitel 1.3.1) sind alle notwendigen Informationen für die Anrechnung der Betonzusatzstoffe zusammengefasst.

Abbildung 1.58 beschränkt sich auf die Verwendung von Flugasche und Silicastaub, das gleiche Vorgehen ist jedoch analog auch für Hüttensand anzuwenden. Die relevante Spalte der Tabelle ergibt sich daraus, welcher Zusatzstoff bzw. welche Zusatzstoffkombination (Flugasche und Silicastaub) verwendet wird. Das allgemeine Vorgehen zur Ermittlung der Gehalte an Zement und Betonzusatzstoffen beim Betonentwurf gliedert sich wie folgt:

- Prüfung, ob der Einsatz des Betonzusatzstoffes mit der verwendeten Zementart zulässig ist
- Festlegen der zu verwendenden Menge an Betonzusatzstoff(en), ausgedrückt als prozentualer Anteil der Zementmasse
- Prüfung, ob der maximal zulässige Gehalt an Betonzusatzstoff(en) eingehalten ist
- Prüfung, ob der gesamte Gehalt an Betonzusatzstoff(en) angerechnet werden darf
- Gleichsetzen des w/z-Wertes (aus Walz Diagramm oder Anforderung der Expositionsklasse) mit dem äquivalenten w/z-Wert
- Ermittlung des Gehalts an Zement und Betonzusatzstoff(en) über den äquivalenten w/z-Wert
- Prüfung, ob der aus der maßgeblichen Expositionsklasse geforderte Mindestzementgehalt und der Mindestzementgehalt bei Anrechnung von Zusatzstoffen eingehalten sind.

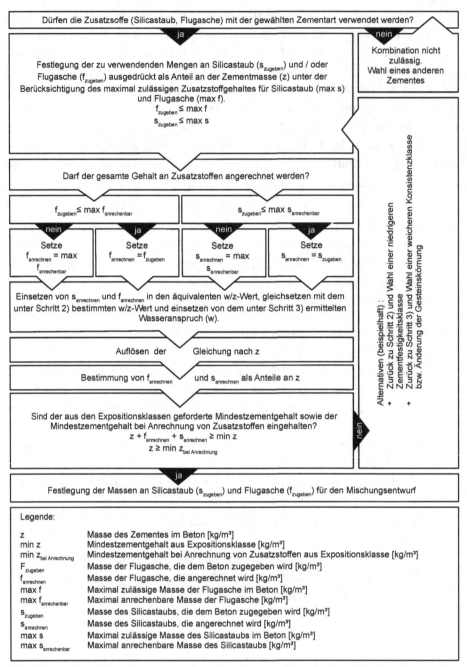

Abbildung 1.58: Flussdiagramm zum k-Wert-Ansatz (Flugasche und Silicastaub)

Tabelle 1.67:   k-Wert-Ansatz für Flugasche, Silicastaub und Hüttensandmehl nach DIN EN 206 bzw. DIN 1045-2 und der Verwaltungsvorschrift Technische Baubestimmungen (Hüttensand)

Flugasche	Silicastaub	Flugasche und Silicastaub	Hüttensandmehl
k-Wert			
$0,4^{1)}$	1,0	-	$0,4^{2)}$
Maximaler Betonzusatzstoffgehalt			
Zemente mit D: max f = 0,15 z	max s = 0,11 z	max s = 0,11 z max f = 0,66 z–3,0 $s^{3)}$ max f = 0,45 z – 3,0 $s^{4)}$	Zemente mit D: max h = 0,15 z
Äquivalenter w/z-Wert			
w/(z + 0,4 f)	w/(z + 1,0 s)	$w/(z+0,4f+1,0s)^{5)}$	$w/(z + 0,4 h)^{6)}$
Maximal anrechenbare Betonzusatzstoffmenge			
Zemente ohne P, V, D: max f = 0,33 z Zemente mit P od. V ohne D: max f = 0,25 z Zemente mit D: max f = 0,15 z	max s = 0,11 z	max f = 0,33 z max s = 0,11 z	Zemente ohne P, V, D: max h = 0,33 z Zemente mit P od. V ohne D: max h = 0,25 z Zemente nur mit D: max h = 0,15 z
Mindestzementgehalt$^{7)}$ bei Anrechnung von Betonzusatzstoffen nach Tabelle 1.60			
z + f ≥ min z z ≥ min z bei Anrechnung	z + s ≥ min z z ≥ min z bei Anrechnung	z + f + s ≥ min z z ≥ min z bei Anrechnung	z + h ≥ min z z ≥ min z bei Anrechnung
Zulässige Zementarten$^{8)}$ (vgl. Tabelle 1.8)			
CEM I	CEM I	CEM I	CEM I
CEM II/A-D	CEM II/A-S	CEM II/A-S	CEM II/A-D
CEM II/A-S	CEM II/B-S	CEM II/B-S	CEM II/A-S
CEM II/B-S	CEM II/A-P	CEM II/A-T	CEM II/B-S
CEM II/A-T	CEM II/B-P	CEM II/B-T	CEM II/A-T
CEM II/B-T	CEM II/A-V	CEM II/A-LL	CEM II/B-T
CEM II/A-LL	CEM II/A-T	CEM II/A-M (S-T,S-LL,T-LL)	CEM II/A-LL
CEM II/A-P	CEM II/B-T	CEM II/B-M (S-T)	CEM II/A-P
CEM II/A-V$^{9)}$	CEM II/A-LL	CEM III/A	CEM II/A-V
CEM II/A-M (S,D,P,V,T,LL)	CEM II/A-M (S,P,V,T,LL)		CEM II/A-M (S,D,P,V,T,LL)
CEM II/B-M (S-D,S-T,D-T)	CEM II/B-M (S-T,S-V)		CEM II/B-M (S-D,S-T,D-T)
CEM III/A$^{9)}$	CEM III/A		CEM III/A$^{9)}$
CEM III/B mit max. 70 M.-% Hüttensand$^{9)}$	CEM III/B		CEM III/B mit max. 70 M.-% Hüttensand$^{9)}$

[1] Für Unterwasserbeton gilt k = 0,7.

[2] Die Verwaltungsvorschrift Technische Baubestimmungen sieht für die Anrechnung von Hüttensand in Deutschland den gleichen k-Wert-Ansatz vor wie für Flugasche.

[3] Gilt für CEM I.

[4] Gilt für CEM II/A-S, CEM II/B-S, CEM II/A-T, CEM II/B-T, CEM II/A-LL, CEM II/A-M (S-T,S-LL,T-LL), CEM II/B-M (S-T), CEM III/A.

[5] Für alle Expositionsklassen außer XF2 und XF4 darf anstelle des w/z nach Tabelle 30 (w/z) äquivalent verwendet werden.

[6] Gilt nicht für Expositionsklassen XF2 und XF4.

[7] Gilt bei Silicastaub sowie Flugasche und Silicastaub für alle Expositionsklassen außer XF2 und XF4.

[8] Für andere Zemente kann die Anwendung von Flugasche und Hüttensandmehl im Rahmen einer bauaufsichtlichen Zulassung geregelt werden.

[9] Bezüglich Expositionsklasse XF4 andere Regelung.

5) Gehalt an Gesteinskörnung

Der Gehalt an Gesteinskörnung im Frischbeton erfolgt über die Stoffraumrechnung. Zum jetzigen Zeitpunkt des Mischungsentwurfes wurden die Massen an Zement, Wasser und Betonzusatzstoffen bestimmt. Zu diesen wird ein Luftgehalt von etwa ein bis zwei Volumenprozent hinzugefügt, was einer bei Normalbeton üblichen Größenordnung des Luftporengehaltes nach dem Verdichten entspricht. Auf einen Kubikmeter bezogen ergibt sich dadurch bei einem Luftporengehalt von zwei Prozent ein tatsächliches Volumen an Luftporen von 20 dm³/m³. Das Volumen der Gesteinskörnung ergibt sich als Differenz aus dem zu erstellenden Kubikmeter Frischbeton (1000 dm³/m³) und dem Volumen, welches von den zuvor genannten Ausgangsstoffen und den Luftporen eingenommen wird (Formel 1.7.8). An dieser Stelle können zudem Betonzusatzstoffe berücksichtigt werden, die nicht wie unter Schritt 4) auf den Zementgehalt angerechnet werden dürfen (z.B. Füller, Pigmente, Fasern). Ihre volumetrischen Anteile fließen in die Stoffraumgleichung mit ein.

Volumen der Gesteinskörnung:

$$V_g \ [dm^3/m^3] = V_{Beton} - \left(\frac{z}{\rho_z} + \frac{w}{\rho_w} + \frac{f}{\rho_f} + \frac{s}{\rho_s} + \frac{k}{\rho_k} + L \right) \qquad (1.7.8)$$

V_{Beton}:   Betrachtetes Betonvolumen (= 1000 dm³/m³)
z: Gehalt an Zement in einem Kubikmeter Frischbeton [kg/m³]
w: Gehalt an Wasser in einem Kubikmeter Frischbeton [kg/m³]
f: Gehalt an Flugasche in einem Kubikmeter Frischbeton [kg/m³]
s: Gehalt an Silicastaub in einem Kubikmeter Frischbeton [kg/m³]
k: Gehalt an weiteren Zusatzstoffen in einem Kubikmeter Frischbeton [kg/m³]
L: Gehalt an Luftporen in einem Kubikmeter Frischbeton [dm³/m³]
ρ: Rohdichte des jeweiligen Ausgangsstoffes [kg/dm³]

Wenn die Anteile und Dichten der einzelnen Korngruppen bekannt sind, dann können deren anteilige Mengen im Betonvolumen über Formel 1.7.9 bestimmt werden.

Gehalt der Korngruppe i/j:

$$g_{i/j} \ [kg/m^3] = V_g \cdot A_{i/j} \cdot \rho_{i/j} \qquad (1.7.9)$$

V_g: Volumen der gesamten Gesteinskörnung [dm³/m³]
$g_{i/j}$:   Gehalt der Korngruppe i/j [kg/m³]
$A_{i/j}$:   Volumetrischer Anteil der Korngruppe i/j an der Gesteinskörnung [-]
$\rho_{i/j}$:   Rohdichte der Korngruppe i/j [kg/dm³]

6) Oberflächenfeuchte der Gesteinskörnung

Ist die Gesteinskörnung oberflächenfeucht, so steht dem Beton mehr Wasser zur Verfügung als dieser benötigt, da der mit dem Wasseranspruchsdiagramm ermittelte Wassergehalt für oberflächentrockene Gesteinskörnung gilt. Aus diesem Grund muss das Zugabewasser, welches über das Wasseranspruchsdiagramm ermittelt wird, reduziert werden. Da sich dies auf die Stoffraumrechnung auswirkt, muss ebenfalls der Gehalt an Gesteinskörnung neu berechnet werden. Dies erfolgt in der Regel in zwei Iterationsschritten.

Zunächst wird für jede Korngruppe in Abhängigkeit der jeweiligen Oberflächenfeuchte eine angepasste Menge bestimmt. Der ursprünglich berechnete Gehalt der Korngruppe wird prozentual um den Gehalt der darin enthaltenen Feuchte erhöht (Formel 1.7.10).

Angepasster Gehalt der Korngruppe i/j nach der ersten Iteration:

$$g_{i/j}' \ [kg/m^3] = g_{i/j} \cdot (1 + w_{i/j}) \qquad\qquad (1.7.10)$$

$g_{i/j}$:   Gehalt der Korngruppe i/j [kg/m³]
$w_{i/j}$:   Prozentualer Gehalt an Wasser in der Gesteinskörnung [-]

Im selben Iterationsschritt wird der ursprünglich ermittelte Gehalt an Wasser im Frischbeton um den Gehalt an Wasser in der gesamten Gesteinskörnung reduziert. Der neue Wassergehalt nach der ersten Iteration ergibt sich nach Formel 1.7.11.

Angepasster Wassergehalt nach der ersten Iteration:

$$w' \ [kg/m^3] = w - \sum (g_{i/j} \cdot w_{i/j}) \qquad\qquad (1.7.11)$$

w: Ursprünglich ermittelter Wassergehalt in einem m³ Frischbeton [kg/m³]
$g_{i/j}$:   Gehalt der Korngruppe i/j [kg/m³]
$w_{i/j}$:   Prozentualer Gehalt an Wasser in der Gesteinskörnung [-]
$\sum$:   Summiert wird über alle Korngruppen

Ein weiterer Iterationsschritt ist notwendig, da mit den neu berechneten Massen an Zugabewasser und Gesteinskörnung die gleiche Situation gegeben ist wie zuvor. Auch die neu berechnete Masse an Gesteinskörnung besitzt wiederum einen Feuchtegehalt, welcher wie bereits zuvor bei der tatsächlichen Masse an Zugabewasser und Gesteinskörnung berücksichtigt werden muss. Da jedoch mit fortschreitender Iteration die unterschiedlichen Massen deutlich geringer werden, genügen meist zwei Iterationsschritte.

In der zweiten Iteration wird der Feuchtegehalt des Teils der Gesteinskörnung angepasst, der von dem ursprünglichen zu dem in der ersten Iteration ermittelten Gehalt der jeweiligen Korngruppe hinzugefügt wurde. Der Wassergehalt, welcher sich in diesem zusätzlichen Gehalt an Gesteinskörnung befindet, wird zu dem in der ersten Iteration ermittelten Gehalt an Gesteinskörnung für jede Korngruppe einzeln addiert (Formel 1.7.12). Auch der Wassergehalt wird entsprechend analog zur ersten Iteration angepasst (Formel 1.7.13).

Angepasster Gehalt der Korngruppe i/j nach der zweiten Iteration:

$$g_{i/j}{''} \ [kg/m^3] = g_{i/j}{'} + (g_{i/j}{'} - g_{i/j}) \cdot w_{i/j} \qquad (1.7.12)$$

$g_{i/j}$:   Gehalt der Korngruppe i/j [kg/m³]
$g_{i/j}{'}$:   Angepasster Gehalt der Korngruppe i/j nach der ersten Iteration [kg/m³]
$w_{i/j}$:   Prozentualer Gehalt an Wasser in der Gesteinskörnung [-]
$w_{i/j}{'}$:   Angepasster prozent. Gehalt an Wasser in der Gesteinskörnung nach der ersten Iteration [-]

Angepasster Wassergehalt nach der zweiten Iteration:

$$w{''} \ [kg/m^3] = w - \sum (g_{i/j}{'} \cdot w_{i/j}) \qquad (1.7.13)$$

w: Ursprünglich ermittelter Wassergehalt in einem Kubikmeter Frischbeton [kg/m³]
$g_{i/j}$:   Gehalt der Korngruppe i/j [kg/m³]
$g_{i/j}{'}$:   Angepasster Gehalt der Korngruppe i/j nach der ersten Iteration [kg/m³]
$w_{i/j}$:   Prozentualer Gehalt an Wasser in der Gesteinskörnung [-]
$w_{i/j}{'}$:   Angepasster prozent. Gehalt an Wasser in der Gesteinskörnung nach der ersten Iteration [-]
$\sum$:   Summiert wird über alle Korngruppen

7) Höchstzulässiger Mehlkorngehalt

Unter dem Begriff Mehlkorn werden alle Anteile des Frischbetons zusammengefasst, die kleiner gleich 0,125 mm sind. Diese Definition schließt in der Regel den Zement, Betonzusatzstoffe und die feinen Anteile der Gesteinskörnung ($\leq$ 0,125 mm) ein. Tabelle 1.68 und Tabelle 1.69 (bzw. Tabelle 1.61 und Tabelle 1.62 in Kapitel 1.6, Mehlkorngehalt) geben Grenzwerte für den maximal zulässigen Mehlkorngehalt an, deren Einhaltung im Mischungsentwurf zu überprüfen ist.

Tabelle 1.68:   Höchstzulässiger Mehlkorngehalt für Beton bis C50/60 und LC50/55
                nach DIN 1045-2

Zementgehalt [kg/m³][1)]	Höchstzulässiger Mehlkorngehalt (bis C50/60 und LC50/55) [kg/m³]		
	XF, XM		X0, XC, XD, XS, XA
	Größtkorn der Gesteinskörnung		
	8 mm	≥ 16 mm	≥ 8 mm
≤ 300	450	400[2)]	550
≥ 350	500	450[2)]	550

[1)] Zwischenwerte sind linear zu interpolieren.
[2)] Die Werte dürfen erhöht werden, wenn
• der Zementgehalt 350 kg/m³ übersteigt, um den über 350 kg/m³ hinausgehenden
  Zementgehalt,
• ein puzzolanischer Betonzusatzstoff des Typs II verwendet wird, um den Gehalt des
  Betonzusatzstoffes, jedoch insgesamt um höchstens 50 kg/m³.

Tabelle 1.69:   Höchstzulässiger Mehlkorngehalt für Beton ab C55/67 und LC55/60
                nach DIN 1045-2

Zementgehalt [kg/m³][1)]	Höchstzulässiger Mehlkorngehalt (ab C55/67 und LC55/60) [kg/m³]	
	X0, XC, XD, XS, XA, XF, XM	
	Größtkorn der Gesteinskörnung	
	8 mm	≥ 16 mm
≤ 400	550	500[2)]
≥ 500	650	600[2)]

[1)] Zwischenwerte sind linear zu interpolieren.
[2)] Die Werte dürfen erhöht werden, wenn ein puzzolanischer Betonzusatzstoff des Typs II
verwendet wird, um den Gehalt des Betonzusatzstoffes, jedoch insgesamt um höchstens
50 kg/m³.

Hierfür werden die Massen der genannten Bestandteile addiert und mit dem
relevanten Grenzwert verglichen (Formel 1.7.14). Um den maximal
zulässigen Mehlkorngehalt zu ermitteln, ist eine besondere Beachtung der
Fußnoten erforderlich. Wenn der Zementgehalt (z) größer als 350 kg/m³ ist,
dann darf der angegebene höchstzulässige Gehalt um den über 350 kg/m³
hinausgehenden Gehalt erhöht werden. Wird ein puzzolanischer Zusatzstoff
des Typs II verwendet, darf der höchstzulässige Mehlkorngehalt um dessen
Gehalt erhöht werden. Insgesamt dürfen die Tabellenwerte jedoch nur um
maximal 50 kg/m³ angehoben werden. An dieser Stelle sei anzumerken, dass
die Erhöhung der Werte nicht in allen Spalten der Tabelle möglich ist. Dies
ist im Einzelfall individuell zu überprüfen.

$$\text{Mehlkorn}_{\text{vorhanden}} \ [\text{kg/m}^3] \tag{1.7.14}$$
$$= z + f + s + g_{\leq 0,125\,\text{mm}} + k_{\leq 0,125\,\text{mm}} \leq \text{Mehlkorn}_{\text{zulässig}}$$

z: Gehalt an Zement in einem Kubikmeter Frischbeton [kg/m³]

f: Gehalt an Flugasche in einem Kubikmeter Frischbeton [kg/m³]

s: Gehalt an Silicastaub in einem Kubikmeter Frischbeton [kg/m³]

$k_{\leq 0,125\,\text{mm}}$:   Gehalt an weiteren Zusatzstoffen in einem Kubikmeter Frischbeton, welcher $\leq 0,125$ mm ist [kg/m³]

$g_{\leq 0,125\,\text{mm}}$:   Gehalt der Gesteinskörnung, welcher $\leq 0,125$ mm ist [kg/m³]

$\text{Mehlkorn}_{\text{zulässig}}$:   Maximal zulässiger Gehalt an Mehlkorn nach Tabelle 1.61 bzw. Tabelle 1.62 [kg/m³]

1.7.2 Beispiel eines Mischungsentwurfs

Für den Bau einer neuen Kläranlage erhalten Sie als lokal ansässiger Transportbetonhersteller den Auftrag, einen Mischungsentwurf für den Beton eines Klärbeckens zu erstellen.

Die statisch-konstruktiv erforderliche Festigkeitsklasse beträgt C40/50 und als Konsistenzklasse wird F3 (= weich) gefordert. Die Sieblinie der Gesteinskörnung soll der Normsieblinie B16 entsprechen. Es wird angenommen, dass die Korngruppe 0/2 einen Mehlkornanteil von drei Massenprozent enthält und die übrigen Korngruppen frei von Mehlkorn sind. Um ein möglichst dichtes und festes Gefüge des Betons zu erreichen, welches einen hohen Widerstand gegen das stark angreifende Abwasser aufweist, sollen Silicastaub und Flugasche in Kombination eingesetzt werden. Die Menge an Silicastaub setzen Sie auf fünf Prozent der Zementmasse fest. Darüber hinaus möchten Sie den maximal zulässigen Gehalt an Flugasche realisieren. Zur Berechnung der erforderlichen Würfeldruckfestigkeit soll für das Vorhaltemaß der nach DIN EN 206 kleinstzulässige Wert verwendet werden. Gehen Sie zudem von der in Deutschland üblichen Lagerung der Probekörper aus.

Als Ausgangsstoffe stehen Ihnen die folgenden Stoffe zur Verfügung. Zusatzmittel sollen nicht verwendet werden.

Zement (z):	CEM II/A-S 52,5 R	ρ_z	= 3,15 kg/dm³
	$N_{28} = 62,5$ N/mm²		
Gesteinsk. (g):	Mit großem Wasseranspruch		
Quarzsand	Korngruppe 0/2, ofengetrocknet	$\rho_{0/2}$	= 2,65 kg/dm³
Quarzkies	Korngruppe 2/8, (1 M.-% Oberfl-f.)	$\rho_{2/8}$	= 2,60 kg/dm³
	Korngruppe 8/16, ofengetrocknet	$\rho_{8/16}$	= 2,63 kg/dm³
Zusatzstoffe:	Flugasche (f)	ρ_f	= 2,30 kg/dm³
	Silicastaub (s)	ρ_s	= 2,20 kg/dm³
Wasser (w)		ρ_w	= 1,00 kg/dm³

1) Anforderungen der Expositionsklassen

Das Becken einer Kläranlage ist ein Außenbauteil mit direkter Beregnung. Die Umgebungsbedingungen sind wechselnd nass und trocken, sodass das Bauteil der Expositionsklasse XC4 zuzuordnen ist. Zudem fällt das Becken als offener Wasserbehälter in die Expositionsklasse XF3, wenn eine hohe Wassersättigung ohne Verwendung von Taumitteln zu erwarten ist. Die Umgebungsbedingungen von Behältern in Kläranlagen sind zudem als chemisch schwach angreifende Umgebung der Klasse XA1 deklariert. Die Grenzwerte der Expositionsklassen XC4, XF3 und XA1 sind Tabelle 1.70 zu entnehmen. Die maßgebenden Anforderungen (letzte Spalte in Tabelle 1.70) ergeben sich jeweils aus der strengsten Expositionsklasse. Im vorliegenden Mischungsentwurf ist keine Verwendung von Luftporenbildner vorgesehen, sodass die Zeile der Tabelle 1.70 ohne einer Anforderung an den Mindestluftgehalt maßgebend ist. Die relevante Mindestdruckfestigkeitsklasse stammt aus der statisch-konstruktiven Berechnung.

Tabelle 1.70:   Anforderungen aus den Expositionsklassen

	XC4	XF3	XA1	Maß-gebend
Maximaler w/z-Wert	0,6	0,5	0,6	0,5
Mindestdruckfestig-keitsklasse	C 25/30	C 35/45	C 25/30	C 40/50*
Mindestzementgehalt [kg/m³]	280	320	280	320
Mindestzementgehalt bei Anrechnung von Zusatzstoffen [kg/m³]	270	270	270	270
Mindestluftgehalt [Vol.-%]	-	0	-	0

* Die Mindestdruckfestigkeitsklasse ergibt sich aus der statisch-konstruktiven Berechnung.

2) Würfeldruckfestigkeit und w/z-Wert

Die mittlere Betondruckfestigkeit (f_{cm}) ergibt sich aus der notwendigen charakteristischen Druckfestigkeit und einem Vorhaltemaß von 6 N/mm² (kleinster Wert des zulässigen Bereichs gefordert, daher 6 N/mm²). Sie ergibt sich zu 56 N/mm². Um den Lagerungseinfluss zu berücksichtigen, muss zudem der berechnete Wert einer Lagerung im Trockenen angepasst werden. Da ein Normalbeton bis einschließlich C50/60 zu konzipieren ist, erfolgt die Korrektur mit dem Faktor 0,92.

$$f_{cm} \geq f_{ck} + 6 \text{ N/mm}^2 = 50 \text{ N/mm}^2 + 6 \text{ N/mm}^2 = 56 \text{ N/mm}^2$$

$$f_{cm,dry,cube} = \frac{f_{cm,cube}}{0,92} = \frac{56 \text{ N/mm}^2}{0,92} = 60,87 \text{ N/mm}^2$$

Mithilfe dieses Wertes und der gegebenen Information einer 28-Tage-Druckfestigkeit des Zementes von 62,5 N/mm² kann der erforderliche w/z-Wert aus dem Walz-Diagramm abgelesen werden. Er ergibt sich zu 0,5 (Abbildung 1.59). In diesem besonderen Fall deckt sich der aus dem Walz-Diagramm ermittelte Wert mit dem maßgebenden w/z-Wert aus den Expositionsklassen (XF3). Sollten sich diese beiden Werte jedoch unterscheiden, wird der niedrigere w/z-Wert verwendet.

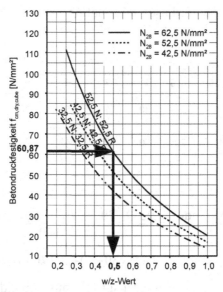

Abbildung 1.59: Ermittelter w/z-Wert

3) Sieblinie, Körnungsziffer k, D-Summe und Wasseranspruch der Gesteinskörnung

Die Sieblinie der Gesteinskörnung soll mit den zur Verfügung stehenden Korngruppen der Normsieblinie B16 angenähert werden. Die Durchgänge und Rückstände der Normsieblinie B16 sind Tabelle 1.71 zu entnehmen.

Tabelle 1.71:   Kornzusammensetzung der Normsieblinie B16

Siebweite [mm]	0,25	0,5	1	2	4	8	16	31,5	63
Durchgänge [V.-%]	8	20	32	42	56	76	100	100	100
Rückstände [V.-%]	92	80	68	58	44	24	0	0	0

Für die Korngruppe 0/2 ergibt dies ein Anteil an der Gesteinskörnung von 42 Vol.-% (Wert bei Siebweite 2 mm), für die Korngruppe 2/8 von 34 Vol.-% (76 Vol.-% – 42 Vol.-%) und für 8/16 von 24 Vol.-% (100 Vol.-% – 76 Vol.-%). Nachdem die zur Verfügung stehenden drei Kornfraktionen 0/2, 2/8 und 8/16 mit den Anteilen 42 %, 34 % und 24 % zu einer gemeinsamen Sieblinie zusammengeführt wurden, ergab die daran anschließende Siebung einer Probe die in Tabelle 1.72 aufgeführte Ist-Sieblinie der zu verwendenden

Gesteinskörnung. Mithilfe dieser Information kann die Körnungsziffer k und die D-Summe berechnet werden.

Tabelle 1.72:   Ist-Siebanalyse

Siebweite [mm]	0,25	0,5	1	2	4	8	16	31,5	63
Durchgänge [V.-%]	7	21	30	40	58	76	100	100	100
Rückstände [V.-%]	93	79	70	60	42	24	0	0	0

Körnungsziffer k

$$= \frac{\text{Summe aller Rückstände}}{100} = \frac{93 + 79 + 70 + 60 + 42 + 24}{100} = 3,68$$

$$\text{D-Summe} = \sum \text{Durchgänge} = 7+21+30+40+58+76+100+100+100 = 532$$

Im Anschluss kann der Wasseranspruch aus Abbildung 1.60 abgelesen werden.

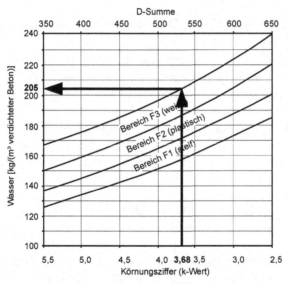

Abbildung 1.60:   Bestimmung des Wasseranspruchs

Die Konsistenz des Betons soll F3 betragen. Da die Gesteinskörnung einen hohen Wasseranspruch besitzt, ist der obere Teil des Bereiches von F3 relevant. Der Wasseranspruch w ergibt sich dadurch zu 205 kg/m³. Alternativ kann der Wasseranspruch direkt aus Tabelle 1.66 abgelesen werden.

4) Zement- und Betonzusatzstoffgehalt

Da sowohl Flugasche als auch Silicastaub verwendet werden soll, ist die dritte Spalte der Tabelle für den k-Wert-Ansatz aus DIN EN 206 bzw. DIN 1045-2 heranzuziehen (vgl. Tabelle 1.34 bzw. Tabelle 1.67). Zunächst muss überprüft werden, ob die beiden Stoffe in Kombination mit dem zu verwendenden Zement (CEM II/A-S 52,5 R) eingesetzt werden dürfen. Da der Zement als zulässige Zementart gelistet ist, dürfen beide Betonzusatzstoffe eingesetzt werden. Fünf Prozent des Zementes soll durch Silicastaub ersetzt werden. Zu prüfen ist daher, ob der geplante Gehalt möglich ist und wenn ja, ob der gesamte Gehalt auf den äquivalenten w/z-Wert angerechnet werden darf. Der maximal zulässige und der maximal anrechenbare Gehalt an Silicastaub betragen elf Massenprozent des Zementes und liegen damit deutlich über dem geplanten Gehalt.

$$\max s = 0,11\,z \geq 0,05\,z = s_{geplant}$$

$$\max s_{anrechenbar} = 0,11\,z \geq 0,05\,z = s_{geplant}$$

Zudem soll der maximal mögliche Gehalt an Flugasche eingesetzt werden. Dieser ist mithilfe der Gleichungen aus Tabelle 1.67 zu bestimmen.

Der maximal zulässige Gehalt an Flugasche bei gleichzeitiger Verwendung von Silicastaub ergibt sich unter Berücksichtigung der Zementart sowie des Silicastaub Gehaltes von 5 % zu 30 M.-% des Zementgehaltes.

$$\max f = 0,45\,z - 3,0\,s = 0,45\,z - 3,0 \cdot 0,05\,z = 0,3\,z$$

Maximal anrechenbar sind 33 M.-% Flugasche, sodass der geplante Wert von 30 M.-% voll auf den äquivalenten w/z-Wert angerechnet werden darf.

$$\max f_{anrechenbar} = 0,33\,z \geq 0,3\,z = f$$

Der äquivalente w/z-Wert berechnet sich über den k-Wert-Ansatz. Eingesetzt werden die Mengen an Flugasche und Silicastaub jeweils als Massenanteile des Zementes. Der äquivalente w/z-Wert entspricht dem zuvor ermittelten w/z-Wert von 0,5. Mit dem bereits ermittelten Wassergehalt des Betons (w = 205 kg/m³) aus Schritt 3) kann der Zementgehalt berechnet werden. Er ergibt sich zu 350,43 kg/m³.

$$\left(\frac{w}{z}\right)_{eq} = 0,5 = \frac{w}{z+0,4+1,0\,s} = \frac{w}{z+0,4\cdot0,3\,z+1,0\cdot0,05\,z}$$

$$= \frac{w}{1,17\,z} = \frac{205\ \text{kg/m}^3}{1,17\,z} = 350,43\,\text{kg/m}^3$$

Der Mindestzementgehalt von 270 kg/m³ bei Anrechnung von Zusatzstoffen (siehe Tabelle 1.70) wird folglich eingehalten. Durch Rückrechnung über den Zementgehalt ergeben sich der Gehalt an Flugasche zu 105,13 kg/m³ und von Silicastaub zu 17,52 kg/m³.

$$s = 0{,}05z = 17{,}52 \ \text{kg/m}^3$$

$$f = 0{,}3z = 105{,}13 \ \text{kg/m}^3$$

5) Gehalt an Gesteinskörnung

Der Gehalt an Gesteinskörnung wird mithilfe der Stoffraumgleichung berechnet. Das Volumen der Gesteinskörnung (V_g) ergibt sich aus den Anteilen der Ausgangsstoffe und deren Dichten. Der Gehalt an Luftporen wird mit 1,5 Vol.-% angenommen.

$$V_g = 1000 \ \text{dm}^3/\text{m}^3 - \left(\frac{z}{\rho_z} + \frac{w}{\rho_w} + \frac{f}{\rho_f} + \frac{s}{\rho_s} + L \right)$$

$$V_g = 1000 \frac{\text{dm}^3}{\text{m}^3} - \left(\frac{350{,}43 \frac{\text{kg}}{\text{m}^3}}{3{,}15 \frac{\text{kg}}{\text{dm}^3}} + \frac{205 \frac{\text{kg}}{\text{m}^3}}{1{,}00 \frac{\text{kg}}{\text{dm}^3}} + \frac{105{,}13 \frac{\text{kg}}{\text{m}^3}}{2{,}30 \frac{\text{kg}}{\text{dm}^3}} + \frac{17{,}52 \frac{\text{kg}}{\text{m}^3}}{2{,}20 \frac{\text{kg}}{\text{dm}^3}} + 15 \frac{\text{dm}^3}{\text{m}^3} \right)$$

$$= 615{,}08 \ \text{dm}^3/\text{m}^3$$

Das Volumen der Gesteinskörnung in einem Kubikmeter Frischbeton lässt sich folglich zu 615,08 dm³/m³ ermitteln. Da die verschiedenen Korngruppen jeweils unterschiedliche Dichten aufweisen, findet eine Ermittlung der Massen getrennt nach den Korngruppen unter Berücksichtigung des jeweiligen Anteils an der Gesteinskörnung statt. Die Massen ergeben sich für die zu verwendenden Korngruppen wie folgt.

$$g_{0/2} = g \cdot A_{0/2} \cdot \rho_{0/2} = 615{,}08 \ \text{dm}^3/\text{m}^3 \cdot 0{,}42 \cdot 2{,}65 \ \text{kg/dm}^3 = 684{,}58 \ \text{kg/m}^3$$

$$g_{2/8} = g \cdot A_{2/8} \cdot \rho_{2/8} = 615{,}08 \ \text{dm}^3/\text{m}^3 \cdot 0{,}34 \cdot 2{,}60 \ \text{kg/dm}^3 = 543{,}73 \ \text{kg/m}^3$$

$$g_{8/16} = g \cdot A_{8/16} \cdot \rho_{8/16} = 615{,}08 \ \text{dm}^3/\text{m}^3 \cdot 0{,}24 \cdot 2{,}63 \ \text{kg/dm}^3 = 388{,}24 \ \text{kg/m}^3$$

6) Oberflächenfeuchte der Gesteinskörnung

Die Korngruppe 2/8 weist einen Feuchtegehalt von einem Massenprozent auf. Dieser muss beim Mischungsentwurf in zwei Iterationsschritten berücksichtigt werden. Der neu berechnete Gehalt der Korngruppe 2/8 nach der ersten Iteration ergibt sich zu:

$g'_{2/8} = g_{2/8} \cdot (1 + w_{2/8}) = 543,73 \text{ kg/m}^3 \cdot (1 + 0,01) = 549,17 \text{ kg/m}^3$

Der neu berechnete Wassergehalt nach der ersten Iteration ergibt sich zu:

$w' = w - (g_{2/8} \cdot w_{2/8}) = 205 \text{ kg/m}^3 - (543,73 \text{ kg/m}^3 \cdot 0,01)$
$= 199,56 \text{ kg/m}^3$

Beim zweiten Iterationsschritt ergeben sich die finalen Massen der Gesteinskörnung (Korngruppe 2/8) und des Zugabewassers des Frischbetons zu:

$$g_{2/8}'' = g_{2/8}' + (g_{2/8}' - g_{2/8}) \cdot w_{2/8}$$
$$= 549,17 \text{ kg/m}^3 + \left(549,17\frac{\text{kg}}{\text{m}^3} - 543,73 \text{ kg/m}^3\right) \cdot 0,01 = 549,22 \text{ kg/m}^3$$

$w'' = w - (g_{2/8}' \cdot w_{2/8}) = 205 \text{ kg/m}^3 - (549,17 \text{ kg/m}^3 \cdot 0,01) = 199,51 \text{ kg/m}^3$

Die **Gehalte aller Ausgangsstoffe** lassen sich demnach wie folgt zusammenfassen.

Zement: z $= 350,43 \text{ kg/m}^3$

Gesteinskörnung: $g_{0/2}$ $= 684,58 \text{ kg/m}^3$

   $g_{2/8}$ $= 549,22 \text{ kg/m}^3$

   $g_{8/16}$ $= 388,24 \text{ kg/m}^3$

Zusatzstoffe: f $= 105,13 \text{ kg/m}^3$

   s $= 17,52 \text{ kg/m}^3$

Wasser: w $= 199,51 \text{ kg/m}^3$

7) Höchstzulässiger Mehlkorngehalt

Der Gehalt an Mehlkorn ergibt sich aus dem Zement, den Zusatzstoffen und dem Feinanteil der Gesteinskörnung (3 % der Korngruppe 0/2). Der Mehlkorngehalt ergibt sich folglich zu 493,52 kg/m³.

$\text{Mehlkorn} = z + s + f + g_{0/2, \leq 0,125} = z + s + f + 0,03 \cdot g_{0/2}$
$= 350,43 \text{ kg/m}^3 + 17,52 \text{ kg/m}^3 + 105,13 \text{ kg/m}^3 + 0,03 \cdot 684,58 \text{ kg/m}^3$
$= 493,52 \text{ kg/m}^3$

$\text{Mehlkorngehalt} = 493,52 \text{ kg/m}^3 < 500 \text{ kg/m}^3 = \text{zulässiger Mehlkorngehalt}$

Zulässig ist nach Tabelle 1.61 ein maximaler Mehlkorngehalt von 450 kg/m³ (Für XF, $z \geq 350$ kg/m³ und Größtkorn ≥ 16 mm). Der Wert von 450 kg/m³ darf infolge des Einsatzes von Flugasche und Silicastaub um 50 kg/m³ erhöht werden. Der zulässige Mehlkorngehalt ergibt sich daher zu 500 kg/m³ und liegt über dem tatsächlichen Mehlkorngehalt.

1.8 Literatur (Kapitel 1)

[1]   J. Stark und B. Wicht, *Geschichte der Baustoffe.* Wiesbaden und Berlin: Bauverlag GmbH, 1998.

[2]   R. Benedix, *Bauchemie - Einführung in die Chemie für Bauingenieure und Architekten.* Wiesbaden: Springer Vieweg, 2015.

[3]   G. Neroth und D. Vollenschar (Hrsg.), *Wendehorst Baustoffkunde: Grundlagen - Baustoffe - Oberflächenschutz*, 27. Wiesbaden: Vieweg + Teubner Verlag, 2011.

[4]   „Technischer Gips", *Bundesverband der Gipsindustrie e.V.* [Online]. Verfügbar unter: http://www.gips.de/wissen/rohstoffe/technischer-gips/. [Zugegriffen: 24-Apr-2018].

[5]   Bundesverband der Gipsindustrie e.V. (Hrsg.), „GIPS-Datenbuch". 2013.

[6]   Verein Deutscher Zementwerke e.V. (Hrsg.), *Zement-Taschenbuch*, 50. Düsseldorf: Verlag Bau + Technik GmbH, 2002.

[7]   Dr.-Ing. D. Bosold und Dipl.-Ing. R. Pickhardt, „Zement-Merkblatt Betontechnik: Zemente und ihre Herstellung (B1)". 2017.

[8]   F. W. Locher, *Zement - Grundlagen der Herstellung und Verwendung.* Düsseldorf: Verlag Bau + Technik GmbH, 2000.

[9]   W. Scholz und W. Hiese (Hrsg.), *Baustoffkenntnis*, 15. München: Werner Verlag, 2003.

[10] Dr. J. Dengler, „Fließmittel", TU Darmstadt, 14-Juni-2018.

[11] H. Weigler und S. Karl, *Beton - Arten, Herstellung, Eigenschaften.* Berlin: Ernst & Sohn Verlag, 1989.

[12] Dr. J. Dengler, „Betonzusatzmittel", TU Darmstadt, 14-Juni-2018.

[13] Prof. Dr.-Ing. Thomas Freimann, „Einflüsse auf die Eigenschaften von Frischbeton", gehalten auf der Erweiterte betontechnologische Ausbildung, Feuchtwangen, Jan-2018.

[14]   Dipl.-Ing. (FH) A. Weisner und Dr.-Ing. T. Richter, „Zement-Merkblatt Betontechnik: Massige Bauteile aus Beton (B11)". 2016.

[15]   Prof. Dr.-Ing. T. Freimann, „Festbeton: Eigenschaften, Anforderungen, Prüfungen", gehalten auf der Erweiterte betontechnologische Ausbildung, Feuchtwangen, Jan-2018.

[16]   H. G. Heilmann, „Beziehungen zwischen Zug- und Druckfestigkeit des Betons", in *beton (1969), Nr.2*, 1969.

[17]   Dipl.-Ing. M. J. Dickamp und Dr.-Ing. K. Rendchen, „Zement-Merkblatt Betontechnik: Expositionsklassen von Beton und besondere Betoneigenschaften (B9)". 2006.

2 Betonstahl und Korrosion

Eisenwerkstoffe sind aufgrund ihrer mechanischen Eigenschaften sowie der guten Form- und Bearbeitbarkeit im Bauwesen von besonderer Bedeutung. Durch die Beimischung weiterer Stoffe (Legieren) können die Eigenschaften des Werkstoffes an die jeweiligen Anforderungen angepasst werden. Erz als Rohstoff der Eisenwerkstoffe bezeichnet ein aus der Erdkruste abgebautes Mineralgemenge, welches einer mechanischen sowie chemischen Weiterverarbeitung unterzogen werden kann. Erze sind eisenhaltige Verbindungen die weitere Elemente enthalten, hauptsächlich Sauerstoff.

Das zweithäufigste chemische Element in der Erdkruste ist Eisen (Fe). Als unedles Metall liegt es in der Natur vorwiegend gebunden, beispielsweise in Form von Oxiden vor. Beispiele für Eisenerze sind Magnetit (Fe_3O_4) mit einem Eisengehalt von 60 % bis 70 % sowie Hämatit (Fe_2O_3), welches aus etwa 30 % bis 50 % Eisen besteht. Reines Eisen mit einer Dichte von 7,87 kg/dm^3 ist ein Schwermetall. Eisen korrodiert an feuchter Luft unter der Bildung von Eisen(III)-hydroxidoxid FeO(OH). Aufgrund seiner geringen Festigkeit wird Eisen im Bauwesen nicht in reiner Form verwendet.

Der im Bauwesen am weitesten verbreitete metallische Werkstoff ist Stahl. Als Stahl wird ein Werkstoff aus warmverformbarem Eisen mit einem Kohlenstoffgehalt von maximal zwei Prozent bezeichnet. Dies liegt insbesondere darin begründet, dass Eisenwerkstoffe nur walz- und schmiedebar sind, wenn ihr Kohlenstoffgehalt unter 2,06 Prozent liegt. Bei höheren Gehalten weist der Werkstoff ein zu sprödes Verhalten auf. Stahl wird nicht nur im Stahlbau als alleiniges Tragelement verwendet, sondern ermöglicht in Verbindung mit Beton (als Stahl- und Spannbeton) die Realisierung unzähliger Ingenieurbauten. In Abhängigkeit der Herstellungsart, dem Zusatz von Legierungsmetallen und durch Wärmebehandlungen können verschiedene Eigenschaften gezielt herbeigeführt werden.

> **Stahl** ist ein Werkstoff, dessen Massenanteil an Eisen größer ist als der jedes anderen Elementes, dessen Kohlenstoffgehalt im Allgemeinen kleiner als 2 % ist und der andere Elemente enthält. Eine begrenzte Anzahl von Chromstählen kann mehr als 2 % Kohlenstoff enthalten, aber 2 % ist die übliche Grenze zwischen Stahl und **Gusseisen**. (DIN EN 10020)

© Der/die Herausgeber bzw. der/die Autor(en), exklusiv lizenziert durch
Springer Fachmedien Wiesbaden GmbH, ein Teil von Springer Nature 2020
E. Koenders et al., *Werkstoffe im Bauwesen*,
https://doi.org/10.1007/978-3-658-32216-8_2

Stahl wird nach DIN EN 10020 anhand seiner chemischen Zusammensetzung in legierte, unlegierte und nichtrostende Stähle eingeteilt:

- **Unlegierter Stahl**: Neben Eisen ist Kohlenstoff mit 0,06 bis 2,06 % der wesentliche Bestandteil von unlegierten Stählen. Grenzwerte von Fremdelementen nach DIN EN 10020 wie beispielsweise für Mangan (Mn ≤ 1,65 %), Silicium (Si ≤ 0,60 %), Kupfer (Cu ≤ 0,40 %) und Blei (Pb ≤ 0,40 %) werden nicht überschritten.
- **Legierter Stahl**: Mindestens einer der nach DIN EN 10020 festgelegten Grenzwerte (siehe Unlegierter Stahl) von Fremdelementen wird überschritten.
- **Nichtrostender Stahl**: Der Massenanteil an Chrom beträgt mindestens 10,5 %, der Kohlenstoffgehalt maximal 1,2 %.

Legierungen aus Eisen und Kohlenstoff mit einem Kohlenstoffgehalt über 2,06 % werden als **Gusseisen** bezeichnet. Gusseisen ist in der Regel nicht für Warmverformungen, wie beispielsweise Walzen oder Schmieden, geeignet (Ausnahme: Temperguss). Die Formgebung von Gusseisen erfolgt im Allgemeinen durch Gießen oder mechanische Bearbeitung. Neben Eisen und Kohlenstoff kann Gusseisen noch weitere Elemente, wie zum Beispiel Silicium, enthalten. Gusseisen weist eine hohe Druckfestigkeit von etwa 500 N/mm² bis 1100 N/mm² auf, die Werte der Zugfestigkeit von etwa 100 N/mm² bis 400 N/mm² sind im Vergleich zu Stahl jedoch relativ gering. Zudem ist Gusseisen sehr spröde und daher plastisch nicht verformbar. Der Vorteil von Gusseisen ergibt sich infolge der guten Schmelzbarkeit und der daraus resultierenden leichten Gießbarkeit. Ein typisches Verwendungsbeispiel von Gusseisen sind Rohrfittings (Verbindungselemente für Rohre).

Eine spezielle Form von Gusseisen ist der **Temperguss**. Unter dem Begriff wird Gusseisen verstanden, welches Kohlenstoff lediglich in Form von Zementit (Fe_3C) enthält. Als vorteilhaft erweist sich seine gute Gießfähigkeit. Nach der Formgebung erfolgt eine Erwärmung des Materials. Durch ein mehrtägiges Tempern des Rohgusses bei 800 °C bis 1000 °C zerfällt Zementit unter der Bildung von sogenannter Temperkohle (Graphit) und der Temperguss erhält stahlähnliche Eigenschaften, wie beispielsweise eine erhöhte Duktilität. Temperguss wird unter anderem für die Herstellung von Schlüsseln und Schlössern verwendet.

Je nach Verwendungsart werden Baustähle und Werkzeugstähle unterschieden. Als **Baustähle** werden solche Stähle bezeichnet, die im Stahlbau, im Stahlbetonbau, im Maschinen- und Fahrzeugbau verwendet werden. Ihnen kommt folglich im Bauwesen eine besondere Bedeutung zu, sodass sie an dieser Stelle im Fokus stehen. Demgegenüber werden **Werkzeugstähle** für die Herstellung von Werkzeugen und Formen eingesetzt. Baustähle enthalten im Vergleich zu Werkzeugstählen in der Regel eine geringe Menge an Kohlenstoff und weisen folglich eine höhere Duktilität bei einer geringeren Härte auf (vgl. Abbildung 2.6).

2.1 Herstellung von Stahl

Stahl wird aus Roheisen gewonnen. Roheisen weist einen Kohlenstoffgehalt von 2,5 % bis 5 % auf und ist für die Verwendung im Bauwesen nicht geeignet, da es zu spröde ist. Zudem erweicht es beim Erhitzen. Es kann nur gegossen werden, ist aber nicht schweiß- oder schmiedebar. Damit eine mechanische Formgebung des Werkstoffes möglich ist, muss der Kohlenstoffgehalt des Roheisens auf Werte unter zwei Prozent gesenkt werden. Um bestimmte Eigenschaften für verschiedene Anwendungsgebiete herbeizuführen, können unter anderem Legierungselemente hinzugefügt werden. Etwa 90 % des abgebauten Roheisens wird in Stahl umgewandelt, der Rest wird zu Gusseisen weiterverarbeitet.

Oxidation bezeichnet die Abgabe und **Reduktion** die Aufnahme von Elektronen.

Oxidation: $Mg \rightarrow Mg^{2+} + 2e^-$

Reduktion: $Cl_2 + 2e^- \rightarrow 2Cl^-$

Reagieren zwei Reaktionspartner miteinander, so laufen diese Prozesse gekoppelt ab. Der eine Reaktionspartner gibt Elektronen ab (Oxidation), die der andere aufnimmt (Reduktion). Der Gesamtprozess wird als **Redoxreaktion** bezeichnet. [1]

Die Roheisenherstellung erfolgt im Hochofen durch Reduktion von oxidischen Eisenerzen mit Koks. Der Hochofen wird schichtenweise in abwechselnden Lagen mit Koks (poröser, stark kohlenstoffhaltiger Brennstoff - nachfolgend vereinfacht als C angenommen) und sogenanntem Möller (Eisenerz - nachfolgend vereinfacht als Fe(O) angenommen - und Zuschläge) beschickt (vgl. Abbildung 2.1). Die Zuschläge unterstützen in erster Linie die Bildung einer Schlacke aus den mineralischen Verunreinigungen des Eisenerzes (auch Gangart genannt), die abschließend vom Roheisen getrennt werden kann. Die Art der Zuschläge ist abhängig von der chemischen Zusammensetzung der Gangart. Als Zuschlagstoffe kommen beispielsweise

Kalkstein, Quarz oder Tonschiefer in Frage. Eisenerze für die Roheisenherstellung weisen Eisengehalte von etwa 30 % bis 65 % auf, die wichtigsten Eisenerze sind Tabelle 2.1 zu entnehmen.

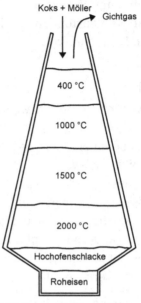

Abbildung 2.1:   Roheisenherstellung im Hochofen

Tabelle 2.1:   Auswahl an Eisenerzen für die Roheisenherstellung nach [2]

Bezeichnung	Summenformel	Gehalt an Eisen [%]
Magneteisenstein (Magnetit)	Fe_3O_4	60 – 70
Roteisenstein (Hämatit)	Fe_2O_3	30 – 50
Brauneisenstein (Limonit)	$Fe_2O_3 \cdot x\ H_2O$	20 – 25
Spateisenstein (Siderit)	$FeCO_3$	30 – 40

Nach dem Beschicken wird heiße Luft mit Temperaturen von ca. 900 °C bis 1300 °C von unten in den Hochofen eingeblasen. Dabei verbrennt der Koks (C) zu Kohlenstoffmonoxid (CO) und erzeugt die erforderliche Reaktionstemperatur von bis zu 2300 °C. In den sehr heißen unteren Bereichen können die Eisenerze (Fe(O)) direkt durch den Koks (C) reduziert werden (Formel 2.1.1). Dieser Vorgang wird als „direkte Reduktion" bezeichnet. In der Regel dient jedoch Kohlenstoffmonoxid (CO) als Reduktionsmittel[14]. Bei der Reduktion von Eisenerz (Fe(O)) durch Kohlenstoffmonoxid (CO), was auch als „indirekte Reduktion" bezeichnet

---

14   Ein Reduktionsmittel ist ein Stoff, der Elektronen abgibt. Dadurch kann er andere Stoffe reduzieren und wird dabei selbst oxidiert. Das Gegenteil davon ist ein Oxidationsmittel.

wird, entsteht Eisen (Fe) und Kohlenstoffdioxid (CO_2) (Formel 2.1.2). Der gebildete Kohlenstoffdioxid reagiert anschließend mit dem heißen Koks wieder zu Kohlenstoffmonoxid (Formel 2.1.3, Boudouard-Gleichgewicht), welches dann wieder die Eisenerze reduziert [1].

Direkte Reduktion: $Fe(O) + C \rightarrow Fe + CO$ (2.1.1)

Indirekte Reduktion: $Fe(O) + CO \rightarrow Fe + CO_2$ (2.1.2)

Boudouard-Gleichgewicht: $CO_2 + C \rightleftarrows 2\,CO$ (2.1.3)

Die Prozesse wiederholen sich schichtenweise bis etwa zur halben Höhe des Hochofens. In höheren Lagen sind die Temperaturen zu niedrig, um das Eisenerz ($Fe(O)$) durch das Kohlenstoffmonoxid (CO) zu reduzieren. Dies ist darauf zurückzuführen, dass die Reduktion eine endotherme Reaktion ist, also Wärmeenergie zur Reaktion benötigt. Das Kohlenstoffmonoxid (CO) zerfällt in den höheren Lagen mit niedrigeren Temperaturen zu Kohlenstoffdioxid (CO_2) und reinen Kohlenstoff (C) (Formel 2.1.3, Boudouard-Gleichgewicht). Der dabei gebildete elementare Kohlenstoff kann in den unteren heißeren Lagen das Eisenerz ($Fe(O)$) reduzieren (direkte Reduktion) und löst sich zudem teilweise im Eisen auf. Dieser Prozess wird auch als Aufkohlung bezeichnet und ist bei der Herstellung von Roheisen von besonderer Bedeutung. Durch die Bindung von Kohlenstoff in Eisen reduziert sich dessen Schmelzpunkt und das Roheisen liegt in flüssiger Form vor. Das flüssige Roheisen sammelt sich im unteren Teil des Hochofens an. [2]

Als Nebenprodukt bei der Roheisenherstellung fällt sogenannte Schlacke an. Diese besteht vor allem aus Calcium-, Silicium- und Aluminiumoxiden. Da die Schlacke eine geringere Dichte (2,6 g/cm³) aufweist als das flüssige Roheisen (7,8 g/cm³), können beide Produkte am Ende der Roheisenherstellung voneinander getrennt werden [2]. Als gasförmiges Produkt entweicht sogenanntes Gichtgas. Dieses Abgas enthält etwa 25 bis 30 Volumenprozent Kohlenstoffmonoxid (CO), welches als Energieträger für weitere Prozesse verwendet wird.

Auch die neben dem Roheisen entstehende Schlacke kann im Bauwesen verwendet werden. Wird sie langsam abgekühlt, kristallisiert sie und bildet ein festes heterogenes Gemisch. Diese sogenannte Stückschlacke wird unter anderem als Schotter im Straßenbau verwendet. Bei einer schnellen Abkühlung der Schlacke wird eine vollständige Kristallisation des Materials verhindert. Die daraus entstehende granulierte amorphe (glasige) Hochofenschlacke besitzt latent-hydraulische Eigenschaften und ist auch unter der Bezeichnung Hüttensand bekannt. Hüttensand findet in der

Zementherstellung sowie als Betonzusatzstoff Verwendung (vgl. Kapitel 1.3.1).

Stahl wird durch die Verringerung des Kohlenstoffgehaltes des Roheisens hergestellt (Abbildung 2.2). Dieser Prozess wird auch als Entkohlung bezeichnet. Roheisen enthält in der Regel etwa 2,5 % bis 5 % Kohlenstoff sowie variierende Mengen weiterer Stoffe wie beispielsweise Mangan und Silicium. Der Gehalt an Kohlenstoff wird bei der Herstellung von Stahl auf unter zwei Prozent gesenkt. Dies wird im Verlauf der Stahlherstellung durch sogenanntes **Frischen** erreicht.

Dabei werden gelöste Bestandteile wie beispielsweise Kohlenstoff, Silicium und Mangan oxidiert. Für das Frischen stehen im Allgemeinen das Konverterverfahren und das Herdofenverfahren zur Verfügung. Beim **Konverterverfahren** wird im Gegensatz zum Herdofenverfahren keine zusätzliche Energie zugeführt. Hierunter fällt beispielsweise das Sauerstoffblasverfahren (Linz-Donawitz-Verfahren, Abbildung 2.3), bei dem Sauerstoff mit Druck auf das flüssige Roheisen geblasen wird.

Der im Roheisen enthaltene Kohlenstoff oxidiert zu Kohlenstoffmonoxid, welches als Gas entweichen kann. Da es sich hierbei um eine stark exotherme Reaktion handelt, ist es notwendig Schrott oder Eisenerz zur Kühlung beizugeben.

Der Vorteil des **Herdofenverfahrens** ist, dass dieser Prozess auch mit Schrott durchgeführt werden kann. Der zum Frischen erforderliche Sauerstoff befindet sich in dem flüssigen Roheisen oder Schrott selbst. Durch die hohe Wärmeentwicklung in den Öfen oxidiert der darin enthaltene Kohlenstoff und entweicht als Kohlenstoffmonoxid.

Da der nach dem Frischen vorliegende Rohstahl noch nicht den erforderlichen Qualitätsanforderungen entspricht, ist eine Nachbehandlung notwendig. Zu den Nachbehandlungsverfahren zählen unter anderem die Desoxidation und die Entgasung.

Rohstahl enthält nach dem Frischen unerwünschte Mengen an gelöstem Sauerstoff, die negative Effekte auf die Werkstoffeigenschaften haben. Unter anderem kann ein zu hoher Sauerstoffgehalt zu einer Versprödung des Materials führen. Bei der **Desoxidation** wird dem Rohstahl durch den Zusatz von Desoxidationsmitteln wie beispielsweise Silicium, Aluminium, Calcium und Mangan gelöster Sauerstoff entzogen. Die **Entgasung** ist eine Vakuumbehandlung, bei der die Stahlschmelze stark vermindertem Druck ausgesetzt wird. Gelöste Gase, die beim Erstarren als Blasen im Stahl verbleiben würden, können durch dieses Verfahren entfernt werden.

Der gesamte Herstellungsprozess von Stahl ist in Abbildung 2.2 zusammengefasst dargestellt.

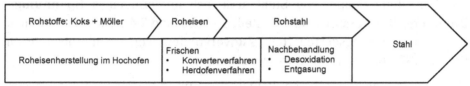

Abbildung 2.2:   Stahlherstellung

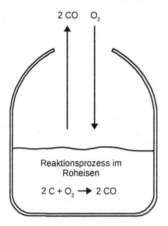

Abbildung 2.3:   Schematische Darstellung des Sauerstoffblasverfahrens
                 (Linz-Donawitz-Verfahren)

2.2 Eigenschaften

Stahl ist wie alle Metalle im festen Zustand ein **kristalliner Werkstoff**. Der kristalline Aufbau von Stahl ist durch Konglomerate kleinster kristalliner Körper mit unregelmäßig ausgebildeten Grenzflächen gekennzeichnet. Die Grenzflächen entstehen durch die gegenseitige Behinderung des Kristallwachstums in der abkühlenden Schmelze. Die Größe der Kristallite kann durch den Einsatz von Legierungen, Wärmebehandlung und durch mechanische Verformung beeinflusst werden. Durch die Veränderung des Gefüges können technische Eigenschaften des Stahls gezielt für den jeweiligen Anwendungszweck eingestellt werden.

Da reines Eisen wegen seiner geringen Festigkeit und Härte im Bauwesen technisch nicht nutzbar ist, wird es stets in Form von Legierungen verwendet. Als **Legierung** wird ein metallischer Werkstoff bezeichnet, der aus mindestens zwei Elementen besteht. Neben Eisen und Kohlenstoff enthält legierter Stahl Elemente wie beispielsweise Nickel und Chrom, die die Festigkeit erhöhen und nichtrostende Stähle generieren.

Das Werkstoffverhalten von Stahl lässt sich in Form eines **Spannungs-Dehnungs-Diagrammes** gut darstellen (Abbildung 2.4). Dieses Diagramm kann aus dehnungsgesteuerten **Zugversuchen** von Stahlproben nach DIN EN ISO 6892-1 ermittelt werden.

Hierfür wird eine Zugprobe bei Raumtemperatur in axialer Richtung bis zum Bruch gedehnt. Die Anforderungen an die Probe sind in DIN 50125 festgelegt. Die Form ist beispielhaft in Abbildung 2.5 dargestellt.

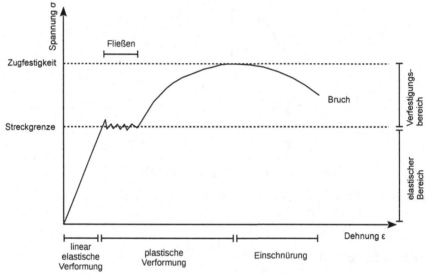

Abbildung 2.4:   Spannungs-Dehnungs-Diagramm von Stahl

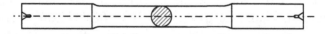

Abbildung 2.5:   Form einer Zugprobe

Wird die Stahlprobe einaxial gedehnt, so verformt sie sich bis zur sogenannten Streckgrenze linear-elastisch nach dem Hook'schen Gesetz (Kapitel 1.5.4). Aus dem Zusammenhang der Spannung und Dehnung im linear-elastischen Bereich kann der Elastizitätsmodul ermittelt werden, welcher für Betonstahl 200.000 N/mm^2 bis 210.000 N/mm^2 beträgt. Wird der Werkstoff darüber hinaus weiter belastet beginnt er zu Fließen. Beim Fließen (starke Verformung ohne Veränderung der Spannung) verformt sich der Stahl irreversibel plastisch. Die Belastung kann im anschließenden Verfestigungsbereich weiter bis zum Erreichen der Zugfestigkeit erhöht werden. Die Zugfestigkeit ergibt sich als maximal aufnehmbare Zugkraft bezogen auf den Anfangsquerschnitt der Probe. Der darauf folgende scheinbare Spannungsabfall ergibt sich dadurch, dass die Zugprobe nach dem Erreichen der Zugfestigkeit einschnürt und sich infolgedessen ihr Querschnitt verringert. Die wahre Spannung, die sich auf den eingeschnürten, verringerten Querschnitt bezieht, steigt bis zum Bruch weiter an. Die Einschnürung erfolgt nicht gleichmäßig über die ganze Probe sondern lokal an einer Stelle, an der die Probe bei weiterer Erhöhung der Spannung letztendlich versagt. Der im Bauwesen verwendete Stahl kann als duktiler Werkstoff hohen Zug- und Druckbeanspruchungen standhalten, bevor er versagt.

Der **Gehalt an Kohlenstoff** beeinflusst maßgeblich die Eigenschaften des Stahls. Ein Stahl mit 0,1 % Kohlenstoff ist „weich", zäh und leicht zu bearbeiten. Im Gegensatz dazu ist Stahl mit einem Kohlenstoffgehalt von 0,6 Prozent hart, wenig verformbar und lässt sich schlecht bearbeiten. Die Zugfestigkeit und Bruchdehnung von Stahl in Abhängigkeit des Kohlenstoffgehaltes ist in Abbildung 2.6 dargestellt.

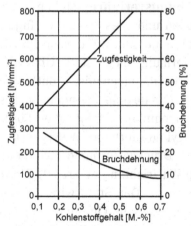

Abbildung 2.6:   Zusammenhang der Zugfestigkeit und Bruchdehnung in Abhängigkeit des Kohlenstoffgehaltes von Stahl nach [2]

2.3 Formgebung

Bei der **plastischen Formgebung**, der sogenannten Umformung, wird neben der äußeren Form ebenfalls die Struktur des Gefüges verändert. Hierbei wird zwischen Kalt- und Warmverformung unterschieden.

Die **Kaltverformung** findet bei Temperaturen unterhalb der Rekristallisationstemperatur statt (< 200 °C). Hierbei wird die Rückbildung der einzelnen elastisch deformierten Kristallite des Gefüges behindert. Es entstehen Gitterfehler, sodass nach der Verformung nicht mehr das ideale Raumgitter vorliegt. Die Gitterfehler bewirken eine Verfestigung sowie Abnahme des Verformungsvermögens. Der Werkstoff wird härter und spröder. Durch das Verfahren sind nur relativ geringe Verformungsgrade realisierbar, da weitere Verformungen zum Bruch des Werkstoffes führen würden. Der Vorteil ist eine hohe Oberflächenqualität, da keine Oxidation stattfindet.

Die **Warmverformung** findet oberhalb der Rekristallisationstemperatur statt. Dabei findet eine Kornneubildung, auch Rekristallisation genannt, im Gefüge statt. Dies hat zur Folge, dass Gitterfehler abgebaut werden und das Gefüge feinkörniger wird. Durch dieses Verfahren sind größere Verformungen des Materials realisierbar.

Als **technische Formgebungsverfahren** stehen unter anderem das Gießen, Walzen, Ziehen, Schmieden und Pressen zur Verfügung. Beim **Gießen** wird flüssiger Stahl in Formen gegossen. Bei diesem Prozess findet im Anschluss keine weitere Warmverformung mehr statt. Überschüssiges Material kann nach dem Gießen bei Bedarf mechanisch entfernt werden. Das Gießen zeichnet sich durch eine sehr flexible Formgebung aus. Beim **Walzen** (Kalt- und Warmverformung möglich) erfolgt die Formgebung durch zwei gegenläufig rotierende zylinderförmige Walzen. Diese können glatt oder profiliert sein. Durch die Druckverformung zwischen den Walzen wird der Werkstoff vorwiegend in Walzrichtung gestreckt. **Ziehen** von Stahl erfolgt in der Regel als Kaltverformung. Der Stahl wird dabei durch einen Ziehstein (auch Ziehhol) gezogen, dessen Öffnung die Größe und Form des gewünschten Querschnittes aufweist. Durch Ziehen wird beispielsweise kaltverfestigter Stahl für Stahl- und Spannbeton hergestellt. Beim **Schmieden** wird der Stahl durch kurze, schlagartige Schläge bearbeitet. Dieser Vorgang ist als Kalt- oder Warmverformung möglich. Hierbei kann zwischen dem Freiformen auf dem Amboss und dem Gesenkschmieden, wo das Material in eine Hohlform hineingeschmiedet wird, unterschieden werden. Beim **Pressen** wird der Werkstoff im kalten oder warmen Zustand durch ein Werkzeug gepresst, dessen Öffnung die Form und Größe des gewünschten Profils aufweist. Dieses Verfahren dient insbesondere der Herstellung komplizierter Stabstahl-Profile.

2.4 Betonstahl

Beton besitzt im Vergleich zur Druckfestigkeit eine sehr geringe Zugfestigkeit. Stahl hingegen weist eine hohe Belastungsfähigkeit unter Druck und Zug auf. Das Prinzip des Stahlbetonbaus beruht darauf, zugbeanspruchte Bereiche im Beton mit Stahl zu verstärken. Wird ein Balken auf Druck belastet, so ergeben sich an der oberen Seite Druck- und an der unteren Seite Zugspannungen. Stahl, der im Stahlbetonbau als Betonstahl bzw. **Bewehrung** bezeichnet wird, wird in diesem Fall in den unteren Bereich des Balkens eingelegt und nimmt die Zugspannungen auf.

Betonstahl ist ein Stahlerzeugnis mit kreisförmigem oder nahezu kreisförmigem Querschnitt, das zur Bewehrung von Beton geeignet ist (DIN 488-1).

Betonstähle werden als gerade Stäbe (Abbildung 2.7) und als Ringe (DIN 488-3) hergestellt. Letzteres bezeichnet eine Lieferform, bei der Betonstähle auf Rollen aufgespult werden. Beim Verwender muss der Stahl dieser Lieferform zunächst geradegerichtet und zugeschnitten oder zu Bügeln gebogen werden. Betonstahl kann folglich als Betonstabstahl direkt oder als Betonstahl in Ringen gerichtet verwendet werden. Zudem ist eine Weiterverarbeitung zu Betonstahlmatten (Abbildung 2.9, Abbildung 2.10), Gitterträgern (Abbildung 2.8) und weiteren Bewehrungselementen möglich. Als Betonstahlmatten werden rechtwinklig zueinander verschweißte Längs- und Querstäbe bezeichnet, die als Bewehrung vorwiegend für plattenförmige Bauteile verwendet werden können. Bestehen Betonstahlmatten in beiden Richtungen aus Stahlstäben mit dem gleichen Querschnitt, werden sie als Q-Matten bezeichnet. Liegen in Längs- und Querrichtung verschiedene Stahlquerschnitte vor, dann werden sie R-Matten genannt (Abbildung 2.10). Gitterträger hingegen sind Bewehrungselemente, die aus einem Ober- und einem Untergurt bestehen, welche durch Diagonalen verbunden sind (DIN 488-5). **Bewehrungsdraht** ist glatter oder profilierter Betonstahl, der in Ringen hergestellt und vom Ring oder gerichtet werkmäßig zu Bewehrungen weiterverarbeitet wird. Er ist durch Kaltverformung herzustellen und darf nur für werkmäßig hergestellte Bewehrungen verwendet werden.

Betonstabstahl ist in technisch geraden Stäben gelieferter gerippter Betonstahl. Als **Betonstahl in Ringen** wird gerippter Betonstahl bezeichnet, der in Ringen geliefert wird. (DIN 488-1)

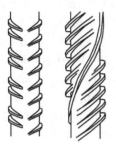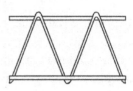

Abbildung 2.7: Beispiele für Betonstabstahl mit Schrägrippen und mit (mitte) und ohne (links) Längsrippen sowie für profilierten Bewehrungsdraht

Abbildung 2.8: Beispiel für Gitterträger

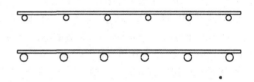

Abbildung 2.9: Beispiel für Betonstahlmatte

Abbildung 2.10: Unterschied zwischen Q- (oben) und R-Matten (unten)

Damit das angestrebte Tragprinzip von Stahlbeton erreicht werden kann, ist ein guter **Verbund** zwischen beiden Materialien erforderlich. Nur durch eine schubfeste Verbindung von Beton und Bewehrungsstahl kann die günstige gemeinsame Tragwirkung von Stahlbeton realisiert werden. Es lassen sich drei verschiedene Verbundwirkungen unterscheiden:

- Formverbund
- Haftverbund
- Reibungsverbund

Der **Formverbund** ist die maßgebende Verbundart zwischen Beton und Bewehrungsstahl. Er entsteht durch die Verzahnung des Betons mit den Rippen oder Profilierungen des Stahls. Die einzelnen Rippen stellen eine Art „Verdübelung" mit dem Beton dar, über die ein Kraftaustausch zwischen Stahl und Beton erfolgen kann. Die Übertragung der Kräfte erfolgt durch gegenüber der Betonstahlachse geneigten Druckkräften (Druckspannungen) im Beton (Abbildung 2.11). Als räumlicher Kraftzustand betrachtet wirken die Druckkräfte kegelschalenartig und erzeugen damit im Kraftübertragungsbereich stets Zugkräfte im Beton quer zur Stabachse des Bewehrungsstahles. Wird die Zugfestigkeit des Betons überschritten, so bricht der Beton kegelschalenartig aus.

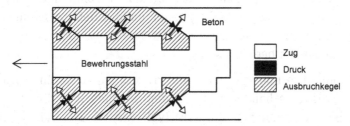

Abbildung 2.11: Schematische Darstellung des Formverbundes nach [3]

Der **Haftverbund** beruht auf der „Klebewirkung" zwischen Beton und Bewehrungsstahl. Diese Art von Verbund wird bei bereits sehr kleinen Verbundspannungen sowie bei dynamischer Beanspruchung gelöst und bleibt damit bei Bemessungen unberücksichtigt. Ein **Reibungsverbund** entsteht, wenn Beton und Bewehrungsstahl aufeinander gepresst werden. Hierdurch entstehen Querdruckspannungen beispielsweise an Auflagern von Balken. Wegen der Unsicherheit der Faktoren, die den Reibungsverbund beeinflussen, wird auch dieser bei der rechnerischen Beurteilung des Verbunds im Allgemeinen nicht berücksichtigt.

2.5 Korrosion von Stahl in Beton

Für die Stahlbewehrung ist eine hohe Alkalität von Vorteil, da diese zur Bildung einer Passivierungsschicht (= mikroskopisch dünne Oxidschicht) auf der Oberfläche der Bewehrung führt und die besagte Passivierungsschicht den Stahl vor Korrosion schützt. Die Korrosion von Stahl in Beton ist erst nach der sogenannten Depassivierung möglich, welche aus der Carbonatisierung des Betons oder einem Chloridangriff resultieren kann.

Flächenkorrosion

In Beton darf daher die pH-Wert reduzierende Carbonatisierung nicht bis zur Bewehrungslage durchdringen. Wesentlich für die Geschwindigkeit der Carbonatisierung sind die Umgebungsbedingungen. Ein frei bewittertes Bauteil carbonatisiert relativ schnell, da sowohl Wasser (bzw. Feuchtigkeit) als auch Kohlenstoffdioxid aus der Luft zur Verfügung stehen. Bauteile, die ständig „trockener" Luft ausgesetzt oder wassergesättigt sind, carbonatisieren äußerst langsam. Die Geschwindigkeit, mit der die Carbonatisierungsfront in das Bauteil voranschreitet, hängt jedoch nicht nur von den Umgebungsbedingungen, sondern auch von der Mikrostruktur des Baustoffes ab: Je höher der Anteil wasser- und luftdurchlässiger Poren im Gefüge ist, umso leichter können die beiden Verbindungen ins Gefüge eindringen. Neben den Umweltbedingungen und der Betonzusammensetzung kann auch die Nachbehandlung des Betonbauteils den Fortschritt der Carbonatisierungsfront beeinflussen.

Der als Carbonatisierung bezeichnet Prozess kann durch Formel 2.5.1 dargestellt werden. Es handelt sich um den gleichen Reaktionsprozess wie bei dem Abbindevorgang von Luftkalk (vgl. Kapitel 1.1.3.1). Der bei der Carbonatisierung von Luftkalk erwünschte Prozess ist in erhärtetem Stahlbeton ein Schädigungsmechanismus, der die Korrosion der Stahlbewehrung initiiert.

$$Ca(OH)_2 + CO_2 + H_2O \rightarrow CaCO_3 + 2H_2O \qquad (2.5.1)$$

Bei der Carbonatisierung von Beton dringt CO_2 aus der Luft durch Diffusion in den Beton ein, reagiert mit dem im Porenwasser befindlichen Calciumhydroxid ($Ca(OH)_2$) zu Calciumcarbonat ($CaCO_3$) und Wasser, wodurch der pH-Wert auf Werte unter neun abfällt (vgl. Abbildung 2.12). Obwohl durch die Bildung von Calciumcarbonat die Dichtigkeit und Festigkeit des Zementsteins erhöht wird, ist der Korrosionsschutz der Bewehrung aufgrund der pH-Wert Reduktion in den betroffenen Bereichen nicht mehr gegeben.

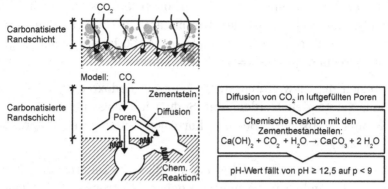

Abbildung 2.12: Carbonatisierung von Zementstein nach [4]

Von großer baupraktischer Bedeutung ist die Messung der Carbonatisierungstiefe mit dem sogenannten Phenolphthalein Test. Beim Aufsprühen einer Phenolphthalein Lösung auf frische Betonbruchflächen färben sich nicht carbonatisierte Bereiche rot, carbonatisierte Bereiche (pH < 9) bleiben farblos. Mithilfe der Verfärbungen kann die Carbonatisierungstiefe, ausgehend von der Bauteiloberfläche, gemessen werden.

Die Carbonatisierungstiefe kann auch rechnerisch ermittelt werden. Die Zunahme der Carbonatisierungstiefe (d_k) mit der Zeit (t) kann über den Zusammenhang in Gleichung 2.5.2 beschrieben werden. Bei dieser Formel handelt es sich um eine vereinfachte Darstellung der komplexen Prozesse. Die Carbonatisierung von Außenbauteilen mit wechselnder Durchfeuchtung verläuft beispielsweise langsamer als es der Gleichung entspräche, da der Beton nach der Beregnung in den oberflächennahen Zonen wassergesättigt ist und das zur Carbonatisierung erforderliche CO_2 nicht eindringen kann.

$$d_k = \alpha \cdot \sqrt{t} \qquad (2.5.2)$$

d_k: Carbonatisierungstiefe
α: Parameter
t: Zeit

Um den Parameter α der Gleichung 2.5.2 zu bestimmen, ist es zunächst erforderlich, die Carbonatisierungstiefe zu einem bestimmten Zeitpunkt zu kennen. Diese Information kann beispielsweise mithilfe des Phenolphthalein Tests generiert werden. Ist der Parameter α bekannt, kann der Verlauf der Carbonatisierungstiefe für die kommenden Jahre prognostiziert werden.

Ist beispielsweise bekannt, dass die Carbonatisierungstiefe nach 10 Jahren bei 5 mm liegt, berechnet sich der Parameter α zu 1,58 mm/$\sqrt{}$Jahre (= 5 mm/$\sqrt{10}$ Jahre). Die Carbonatisierungstiefe nach 50 Jahren kann folglich zu 11,17 mm berechnet werden (= 1,58 · $\sqrt{50}$ Jahre).

Die Korrosion des Bewehrungsstahls kann als Redoxreaktion (Oxidation + Reduktion) verstanden werden. Der Stahl wird in Gegenwart von Wasser durch Sauerstoff oxidiert. Bei der Korrosion laufen zwei Teilprozesse ab (Abbildung 2.13).

Im epassivierten Bereich startet ein anodischer Teilprozess (Oxidation). Eisenatome (Fe) gehen in Lösung und geben Elektronen ab (Formel 2.5.3). Die daraus entstehenden Eisenkationen (Fe^{2+}) wandern in den angrenzenden Beton. Die abgespaltenen Elektronen (e^-) verbleiben im Bewehrungsstahl und bewegen sich infolge von Potentialunterschieden in Richtung der Kathode. Im zweiten Teilprozess (Reduktion) verbinden sich die Elektronen (e^-) an der Kathode mit Wasser (H_2O) und Sauerstoff (O_2) aus dem Beton (Formel 2.5.4). Infolgedessen entstehen Hydroxidionen (OH^-). Diese verbinden sich im Zuge eines Ladungsausgleiches mit den positiv geladenen Eisenkationen (Fe^{2+}) zu Eisen(II)-hydroxid ($Fe(OH)_2$) (Formel 2.5.5). Aus weiteren Reaktionen mit Sauerstoff geht anschließend Eisen(III)-hydroxid ($FeO(OH)$) hervor, welches umgangssprachlich auch als „Rost" bezeichnet wird (Formel 2.5.6). Die Reaktionsprodukte weisen ein deutlich größeres Volumen auf als die Ausgangsstoffe, sodass es zu Gefügespannungen und letztlich zu Bauteilschädigungen kommt. Das wesentlich größere Volumen der Korrosionsprodukte im Vergleich zum unkorrodierten Stahl erzeugt bereits bei relativ kleinen Korrosionsintensitäten so große Sprengdrücke, dass Risse im Beton und Betonabplatzungen auftreten, insbesondere dann, wenn die Betondeckung zu gering ist.

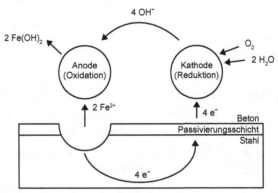

Abbildung 2.13: Schematische Darstellung des Korrosionsprozesses

Anodischer Teilprozess: $2\,Fe \rightarrow 2\,Fe^{2+} + 4\,e^-$ (2.5.3)

Kathodischer Teilprozess: $2\,H_2O + O_2 + 4\,e^- \rightarrow 4\,OH^-$ (2.5.4)

Weitere Reaktionsschritte: $2\,Fe^{2+} + 4\,OH^- \rightarrow 2\,Fe(OH)_2$ (2.5.5)

$$4\,Fe(OH)_2 + O_2 \rightarrow 4\,FeO(OH) + 2\,H_2O \quad (2.5.6)$$

Beton in trockenen Innenräumen ist nicht ausreichend feucht, um eine Korrosion von Stahl zu ermöglichen. Wasser ist in dem Korrosionsprozess als leitfähige Substanz und als Edukt an der chemischen Reaktion beteiligt. Die Stahlbewehrung korrodiert deshalb in trockenen Betonen auch dann nicht, wenn die Carbonatisierung die Bewehrung erreicht hat. Korrosion infolge einer Depassivierung des Bewehrungsstahls durch Carbonatisierung setzt erst dann ein, wenn die relative Umgebungsfeuchte etwa 85 % überschreitet. Auch wassergesättigter Beton weist keine bautechnisch relevante Bewehrungskorrosion auf. Durch die Wassersättigung ist die Sauerstoffdiffusion in den Beton extrem eingeschränkt. Der für die Korrosion von Stahl erforderliche Sauerstoff ist in diesem Fall nicht in ausreichender Menge vorhanden.

Lochfraßkorrosion

Dringen Chloride in Beton ein, z. B. infolge von Taumitteln, kann dies lokal zur Depassivierung des Bewehrungsstahls führen. Die Anode-Kathode Prozesse laufen dann nicht großflächig, sondern lokal begrenzt ab. Dies hat eine lokal begrenzte kraterförmige Korrosion des Stahls an den betroffenen Stellen zur Folge, die ein komplettes Versagen der Bewehrung in diesen Bereichen auslösen kann. Die sich in die Tiefe des Stahls fortsetzende Korrosion an lokal scharf begrenzten Stellen wird auch als **Lochfraßkorrosion** bezeichnet. Die Schäden infolge Lochfraßkorrosion sind insbesondere deshalb so gravierend, da sich die Korrosion im Vergleich zur Korrosion infolge Carbonatisierung (Flächenkorrosion) nicht durch Abplatzungen der oberflächennahen Bereiche des Betons ankündigt. Abbildung 2.14 veranschaulicht die Prozesse und Schadensbilder infolge einer Korrosion, resultierend aus der Carbonatisierung als auch durch einen Chloridangriff.

Abbildung 2.15 zeigt verschiedene Phasen der Betonschädigung infolge einer großflächigen pH-Wert Reduktion durch Carbonatisierung (= Flächenkorrosion) und einer lokalen Chlorideindringung (= Lochfraßkorrosion).

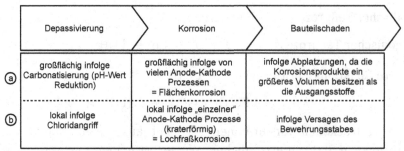

Abbildung 2.14: Unterscheidung der Korrosionsprozesse bei der Flächen- und der
                Lochfraßkorrosion

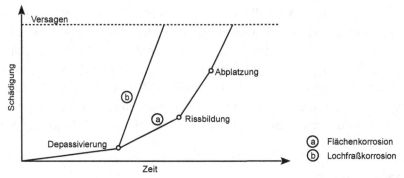

Abbildung 2.15: Verschiedene Phasen der Betonschädigung infolge
                Bewehrungskorrosion nach Tutti [5]

2.6 Literatur (Kapitel 2)

[1]   R. Benedix, *Bauchemie - Einführung in die Chemie für Bauingenieure
       und Architekten*. Wiesbaden: Springer Vieweg, 2015.

[2]   G. Neroth und D. Vollenschar (Hrsg.), *Wendehorst Baustoffkunde:
       Grundlagen - Baustoffe - Oberflächenschutz*, 27. Wiesbaden: Vieweg
       + Teubner Verlag, 2011.

[3]   F. Gotthard, *Konstruktionslehre des Stahlbetons - Grundlagen und
       Bauelemente*. Springer-Verlag, 2013.

[4]   Univ.-Prof. Dr.-Ing. K.-Ch. Thienel, „Werkstoffe des Bauwesens -
       Dauerhaftigkeit von Beton". Universität München, 2018.

[5]   Kyösti Tuutti, „Corrosion of steel in concrete". Swedish Cement and
       Concrete Research Institute, 1982.

3 Holz

Der nachwachsende Rohstoff Holz wird seit Jahrtausenden zur Errichtung von Bauwerken eingesetzt und konkurriert heutzutage mit den Werkstoffen Stahl, Aluminium und Beton. Die Gründe für den Einsatz von Holz im Bauwesen sind vielfältig. Zum einen besitzt Holz günstige technische Eigenschaften, wie bspw. eine unter Berücksichtigung der Rohdichte relativ hohe Festigkeit. Gleichzeitig ist der Werkstoff leicht zu verarbeiten (Sägen, Bohren, Fräsen). Für das Bauen mit Holz spricht ebenfalls der mit der Holzverarbeitung einhergehende Energiebedarf. Dieser fällt im Vergleich zu Beton und Stahl deutlich geringer aus, da die für die Bereitstellung, Verarbeitung und Entsorgung benötigte Energie deutlich geringer ausfällt. In ökonomischer und ökologischer Hinsicht ergeben sich zudem weitere Vorteile. Da Holz ein nachwachsender Rohstoff ist, kann sich bei einer fachgerechten Wieder- bzw. Erstaufforstung theoretisch kein Rohstoffmangel einstellen. Ebenfalls ist Holz fast überall verfügbar (1/3 der Fläche Deutschlands ist mit Wald bedeckt), was den energie- und kostenintensiven Transport über lange Strecken überflüssig macht. Das bei der Bereitstellung, Verarbeitung und Entsorgung anfallende Restholz wird zudem ebenfalls verwertet, zum Beispiel bei der Herstellung von Holzwerkstoffen.

Auch wenn Holz im Bauwesen zu großen Teilen als Hilfsstoff für Schalungen, Rüstungen und provisorische Brücken genutzt wird, so ergibt sich durch die Vielzahl an Holzwerkstoffen (bspw. Spanplatten, Sperrholz und Brettschichtholz) ein äußerst breites Einsatzgebiet. Im Bereich des Fertigbaus besitzen Holzhäuser (Ein- und Zweifamilienhäuser) mit 16,2 % einen relativ großen Marktanteil [1] (Stand: 2014). Durch die Holzbauweise ergibt sich unter anderem eine deutlich verkürzte Bauzeit, da nach der Fertigstellung ein „trockener" Bau gegeben ist. Der in diesem Zusammenhang als „trockener" Bau bezeichnete Zustand bezieht sich vergleichend auf den konventionellen Mauerwerk- und Stahlbetonbau, bei denen nach Fertigstellung des Rohbaus noch ein relativ hoher Feuchtegehalt in den Bauteilen vorhanden ist. Je nach Bauwerksgröße und Geometrien der Bauteile dauert es mehr oder weniger lange, bis sich diese Feuchte reduziert. Ebenfalls vorteilhaft wirkt sich die gute wärmedämmende Eigenschaft von Fertigelemente aus Holz aus.

Holz besitzt im Vergleich zu Baustoffen wie Beton oder Stahl jedoch auch Nachteile, die beim Bau mit dem Werkstoff zu berücksichtigen sind. Hierzu

E. Koenders et al., *Werkstoffe im Bauwesen*, https://doi.org/10.1007/978-3-658-32216-8_3

zählen unter anderem das Schwinden bzw. Quellen, die Korrosionsanfälligkeit, die Brennbarkeit und die Anisotropie des Holzes.

3.1 Aufbau und Zusammensetzung

Durch den Prozess der Photosynthese bildet sich die Holzsubstanz. Sonnenlicht, Wasser, Nährstoffe und Kohlendioxid (CO_2) führen zum Aufbau von Zucker und Stärke, welche im Wesentlichen die Holzsubstanz bilden. Bei diesem Prozess entzieht der Baum der umgebenden Luft das CO_2 und bindet dieses fest in die Holzsubstanz. Gleichzeitig bildet sich Sauerstoff, welcher im Verlauf der Photosynthese an die Umgebung abgegeben wird.

Holz besteht vereinfacht betrachtet aus Haupt- und Nebenbestandteilen. Zu den Hauptbestandteilen zählen Cellulose (40 % – 50 %), Lignin (20 % – 30 %) und Hemicellulose (20 % – 25 %), die in Summe als Lignocellulose bezeichnet werden, welches die Zellwand des Holzes bildet [2]. Nebenbestandteile (1 % – 20 %) sind bspw. Harze, Fett und Gerbstoffe. Die Nebenbestandteile beeinflussen die Eigenschaften des Holzes insbesondere im Hinblick auf dessen Farbe, Geruch und Widerstandsfähigkeit gegenüber Insekten und Pilzen. Hohe Anteile an Nebenbestandteilen finden sich vor allem in Tropenhölzern, was deren hohe Dauerhaftigkeit erklärt. Cellulose und Hemicellulose sind Polysaccharide, d.h. hochpolymere Kohlenhydrate ($C_n(H_2O)_m$), die sich aus einzelnen Monosacchariden zusammensetzen. Im Vergleich zur Cellulose bildet die Hemicellulose verzweigte Polymerketten. Lignin ist ebenfalls ein organisches Polymer. Beim Pflanzenwachstum bilden in einem ersten Schritt die Cellulose und Hemicellulose das Gerüst, welches anschließend durch die Einlagerung von Lignin verholzt. In Bezug auf die mechanischen Eigenschaften des Holzes übernimmt das Grundgerüst aus Cellulose und Hemicellulose Zugkräfte, das Lignin ist für die Druckfestigkeit verantwortlich. Der Aufbau eines Baumes ergibt sich von außen nach innen betrachtet aus der Borke, dem Bast, dem Kambium, dem Holz selbst (welches sich in der Regel aus Splint- und Kernholz zusammensetzt) und dem Mark (Kern des Stammes) (Abbildung 3.1).

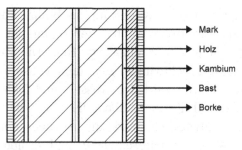

Abbildung 3.1:   Aufbau des Stammquerschnittes eines Baumes

Die außen liegende Borke ist der abgestorbene Teil des Bastes und dient dem
Baum als Schutzfunktion. Der aus lebendem Gewebe bestehende Bast ist für
den Stofftransport (Wasser, Nährstoffe) von der Krone in die Wurzel
verantwortlich. Das Kern- und Splintholz dient dem Lastabtrag sowie dem
Wasser- und Nährstofftransport von der Wurzel in die Krone des Baumes.
Das Kambium ist die Wachstumsschicht des Baumes, von der aus sich neue
Holzsubstanz durch Zellteilung bildet.

Schnitte rechtwinklig zur Wuchsrichtung des Stammes (Hirnschnitt) lassen
die sogenannten Jahrringe erkennen. Diese bestehen in der Regel aus Früh-
und Spätholz (Abbildung 3.2).

Abbildung 3.2:   Früh- und Spätholz eines Jahrrings

Beim Wachstum des Baumes bildet sich das Frühholz in der eigentlichen
Wachstumsphase (Mai bis Juli) und dient dem Wasser- und
Nährstofftransport des Baumes. Das Spätholz bildet sich in den Monaten
August, September und Oktober und dient dem Lastabtrag, d.h. der
Tragfähigkeit des Baumes. Da das Frühholz für den Wasser- und
Nährstofftransport eine offene dünnwandige Struktur mit weiten Gefäßen
besitzt, erscheint es generell heller als das dichte dickwandige Spätholz. Aus
diesen Gründen lassen sich die Jahrringe voneinander unterscheiden, da dem
hellen Frühholz stets das dunkle Spätholz folgt. Die Breite der Jahrringe lässt
zudem auf die Wuchsbedingungen des Holzes schließen. Breite Jahrringe

ergeben sich durch ein schnelles Wachstum des Baumes und resultieren in sogenanntem grobjährigem Holz. Wächst der Baum langsam bilden sich schmale Jahrringe, das sogenannte feinjährige Holz. Die Markstrahlen, auch Spiegel genannt, verlaufen rechtwinklig zur Stammachse und verbinden das Mark mit dem Bast. Dadurch wird der Wasser- und Nährstofftransport in radialer Richtung gewährleistet. Ebenfalls für den Wasser- und Nährstofftransport verantwortlich sind die sogenannten Tüpfel. Diese verbinden benachbarte Zellen untereinander und ermöglichen die zuvor genannten Transportprozesse in radialer und tangentialer Richtung. Die radiale Richtung verläuft ausgehend vom Mark des Baumes orthogonal zu den Jahrringen, die tangentiale Richtung verläuft parallel zu den Jahrringen.

Dass viele Holzarten über Kern- und Splintholz verfügen, ergibt sich infolge des zunehmenden Stammdurchmessers. Im jungen Alter des Baumes benötigt dieser den vollen Holzquerschnitt für den Wasser- und Nährstofftransport in vertikaler Richtung. Mit einer Zunahme des Stammquerschnittes wird hierfür ab einem gewissen Zeitpunkt nicht mehr die gesamte Querschnittsfläche des Holzes benötigt. Aus diesem Grund bildet sich aus dem Splintholz das in physiologischer Hinsicht nicht mehr aktive Kernholz, welches sich an den Lebensvorgängen des Baumes nicht mehr beteiligt. Der Farbunterschied zum Splintholz resultiert aus den im Kernholz enthaltenen Inhaltsstoffen, welche ebenfalls die Dauerhaftigkeit des Kernholzes gegenüber dem Splintholz deutlich erhöhen.

Beim Schneiden des frischen Holzes unterscheidet man den Hirnschnitt (Querschnitt), den Spiegelschnitt (Radialschnitt) und den Fladerschnitt (Sehnenschnitt, Tangentialschnitt) (Abbildung 3.3). Beim Hirnschnitt werden das Mark, die Jahrringe des Splint- und Kernholzes, der Bast und die Borke erkennbar. Beim Spiegelschnitt, der durch das Mark des Baumes verläuft, zeigen sich die Jahrringe als parallele Streifen. Beim Fladerschnitt ergibt sich als Folge des sich nach oben verjüngenden Stammdurchmessers eine parabelförmige Zeichnung der Jahrringe, die sogenannte Fladerung.

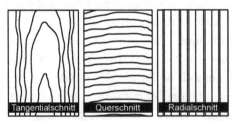

Abbildung 3.3:   Die charakteristische Struktur des Holzes in Abhängigkeit der Schnittrichtung am Stamm

Vollholz wird in den unterschiedlichsten Geometrien, Qualitäten und Handelsformen angeboten. Schnitthölzer werden in Abhängigkeit der Querschnittsabmessung in Latten, Bretter, Bohlen und Kanthölzer unterteilt. Die Schnitthölzer können aus verschiedenen Querschnittsbereichen des Stammes entnommen werden (Abbildung 3.4). Bei Brettern (bzw. Bohlen) wird zwischen Mittelbrett, Seitenbrett, Herzbrett und Rift (bzw. Mittelbohle, Seitenbohle und Herzbohle) unterschieden. Beim besäumten Holz ist die Borke und der Bast bereits entfernt, beim unbesäumten Holz nicht. Das Mittelbrett wird dem mittleren Bereich des Stammes entnommen, besteht überwiegend aus stehenden Jahrringen und kann theoretisch auch die halbe Markröhre enthalten. Beim Seitenbrett verläuft der Schnitt im Stamm etwas weiter außen, was überwiegend liegende Jahrringe zur Folge hat. Dadurch ergibt sich die typische linke und rechte Seite des Brettes (siehe Abbildung 3.4 in Kapitel 3.2.3). Im Vergleich zum Mittelbrett unterliegt das Seitenbrett infolge des Verlaufs der Jahrringe stärkeren Querschnittsverformungen. Das Herzbrett enthält im Kern des Querschnittes die Markröhre und wird dementsprechend mittig aus dem Stamm geschnitten. Das qualitativ hochwertigste Holz ist das Rift, bei dem das Holz ausschließlich stehende Jahrringe besitzt. Dadurch ist es besonders maßhaltig.

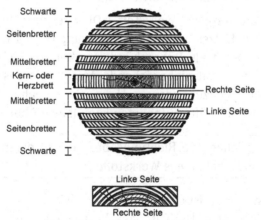

Abbildung 3.4:   Bezeichnung der Schnitthölzer in Abhängigkeit der Lage im Stammquerschnitt

3.2 Eigenschaften

Holzarten werden generell in Laub- und Nadelhölzer unterteilt. Laub- und Nadelhölzer unterscheiden sich unter anderem durch ihre Dichte, Festigkeit, Dauerhaftigkeit und der Art und Menge der enthaltenen Nebenbestandteile sowie weiteren Inhaltsstoffen. Wichtig ist in diesem Zusammenhang, dass aufgrund der Dichte des Holzes kein direkter Rückschluss auf dessen Dauerhaftigkeit gezogen werden kann. So ist bspw. Kiefern- und Lärchenholz trotz geringerer Dichte wesentlich dauerhafter als Buchen- und Ahornholz. Die Ursache hierfür ist vielmehr in den im Holz eingelagerten Nebenbestandteilen und weiteren Inhaltsstoffen zu sehen.

Die Dauerhaftigkeit der Nadelhölzer Kiefer, Lärche, Fichte und Tanne unterscheiden sich maßgeblich voneinander. So ist aufgrund des hohen Harzgehaltes das Kiefern- und Lärchenholz für den Einsatz im Außenbereich sowie für Brücken- und Wasserbauten durchaus geeignet. Fichte und Tanne kommen ebenfalls im Bauwesen zur Anwendung, können jedoch aufgrund ihrer geringeren Dauerhaftigkeit nur in ständig trockener Umgebung oder dauerhaft unter Wasser eingesetzt werden. Für den im Wasserbau typischen Feuchtewechsel sind sie nicht geeignet. Von den klassischen Laubhölzern Eiche, Buche, Esche und Ahorn ist lediglich die Eiche als dauerhaftes und witterungsbeständiges Holz im Außenbereich geeignet (ebenfalls im Wasserbau). Buche, Esche und Ahorn dagegen besitzen eine geringe bis keine Dauerhaftigkeit und werden daher nur im Innenbereich eingesetzt.

3.2.1 Festigkeit und Versagensmechanismus

Holz ist ein anisotroper Werkstoff. Dies ergibt sich aufgrund der Wuchsrichtung des Holzes bzw. der Orientierung der Fasern in Richtung der Stammachse. Der auch als Röhrenbündelstruktur bezeichnete Faserverlauf des Holzes und die damit einhergehende Anisotropie des Holzes führen im Belastungszustand dazu, dass Holz je nach Lastangriffswinkel unterschiedlich große Kräfte aufnehmen kann (siehe Abbildung 3.5).

> **Anisotropie** bezeichnet die Richtungsabhängigkeit einer Eigenschaft oder eines Vorgangs innerhalb eines Werkstoffes.

Der Lastangriffswinkel α ist dabei der Winkel zwischen dem Faserverlauf und der Kraftresultierenden. Holz ist am besten dazu geeignet, von außen einwirkende Kräfte in Faserrichtung aufzunehmen. Die höchste Festigkeit ergibt sich dabei, wenn das Holz parallel zur Faser auf Zug beansprucht wird ($\alpha = 0°$). Bei Druckbeanspruchungen parallel zur Faser ($\alpha = 0°$) kommt es zum Ausknicken der Faserbündel. Die Druck- und Zugfestigkeit des Holzes quer zur Faser ($\alpha = 90°$) fällt deutlich geringer aus und führt zum Aufreißen des Faserverbundes (Zug) bzw. zur Stauchung der Zellen (Druck).

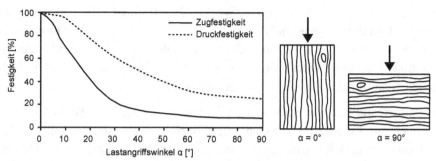

Abbildung 3.5:   Festigkeit des Holzes unter Berücksichtigung des
                 Lastangriffswinkels

Unabhängig vom Lastangriffswinkel hat die Holzfeuchte einen direkten
Einfluss auf die Festigkeit des Holzes. Bei steigendem Feuchtegehalt sinkt
die Festigkeit bis zum Erreichen des Fasersättigungspunktes (siehe Kapitel
3.2.2), danach bleibt sie auch bei weiterer Zunahme des Feuchtegehaltes
annähernd konstant (siehe Abbildung 3.6). Durch Versuche konnte gezeigt
werden, dass im Bereich der Holzfeuchte von 8 % bis 18 % eine 1 %-ige
Änderung der Holzfeuchte zu einer Reduktion der Druckfestigkeit von 6 %
führt. Die Verringerung der Zug- und Biegezugfestigkeit fiel entsprechend
geringer aus (3 % bzw. 4 %) [3]. Der Grund des Festigkeitsverlustes liegt in
den Wasserstoffbrückenbindungen zwischen den Cellulose Molekülen
begründet. Bei einer Zunahme der Feuchte wird in und zwischen den
Holzfasern eine größere Menge an Wasser gebunden. Dies führt zu einer
geringeren Bindungskraft der Wasserstoffbrücken zwischen den Cellulose
Molekülen und dadurch zur Reduktion der Festigkeit.

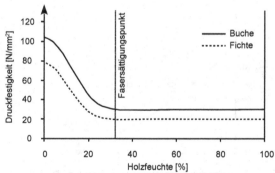

Abbildung 3.6:   Druckfestigkeit von Holz (Buche, Fichte) in Abhängigkeit von der
                 Holzfeuchte

Die Druck-, Biege- und Zugfestigkeit hingegen sind im Gegensatz zur
Dauerhaftigkeit annähernd linear mit der Rohdichte des Holzes verknüpft

(siehe Abbildung 3.7). So ergeben sich für Fichte und Tanne mit annähernd gleichen Rohdichten ebenfalls vergleichbare Festigkeitswerte. Bei höheren Rohdichten (bspw. Kiefer und Lärche) steigt die Festigkeit. Deutlich erkennbar sind die höheren Festigkeiten bei den Laubhölzern (Eiche, Esche, Buche), resultierend aus den hohen Rohdichten.

Die Dauerfestigkeit des Holzes unter Zug- und Druckbeanspruchung fällt im Vergleich zur Kurzzeitfestigkeit deutlich geringer aus (siehe Abbildung 3.8). Bei Bauteilen und Konstruktionen, die dauerhaft einer Last ausgesetzt sind (bspw. Eigengewicht der Konstruktion, ständige Nutzlasten) reduziert sich die Festigkeit deutlich. Bei kurzzeitigen Belastung (bspw. Windlasten) ist dies nicht der Fall. Die Festigkeit unter Dauerlast kann sich dabei auf Werte von bis zu 60 % der Kurzzeitfestigkeit reduzieren. Grund hierfür ist die über einen längeren Zeitraum einwirkende Kraft und die damit verbundene langfristige Schwächung der Holzstruktur.

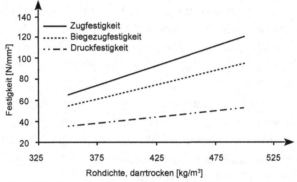

Abbildung 3.7:   Festigkeit von Holz unter Berücksichtigung der Rohdichte

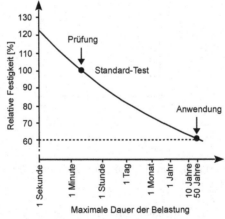

Abbildung 3.8:   Relative Festigkeit des Holzes in Abhängigkeit der Belastungsdauer

3.2.2 Holzfeuchte, Schwinden und Quellen

Holz als hygroskopischer (wasseranziehender) Werkstoff kann Feuchte aus der Umgebung aufnehmen und abgeben. Grund hierfür ist die mikroskopische Kapillarporosität der Holzsubstanz mit ihrer großen inneren Oberfläche. Frisch gefälltes Holz besitzt einen Feuchtegehalt von 50 % bis 150 %, bezogen auf das darrtrockene Holz. Im darrtrockenen Zustand des Holzes, dem Darrzustand, besitzt das Holz 0 % Feuchte. Da Luft ebenfalls einen Feuchtegehalt besitzt, stellt sich nach einiger Zeit im Holz ein Zustand der Ausgleichfeuchte ein. Der darrtrockene Zustand kann daher nur durch künstliche Trocknung erreicht werden, da ansonsten stets ein gewisser Feuchtegehalt im Holz vorhanden ist.

> Die **Holzfeuchte** (angegeben in %) wird stets auf den Darrzustand des Holzes bezogen.

Sobald zwischen dem Holz und der umgebenden Luft ein Feuchtigkeitsgefälle gegeben ist, nimmt das Holz Feuchte aus der Umgebung auf bzw. gibt diese ab. Die durch eine Feuchteaufnahme ausgelöste Volumenzunahme des Holzes nennt man Quellen, die durch Feuchteabgabe bedingte Verringerung des Holzvolumens wird als Schwinden bezeichnet. Wenn sich ein Feuchtigkeitsgleichgewicht zwischen Holz und Luft eingestellt hat (Zustand der Ausgleichfeuchte) können keine Schwind- und Quellprozesse mehr stattfinden.

Feuchtigkeit, bzw. Wasser, kann im Holz auf zweierlei Weise eingelagert werden. Zum einen in den Fasern der Zellwand (gebundenes Wasser), zum anderen innerhalb der Zellhohlräume (freies Wasser) (Abbildung 3.9). Der sogenannte Fasersättigungspunkt des Holzes wird dann erreicht, wenn kein freies Wasser mehr in den Zellhohlräumen vorhanden ist und die Fasern der Zellwand vollständig wassergesättigt sind. Die Holzfeuchte im Fasersättigungspunkt liegt je nach Holzart zwischen 23 % bis 35 % und kann für eine vereinfachte Berechnung im Mittel zu 30 % angenommen werden. Der Fasersättigungspunkt ist eine entscheidende Größe für die Quell- und Schwindvorgänge des Holzes. Erst wenn die Holzfeuchte den Fasersättigungspunkt unterschreitet, beginnt das Holz zu Schwinden. Bei erneuter Feuchteaufnahme kommt es so lange zum Quellen bis der Fasersättigungspunkt erreicht ist. Feuchtewechsel oberhalb des Fasersättigungspunktes haben keine Quell- und Schwindverformungen zur Folge.

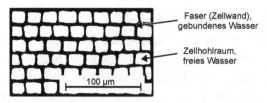

Abbildung 3.9:   Freies und gebundenes Wasser in der Holzsubstanz

> Der **Fasersättigungspunkt** ist derjenige Feuchtegehalt des Holzes, bei
> dem die Fasern der Zellwand vollständig wassergesättigt sind und kein
> Wasser in den Zellhohlräumen vorhanden ist.

Der Feuchtegehalt des Holzes kann vereinfacht in fünf Zustände bzw.
Bereiche unterteilt werden:

- **Bereich 1: Wassersättigung**
  Die Fasern und Zellhohlräume sind gesättigt.
- **Bereich 2: Zwischen Wassersättigung und Fasersättigung**
  Die Fasern sind gesättigt, die Zellhohlräume nur teilweise mit Wasser
  gefüllt.
- **Bereich 3: Fasersättigung**
  (Fasersättigungspunkt; Holzfeuchte ~ 30 %)
  Die Fasern sind gesättigt, die Zellhohlräume enthalten kein Wasser.
- **Bereich 4: Zwischen Fasersättigung und Darrzustand**
  Die Fasern sind nicht gesättigt sondern nur zum Teil mit Wasser
  gefüllt.
  → Quell- und Schwindprozesse finden statt.
- **Bereich 5: Darrzustand (Holzfeuchte 0 %)**
  Die Fasern und Zellhohlräume sind vollständig trocken.
  → Ausgangspunkt für die Angabe des Feuchtegehaltes.

In der Praxis kann die Holzfeuchte in Bereichen von 6 % bis 35 % mit
Messgeräten bestimmt werden. Ein aufwendigeres aber exakteres Verfahren
ist die Bestimmung der Holzfeuchte über das Darrgewicht. Durch Wiegen
einer Holzprobe im feuchten Zustand, dem anschließenden Trocknen auf 0 %
Feuchte (Darrzustand) und dem erneuten Wiegen der getrockneten Probe
lässt sich die Holzfeuchte mittels nachfolgender Formel bestimmen:

$$u = \frac{m_{feucht} - m_{trocken}}{m_{trocken}} \cdot 100~\% \qquad\qquad (3.2.1)$$

u: Holzfeuchte [%]
m_{feucht}:   Masse des feuchten Holzes [kg]
$m_{trocken}$:   Masse des trockenen Holzes (Darrzustand) [kg]

Die Holzfeuchte u entspricht demnach dem Verhältnis der im Holz vorhandenen Wassermasse zur Trockenmasse des Holzes ($m_{trocken}$).

Das unterschiedlich stark ausgeprägte Schwind- und Quellverhalten verschiedener Holzarten wird über das differentielle Schwindmaß α, mit der Einheit %/% definiert. Aufgrund der Anisotropie des Holzes existieren stets drei verschiedene Schwindmaße für eine Holzart. Die Quell- und Schwindprozesse finden demnach in den drei Hauptrichtungen radial, tangential und axial statt (Abbildung 3.10).

Da das axiale Schwinden aufgrund der geringen Ausprägung meist vernachlässigt werden kann, ergeben sich für das tangentiale und radiale Schwinden die differentiellen Schwindmaße $α_t$ (tangential) und $α_r$ (radial).

Das **differentielle Schwindmaß** α gibt an, um wieviel % das Holz schwindet, wenn sich die Holzfeuchte um 1 % ändert.

Tangentiale Schwind- und Quellprozesse finden parallel zum Verlauf der Jahrringe statt, radiale im rechten Winkel zu den Jahrringen und axiale parallel zum Faserverlauf des Holzes. Aufgrund der jeweiligen differentiellen Schwindmaße sowie der theoretisch relevanten Holzfeuchteänderung von ca. 30 % (Bereich zwischen Darrzustand und Fasersättigungspunkt) kann es in den drei Hauptrichtungen allgemein betrachtet zu nachfolgenden prozentualen Gesamtlängenänderungen (Maximalwerte) kommen:

Tangential: ca. 10 %
Radial: ca. 5 %
Achsial: ca. 0,1 % bis 0,3 %

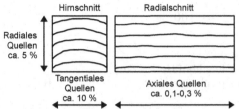

Abbildung 3.10: Maximalwerte des radialen, tangentialen und axialen Quell- und
                 Schwindverhaltens

Die Längenänderung des Holzes, resultierend aus Quell- und
Schwindprozessen, ergibt sich dabei zu

$$\Delta L = \frac{L \cdot \alpha_i \cdot \Delta u}{100\,\%} \qquad\qquad (3.2.2)$$

ΔL:	Längenänderung des Holzes [cm]
L:	Ursprüngliche Länge [cm]
α_i:	Differentielles Schwindmaß [%/%]
Δu:	Differenz des Feuchtegehaltes [%]

Es wird deutlich, dass das feuchtebedingte Verformungsverhalten des Holzes
in den drei Hauptrichtungen stark unterschiedlich ausgeprägt ist. Die
Ursache hierfür liegt im submikroskopischen Holzaufbau begründet. Die
Zellwände des Holzes bestehen aus axial angeordneten Celluloseketten
(Abbildung 1.38), welche sich wiederum aus einzelnen Cellulose Molekülen
zusammensetzen. Zwischen den einzelnen Ketten existieren relativ schwache
chemische Bindungen, was eine Wassereinlagerung und dadurch Quellen und
Schwinden in vollem Umfang ermöglicht (tangentiales und radiales
Schwinden). Zwischen den Cellulosemolekülen innerhalb einer Kette sind die
chemischen Bindungskräfte jedoch relativ stark ausgeprägt. Dadurch kann
Wasser nur schwer eindringen und die Quell- und Schwindvorgänge entlang
der Kette (axial) fallen sehr gering aus.

Das abweichende Quell- und Schwindverhalten in radialer und tangentialer
Richtung ergibt sich durch den Aufbau des Früh- und Spätholzes
(Abbildung 3.12). Spätholz besitzt im Vergleich zum Frühholz eine höhere
Dichte bzw. einen höheren Anteil an Holzsubstanz und dadurch mehr quell-
und schwindfähigen Zellstoff. Da sich die Quell- und Schwindprozesse durch
die Wasseraufnahme und -abgabe des Zellstoffes in der Zellwand ergeben,
quillt und schwindet das Holz umso stärker, je mehr Zellstoff vorhanden ist.

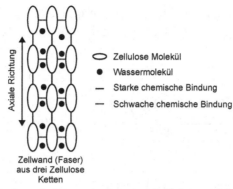

Abbildung 3.11: Bindungskröfte zwischen den Cellulosemolekülen und dadurch
bedingte Wassereinlagerung

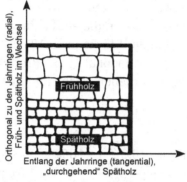

Abbildung 3.12: Ursache des abweichenden Quell- und Schwindverhaltens
(tangential, axial)

Parallel zu den Jahrringen (tangential) ist in voller Länge Spätholz
vorhanden, das dementsprechend stark quillt und schwindet. Rechtwinklig zu
den Jahrringen (radial) ist jede Schicht des Spätholzes von einer weniger
stark quellenden und schwindenden Frühholzschicht unterbrochen. Dadurch
ist das radiale Quellen und Schwinden deutlich schwächer ausgeprägt, da
sich dieses aus der Summe der Anteile aus Spät- und Frühholz
zusammensetzt.

Weicht die Holzfeuchte des Lieferzustandes von jener Holzfeuchte ab, welche
sich im Verlauf der Nutzung der Holzkonstruktion einstellt, so kann der
Verlauf der Jahrringe darüber entscheiden, wie stark sich die Abmessungen
der Gesamtkonstruktion ändern. Bei einem Holzbrett mit 50 cm Breite (B)
und 5 cm Stärke (S), dessen Jahrringe parallel zur Brettbreite verlaufen und
eine Differenz des Feuchtegehaltes von 18 % zu erwarten ist (bspw. 35 %
Holzfeuchte im Lieferzustand, 12 % Holzfeuchte im Verlauf der späteren

Nutzung, Fasersättigungspunkt bei 30 %), ergibt sich das feuchtebedingte Schwinden in radialer (mit α_r = 0,2 %/%) und tangentialer Richtung (mit α_t = 0,41 %/%) zu:

Breite (tangential)

$$\Delta B = \frac{B \cdot \alpha_t \cdot \Delta u}{100\%} = \frac{50\,cm \cdot \left(0,41\frac{\%}{\%}\right) \cdot 18\%}{100\%} = 3,69\,cm$$

Stärke (radial)

$$\Delta S = \frac{S \cdot \alpha_r \cdot \Delta u}{100\%} = \frac{5\,cm \cdot \left(0,2\frac{\%}{\%}\right) \cdot 18\%}{100\%} = 0,18\,cm$$

Aufgrund des Jahrringverlaufes und der abweichenden differentiellen Schwindmaße in tangentialer und radialer Richtung schwindet das Brett in der Breite um 3,69 cm und in der Stärke um 0,18 cm. Bei entgegengesetztem Jahrringverlauf (Jahrringe orthogonal zur Brettbreite) und ansonsten gleichen Randbedingungen ergeben sich für das Brett die folgenden Längenänderungen:

Breite (radial)

$$\Delta B = \frac{B \cdot \alpha_r \cdot \Delta u}{100\%} = \frac{50\,cm \cdot \left(0,2\frac{\%}{\%}\right) \cdot 18\%}{100\%} = 1,8\,cm$$

Stärke (tangential)

$$\Delta S = \frac{S \cdot \alpha_t \cdot \Delta u}{100\%} = \frac{5\,cm \cdot \left(0,41\frac{\%}{\%}\right) \cdot 18\%}{100\%} = 0,37\,cm$$

Die unterschiedliche Orientierung der Jahrringe führt zu deutlichen Unterschieden der Querschnittsverformungen, was bei der Planung von Holzkonstruktionen berücksichtigt werden muss. Es sollte an dieser Stelle ebenfalls beachtet werden, dass die Differenz der Holzfeuchte ausgehend vom Fasersättigungspunkt berechnet wird. Auch wenn im Lieferzustand 35 % Holzfeuchte gegeben sind, schwindet das Holz erst ab Unterschreitung des Fasersättigungspunktes. Daher ergibt sich die Differenz der Holzfeuchte zu 18 % (30 % - 12 %), wenn der Fasersättigungspunkt bei 30 % angenommen wird.

3.2.3 Verformungsverhalten

Durch das Quellen und Schwinden verformt sich das Holz. In diesem Zusammenhang spielt nicht nur die Änderung der Querschnittsabmessungen eine Rolle, sondern ebenfalls die Maßhaltigkeit der Geometrie. Diese Tatsache muss beim Trocknungsprozess des frischen Holzes und beim Einsatz von Bauholz berücksichtigt werden, da sich ungünstige Verformungen der Querschnitte auf die Tragfähigkeit und das Erscheinungsbild von Holzkonstruktionen auswirken können. Beim Trocknen eines Holzstammes kommt es bei Unterschreitung des Fasersättigungspunktes ab einem gewissen Zeitpunkt zur Rissbildung des Holzes ausgehend von der Oberfläche des Stammes in Richtung Kern. Dies liegt unter anderem daran, dass die äußeren Bereiche des Stammes schneller trocknen als die innen liegenden. Dadurch schwindet das außenliegende Holz während die inneren Schichten noch keiner Formänderung unterliegen. Der dadurch bedingte Spannungsaufbau führt zur Rissbildung. Das Risiko dieser Rissbildung kann durch eine langsame Trocknung reduziert werden, da sich dadurch geringere Spannungen im Holz aufbauen. Weiterhin ist es sinnvoll, den Stamm in einzelne Bretter, Bohlen oder Kanthölzer zu schneiden, bevor dieser den Fasersättigungspunkt unterschreitet.

Im günstigsten Fall wird Bauholz mit einer Holzfeuchte geliefert, die der Holzfeuchte der späteren Nutzung entspricht. Dadurch lassen sich nachfolgende Schwind- und Quellverformungen minimieren. Trotzdem wird auch fachgerecht getrocknetes Holz weiteren Schwind- und Quellprozessen ausgesetzt sein, insbesondere durch Änderungen der Luftfeuchte oder aber durch eine abweichende Nutzung. Die Ausgleichsfeuchte, auch Gleichgewichtsfeuchte genannt, ist jener Feuchtegehalt des Holzes, der sich im Ausgleich mit der das Holz umgebenden Luftfeuchte einstellt. Der Zusammenhang zwischen der Luftfeuchte und der dadurch resultierenden Holzfeuchte wird über sogenannte Sorptionsisotherme dargestellt. Unter Zuhilfenahme der Sorptionsisotherme des entsprechenden Holzes lässt sich in Abhängigkeit der zu erwartenden Luftfeuchte der Feuchtegehalt des Holzes bestimmen. Dadurch kann bei der Planung von Holzkonstruktionen die Holzfeuchte im Gebrauchszustand der Konstruktion festgelegt und Holz mit einem entsprechendem Feuchtegehalt angefordert werden.

Das Schwinden und Quellen des Holzes kann infolge der wechselnden Ausgleichsfeuchte nicht verhindert werden, durch einen günstigen Verlauf der Jahrringe lässt sich das Ausmaß der Verformung jedoch stark beeinflussen. Verlaufen die Jahrringe annähernd parallel zu einer

Querschnittsseite des Bauteils (Abbildung 3.13, rechts), so kommt es zwar zur Verringerung der Querschnittsabmessungen, der Querschnitt „verzieht" sich jedoch nicht. Anders verhält es sich bei schräg zu den Querschnittsseiten verlaufenden Jahrringen (Abbildung 3.13, links). Durch das stärker ausgeprägte tangentiale Schwinden (parallel zu den Jahrringen) verkürzt sich die Diagonale des Balkens parallel zum Verlauf der Jahrringe stärker als jene in radialer Richtung. Dadurch ergibt sich ein rautenförmiger Querschnitt, der im eingebauten Zustand ebenfalls angrenzende Bauteile in ihrer Funktion beeinträchtigen kann.

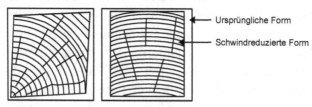

Abbildung 3.13: Querschnittsverformungen infolge des Jahrringverlaufes

Der Einsatz von Herzbretten im Bauwesen ist ebenfalls problematisch (Abbildung 3.14). Das Herzbrett wird aus der Mitte des Stammes geschnitten und enthält in Brettmitte die Markröhre des Stammes. Da diese aus abgestorbenem Holz besteht und die Zellwände nur noch mit Luft gefüllt sind, tritt nahezu kein Quellen und Schwinden auf. Da die äußeren Bereiche des Brettes schwinden und quellen kommt es zum Spannungsaufbau und zur Rissbildung im Bereich des Marks. Erkennbar ist ebenfalls, dass das Schwinden im Randbereich stärker ausgeprägt ist als im mittleren und inneren Bereich. Dies ergibt sich durch die Neigung der Jahrringe. Im äußeren Bereich verlaufen diese nahezu rechtwinklig zur Breite des Brettes. Die Brettstärke schwindet daher im Verlauf der tangentialen Hauptrichtung. Durch den in der Stammmitte geringeren Radius der Jahrringe neigen sich diese, in Bezug auf die Brettstärke erfolgt daher ein Übergang vom tangentialen zum radialen Schwinden. Da das radiale Schwinden schwächer ausgeprägt ist als das tangentiale, schwindet der innere Bereich entsprechend weniger stark. Da in der Praxis die Jahrringe nicht immer exakt parallel zu einer Querschnittsseite verlaufen, kann es zum „Verziehen" bzw. „Verwerfen" des Holzes kommen. Dies wird am Beispiel eines Seitenbrettes deutlich. Bei einem „längs" zur Brettbreite ausgerichteten Jahrringverlauf ergibt sich per Definition eine sogenannte rechte und linke Seite des Seitenbrettes. Die rechte Seite ist der Herzzone zugewandt, die linke Seite ist entsprechend die der Herzzone abgewandte Seite. Aufgrund des im

Vergleich zum radialen Schwinden stärker ausgeprägten tangentialen Schwindens ziehen sich die Jahrringe entlang ihres Verlaufes stärker zusammen. Dadurch ergibt sich eine konkave (nach innen gewölbte) linke Seite bzw. eine konvexe (nach außen gewölbte) rechte Seite. In der Baupraxis muss dieses Verformungsverhalten berücksichtigt werden, da die in der Brettmitte liegende Randzone der rechten Seite zu Abplatzungen und Absplitterungen neigt. Bei Holzbrettern wird die höchste Qualität durch sogenannte stehende Jahrringe erreicht. Stehende Jahrringe kennzeichnen sich dadurch aus, dass die Jahrringe parallel zur kleineren Querschnittsabmessung des Brettes verlaufen.

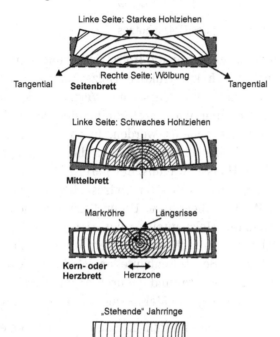

Abbildung 3.14: Verformungen von Seiten-, Mittel- und Herzbrettern

3.2.4 Schädlingsresistenz und Holzschutz

Holzschutz lässt sich generell in zwei Kategorien unterteilen, den Brandschutz und den Schutz gegen Pilze und Insekten (Abbildung 3.15). Weiterhin lässt sich zwischen vorbeugendem und bekämpfendem Holzschutz unterscheiden, wobei zuletzt genanntes Verfahren nur im Falle des bereits begonnenen Pilz- und Insektenbefalls zur Anwendung kommt. Beim vorbeugenden Holzschutz gegen Pilze und Insekten können darüber hinaus chemische und konstruktive Maßnahmen zur Anwendung kommen.

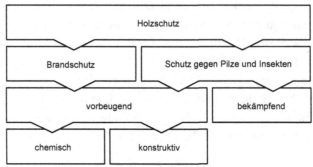

Abbildung 3.15: Unterteilung des Holzschutzes

Pilze als Holzschädlinge zerstören die Holzstruktur und können sowohl durch chemische als auch durch konstruktive Holzschutzmaßnahmen vermieden bzw. bekämpft werden. Als klassische Vertreter können der echte Hausschwamm, der braune Warzenschwamm, der weiße Porenschwamm, Bläuepilze und Blättlinge genannt werden. Je nach Schädlingstyp ergeben sich unterschiedliche Holzfeuchten, bei denen die Schädlinge auftreten. Mit Ausnahme des echten Hausschwamms, der bereits bei einer Holzfeuchte von 20 % wirken kann, und des Bläuepilzes liegen die erforderlichen Holzfeuchten bei Werten über 30 %. Unter Berücksichtigung der üblichen Holzfeuchte bestimmter Holzbauteile zeigt sich, dass bei Innenbauteilen meist nicht mit Pilzbefall zu rechnen ist, sofern die Bauteile hinreichend vor Feuchte geschützt sind. Bei Außenbauteilen ist die Gefahr des Pilzbefalls infolge der höheren Luftfeuchte (und dadurch höheren Holzfeuchte) generell größer und muss durch geeignete Maßnahmen unterbunden werden.

Bei der Schädigung des Holzes durch Insekten sind der gemeine Nagekäfer, der Hausbockkäfer und der Splintholzkäfer typische Vertreter. Die Zerstörung der Holzsubstanz erfolgt in allen Fällen durch die Larven der Schädlinge, nicht durch die Käfer selbst. Im Gegensatz zu den Pilzen zerstören Insekten das Holz auch bei wesentlich geringeren Holzfeuchten und wirken daher insbesondere im „trockenen" Holz. In tropischen Gebieten kann die Schädigung ebenfalls von Ameisen und Termiten hervorgerufen werden.

Die natürliche Dauerhaftigkeit des Holzes gegenüber Pilzen ist in DIN EN 350 über Resistenzklassen geregelt (Tabelle 3.1). Sehr dauerhaft sind demnach nur Tropenhölzer, klassische Hölzer für den Außenbereich wie bspw. Eiche, Kiefer, Lärche und Douglasie werden den Bereichen „dauerhaft" bis „mäßig dauerhaft" zugeordnet. „Wenig dauerhafte" Hölzer wie bspw. Tanne und Fichte sowie „nicht dauerhafte" Hölzer wie Buche und Esche sind aufgrund der geringen natürlichen Dauerhaftigkeit gegen Pilze nicht für den Einsatz im Außenbereich geeignet.

Tabelle 3.1:   Natürliche Dauerhaftigkeit gegen Pilze

Klasse	Bezeichnung	Holzart
1	Sehr dauerhaft	Afzelia, Maobi, Bilinga, Greenheart, Teak, Makoré
1 - 2	Dauerhaft bis sehr dauerhaft	Robinie
2	Dauerhaft	Europäische Eiche, Edelkastanie, Bankirai, Mahogany
2-3	Mäßig dauerhaft bis dauerhaft	Yellow Cedar, amerikanische Weißeiche
3	Mäßig dauerhaft	Kiefer
3 - 4	Wenig dauerhaft bis mäßig dauerhaft	Europäische Lärche, europäische Douglasie
4	Wenig dauerhaft	Tanne, Fichte, Ulme, amerikanische Roteiche
5	Nicht dauerhaft	Birke, Buche, Esche, Linde, White Meranti

Der konstruktive (bzw. bauliche) Holzschutz dient dem Schutz des Holzes vor Feuchtigkeit. In diesem Zusammenhang geht es zum einen um den direkten Schutz vor erhöhter Feuchte, bspw. dem Schutz vor direkter Beregnung, zum anderen darum, dass durchfeuchtete Bereiche auch wieder trocknen können. Holzfassaden an Gebäuden werden am effektivsten durch Dachüberstände geschützt, da auf diese Weise die direkte Beregnung unmittelbar unterbunden wird. Die Ausbildung der Fassade selbst sollte so gestaltet werden, dass Wasser möglichst schnell von den Holzbauteilen abfließen kann und sich hinter der Fassade keine Feuchte anstaut. Dies kann durch gefaste[15] Brettkanten erreicht werden sowie durch hinterlüftete Fassaden. Pfosten und sonstige Bauteile nahe der Geländeoberkante sollten möglichst oberhalb des Spritzwasserbereichs positioniert werden, da durch das stark saugende Hirnholz große Mengen an Spritzwasser aufgenommen werden können. Insbesondere bei Pfosten sollte zusätzlich darauf geachtet werden, dass keine Kapillarfugen zwischen dem Holz und den Pfostenhalterungen entstehen, da über diese Fugen verstärkt Feuchte ins Holz eindringen kann und die nachfolgende Trocknung erschwert wird. Das obere freie Ende des

---

15   Wird die Kante eines Werkstückes abgeschrägt, so spricht man von einer Fase. Die Fase besitzt im Vergleich zu einer abgerundeten Kante einen Winkel von 45 °.

Pfostens sollte durch Abdeckungen oder entsprechend abgeschrägte Kanten vor stehender Nässe geschützt werden, da in diesem Zusammenhang ebenfalls das stark saugende Hirnholz zum Problem werden kann. Bei Balkendecken, wie sie in Altbauten häufig anzutreffen sind, müssen die Balkenköpfe hinterlüftet ausgeführt und zusätzlich auf einer Sperrschicht positioniert werden. Die Sperrschicht verhindert den direkten Kontakt des Holzes zum Mauerwerk und reduziert damit die Gefahr der Durchfeuchtung des Holzes bei feuchtem Mauerwerk. Die Hinterlüftung dient der Möglichkeit der Holztrocknung, sollte das Holz trotz allem feucht werden. Für alle Außenbauteile wirken sich abgerundete Kanten positiv auf die Dauerhaftigkeit des Bauteils aus, da Holzschutzmittel in diesen Bereichen stärkere Schichtdicken besitzen als im Fall eines Bauteiles mit rechteckiger Kante.

Beim chemischen Holzschutz werden fünf Gefährdungsklassen unterschieden (Tabelle 3.2). Gefährdungsklasse 0 gilt für Räume mit üblichem Wohnklima, in denen generell mit relativ niedrigen Luftfeuchten zu rechnen ist. Bauteile mit ständigem Erd- und / oder Wasserkontakt sind der Gefährdungsklasse 4 zuzuordnen. Bei den Gefährdungsklassen 1, 2 und 3 steigt die relative Luftfeuchte, dem das Bauteil ausgesetzt ist, an. Bei den Anforderungen an die Holzschutzmittel wird zwischen insektenvorbeugend (Iv), pilzwidrig (P), witterungsbeständig (W) und moderfäulewidrig (E) unterschieden. Tabelle 3.2 zeigt die Anforderungen des Holzschutzmittels in Abhängigkeit der jeweiligen Gefährdungsklasse. Erkennbar wird, dass mit steigender Feuchtebelastung höhere Anforderungen an das Holzschutzmittel gestellt werden.

Die Behandlung des Holzes mit Holzschutzmitteln kann als Oberflächenschutz, Randschutz, Tiefschutz oder Vollschutz erfolgen. Klassische Holzschutzmittel basieren auf wasserlöslichen Salzen oder Ölen. Werden Holzbauteile mit diesen Mitteln behandelt, muss beim Kontakt der Bauteile mit angrenzenden Metall-, Glas- und Kunststoffbauteilen berücksichtigt werden, dass wasserlösliche Salze Metall und Glas angreifen können, ölige Mittel können zur Korrosion von Kunststoffen führen. Der Schutz des Holzes kann durch Spritzen, Streichen, Tauchen, Kesseldruckimprägnieren und Vakuumtränken erfolgen.

Tabelle 3.2: Anwendung und Wirksamkeit von Holzschutzmitteln

Gefähr-dungs-klasse	Anwendungsbereich	Anforderungen an Holzschutzmittel	Erforderl. Prüfprädikat für tragende Bauteile
0	Räume mit üblichem Wohnklima	Keine Holzschutzmittel erforderlich	
1	Innenbauteile (Dach, Decken, Wände) mit mittlerer RH < 70 %	Insektenvorbeugend	Iv
2	Innenbauteile mit mittlerer RH > 70 % Außenbauteile ohne unmittelbare Wetterbeanspruchung	Insektenvorbeugend, pilzwidrig	Iv, P
3	Innenbauteile in Nassräumen, Außenbauteile ohne Erd- und Wasserkontakt	Insektenvorbeugend, pilzwidrig, witterungsbeständig	Iv, P, W
4	Bauteile mit ständigem Erd- und / oder Wasserkontakt	Insektenvorbeugend, pilzwidrig, witterungsbeständig, moderfäulewidrig	Iv, P, W, E

3.2.5 Brandverhalten

Da Holz aufgrund seines organischen Ursprungs brennbar ist, muss der Brandschutz von Holzbauteilen gewährleistet werden. Dass Holz im Vergleich zu Stahl brennbar ist, bedeutet jedoch nicht, dass der Werkstoff im Vergleich zu Stahl weniger gut geeignet ist. So kann durch Überdimensionierung des Querschnittes bei der statisch konstruktiven Bemessung das Versagen des Bauteils stark verzögert werden. Dies wird als Abbrandrate bezeichnet. Verbrennen die äußeren Schichten des Bauteils, so schützt die dadurch entstandene verkohlte Schicht das noch intakte Holz in den weiter innenliegenden Bereichen. Der Abbrand des restlichen Querschnittes schreitet dadurch stark verzögert voran. Dies ist ein entscheidender Vorteil gegenüber Stahl. Im Brandfall erhitzt sich Stahl und verliert daher ab Temperaturen von circa 500 °C deutlich an Tragfähigkeit, da steigende Temperaturen stets mit einer Verringerung der Festigkeit einhergehen. Bei Stahl und Holz kann der Brandschutz ebenfalls durch spezielle Brandschutz Beschichtungen erfolgen. Die Beschichtungen schäumen bei höheren Temperaturen auf und bilden dadurch eine Schutzschicht auf der Oberfläche der Bauteile.

3.3 Holzwerkstoffe

Durch das Verpressen und Verleimen unterschiedlich großer Holzteile entstehen Holzwerkstoffe. Die Holzteile können dabei aus Stäbchen, Stäben, Furnieren, Spänen oder Fasern bestehen. Die Verleimung erfolgt meist durch Kunstharze wie bspw. Phenol-, Melamin-, Harnstoff-, Epoxid-, Resorcin-, Polychloropren- oder Polyurethanharz. Im Vergleich zu Phenol- und Harnstoffharz kommen Melamin- und Resorcinharze insbesondere dann zur Anwendung, wenn höhere Anforderungen an die Feuchtebeständigkeit des Werkstoffes gestellt werden. Epoxidharz ist insbesondere dann geeignet, wenn Holz-Stahl-Verbindungen realisiert werden sollen. Der Verbund von Holz und Kunststoff wird meist mit Polychloroprenharzen umgesetzt. Vollholzwerkstoffe bezeichnen Holzwerkstoffe, die sich aus einzelnen Massivholzelementen zusammensetzen. Die „Einzelbauteile" der Vollholzwerkstoffe sind daher stets größer als jene der Holzwerkstoffe. Im Vergleich zum klassischen Vollholz ergeben sich für Holz- und Vollholzwerkstoffe die folgenden Vorteile:

- Größere Querschnitte und Spannweiten
- Zweckmäßiger Aufbau
- Bessere Ausnutzung des vorhandenen Holzes
- Minimierung von Störzonen
- Realisierung gekrümmter Bauteile

3.3.1 Brettschichtholz

Brettschichtholz (siehe Abbildung 3.16) ist ein Vollholzwerkstoff, der aus mindestens drei Brettlagen besteht, welche in gleicher Faserrichtung verleimt werden. Der Anzahl der Brettlagen sowie den Dimensionen des Querschnittes des Brettschichtholzes sind, zumindest theoretisch, keine Grenzen gesetzt. Daher lassen sich Träger mit beliebigen Abmessungen und Geometrien (ebenfalls gekrümmte Träger) realisieren, was mit reinem Vollholz nur schwer machbar wäre. Die einzelnen Brettlagen können aus durchgehenden Vollholzbrettern bestehen oder, bei größeren erforderlichen Längen, aus Einzelbrettern zusammengesetzt sein. Die Längsverbindung der Einzelbretter erfolgt über eine verleimte Keilzinkung. Weitere Vorteile des Brettschichtholzes ergeben sich durch eine geringere Anzahl an Störzonen der Einzelbretter, einem zweckmäßigen Aufbau und einer besseren Ausnutzung des vorhandenen Holzes. Geringere Anteile an Störzonen ergeben sich dadurch, dass bei der Auswahl der Bretter für die einzelnen

Brettlagen auf astfreie Bretter zurückgegriffen werden kann. Der zweckmäßige Aufbau ergibt sich insbesondere durch die in der Regel biegebeanspruchte Belastung der Träger. Die am stärksten beanspruchten Bereiche des Querschnittes sind die Druck- und Zugzone in den Randbereichen. Zur Querschnittsmitte hin reduziert sich die aus äußeren Belastungen resultierende Spannung im Querschnitt hin zur sogenannten Nulllinie, in der der Übergang von Druck- zu Zugspannungen erfolgt und die Spannung daher Null ist. Folglich werden hochwertige Bretter für die äußeren Lagen des Brettschichtholzes eingesetzt, die Lagen in Querschnittsmitte können weniger hochwertig sein, da in diesen Bereichen die Belastung des Trägers ebenfalls geringer ist.

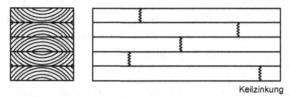

Keilzinkung

Abbildung 3.16: Aufbau des Brettschichtholzes

3.3.2 Steg- und Fachwerkträger

Holzwerkstoffe können ebenfalls als Steg- und Fachwerkträger ausgeführt werden (siehe Abbildung 3.17). Unterschieden wird im Wesentlichen zwischen Doppelstegträger, Trigonitträger und Dreieckstrebenträger.

Doppelstegträger bestehen aus einem Steg und zwei Gurten und kommen bspw. als Träger für Schalungssysteme zum Einsatz. Der Gurt besteht aus Furnier- oder Vollholz, der Steg aus Faser- oder OSB-Platten. Trigonitträger setzten sich aus Gurten und Diagonalstreben zusammen, wobei die Diagonalstreben mit Keilzinkungen verbunden sind und die Gurte über genagelte Bleche mit den Diagonalstreben verbunden werden. Streben sowie Gurte können aus Furnier- oder Vollholz gefertigt werden. Dreieckstrebenträger besitzen ebenfalls Diagonalstreben und zwei Gurte, bestehen jedoch im Vergleich zum Trigonitträger aus Vollholz, wobei die Verbindung der Streben mit den Gurten über Keilzinkungen erfolgt.

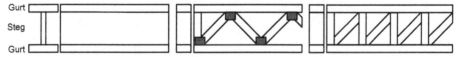

Abbildung 3.17: Aufbau des Doppelsteg- (links), Trigonit- (Mitte) und
                 Dreieckstrebenträgers (rechts)

Der Vorteil der Steg- und Fachwerkträger ergibt sich aufgrund der statisch günstigen Ausbildung der Träger. Die Gurte nehmen die Druck- und Zugkräfte in Längsrichtung auf, die Stege dienen der Aufnahme der Zug- und Druckkräfte zwischen den Gurten. Durch den reduzierten Querschnitt des Steges lässt sich bei gleicher Tragfähigkeit ein geringes Gewicht der Träger realisieren, verglichen mit Vollholz- oder Brettschichtholzträgern.

3.3.3 Sperrholz

Sperrholz besteht aus einzelnen Furnierlagen, Holzstäben oder Holzstäbchen. Generell wird zwischen Furniersperrholz, Stäbchen- und Stabsperrholz unterschieden. Die Besonderheit besteht darin, dass die Einzellagen des Holzwerkstoffes bzgl. des Faserverlaufes kreuzweise verleimt werden. Eine Lage mit Faserverlauf in Längsrichtung grenzt daher immer an eine Lage, in der der Faserverlauf um 90 ° versetzt angeordnet ist. Da das Schwind- und Quellverhalten des Holzes achsial und tangential (bzw. radial) stark unterschiedliche Dimensionen aufweist, „sperren" sich die Einzellagen des Holzwerkstoffes gegenseitig bei der durch Feuchteänderung hervorgerufenen Längenänderung (Abbildung 3.18, links). Dadurch wird ein maßhaltiges Bauteil geschaffen, welches ebenfalls geringen Längenänderungen beim Quellen und Schwinden des Holzes ausgesetzt ist. Ebenfalls wichtig ist, dass stets eine ungerade Anzahl an Lagen gegeben ist. Nur dadurch lässt sich verhindern, dass die sperrende Wirkung der Einzellagen zu einem „Verziehen" des Werkstoffes führt. Bei der Betrachtung eines zweilagigen Sperrholzes (Abbildung 3.18, rechts) ergibt sich aufgrund des orthogonal ausgerichteten Faserverlaufes der beiden Einzellagen die Situation, dass die eine Lage relativ stark quillt und schwindet (radial bzw. tangential) und die zweite Lage extrem wenig (achsial). Folglich verzieht sich der Werkstoff, da eine Seite starken Änderungen der Abmessungen unterliegt und die andere Seite dementsprechend geringen. Nur wenn beispielsweise die stark schwindende bzw. quellende Mittellage beidseitig von weniger stark schwindenden bzw. quellenden Randlagen umgeben ist (oder umgekehrt), kann die sperrende Wirkung ohne Verlust der Formstabilität des Werkstoffes realisiert werden.

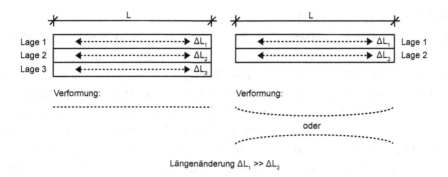

Längenänderung $\Delta L_1 \gg \Delta L_2$

Abbildung 3.18: Funktionsprinzip des Sperrholzes (Furniersperrholz)

Furniersperrholz besteht aus einzelnen Furnierlagen, beim Stab- und Stäbchensperrholz bilden die äußeren Randschichten Furniersperrholz, die Mittellage besteht aus Stäben bzw. Stäbchen. Die Mindestanzahl der Furnierlagen beim Furniersperrholz beträgt drei, nach oben ist der Anzahl theoretisch keine Grenze gesetzt, solange eine ungerade Anzahl gegeben ist. Die Stäbe bzw. Stäbchen beim Stab- und Stäbchensperrholz besitzen in der Mittellage die gleiche Faserorientierung, die Faserrichtung der äußeren Furnierlagen ist rechtwinklig zur Faserrichtung der Mittellage ausgerichtet. Der Unterschied des Stabsperrholzes zum Stäbchensperrholz ergibt sich durch die Mittellage. Beim Stabsperrholz sind die Stäbe der Mittellage bzgl. des Jahrringverlaufs ungeordnet (Abbildung 3.19, links). Die unterschiedlich stark ausgeprägten Quell- und Schwindprozesse in tangentialer und radialer Richtung können daher dazu führen, dass sich bei Feuchtewechseln eine wellige Oberfläche auf den äußeren Furnierlagen abzeichnet. Dagegen sind die Stäbchen des Stäbchensperrholzes geordnet (in der Regel stehende Jahrringe, bezogen auf die Plattenstärke) ausgerichtet (Abbildung 3.19, rechts), Quell- und Schwindprozesse sind über die gesamte Plattenbreite gleichmäßig stark ausgeprägt und es ergibt sich eine qualitativ hochwertigere Oberfläche.

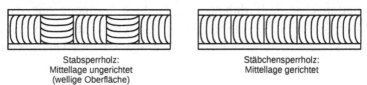

Stabsperrholz:
Mittellage ungerichtet
(wellige Oberfläche)

Stäbchensperrholz:
Mittellage gerichtet

Abbildung 3.19: Unterschied zwischen Stab- und Stäbchensperrholz

3.3.4 Strang- und Flachpressplatten

Ein weiterer Typ von Holzwerkstoffen sind Strang- und Flachpressplatten. Die Platten bestehen aus vielen kurzen Holzspänen, die in der Regel mit Kunstharz (ebenfalls möglich sind Zement, Gips oder Magnesit als Bindemittel) miteinander verleimt bzw. verpresst werden. Der Vorteil dieses Holzwerkstoffes ergibt sich unter anderem durch die nachhaltige Produktion. Holzabfälle der holzverarbeitenden Industrie, die aufgrund ihrer geringen Größe nicht mehr zu Vollholz-Elementen verarbeitet werden können, werden als Späne für Strang- und Flachpressplatten verwendet. Die Holzwerkstoffe können unbeschichtet oder beschichtet ausgeführt werden. Beim Aufbau des Plattenquerschnittes ergeben sich für die mittleren Bereiche meist gröbere Späne, die feineren Späne in den Randbereichen führen zu einer glatten homogenen Oberfläche. Da die Späne der Flachpressplatten ungerichtet (keine Ausrichtung der Späne in eine bestimmte Richtung) in den Platten verpresst werden und ebenfalls Späne mit geringer Größe zur Anwendung kommen, besitzen Flachpressplatten eine relativ geringe Biegesteifigkeit. Die Biegesteifigkeit ist jedoch in beiden Achsen (Länge und Breite der Platte) gleich. Bei den Strangpressplatten ergibt sich im Vergleich zu den Flachpressplatten der Unterschied, dass die Späne meist rechtwinklig zur Plattenebene ausgerichtet sind. Dies wird über einen abweichenden Produktionsprozess gesteuert und führt dazu, dass die Biegesteifigkeit im Vergleich zur Flachpressplatte noch geringer ausfällt. Daher werden Strangpressplatten meist mit Furnieren oder Holzfaserplatten beschichtet. Durch die in Längsrichtung der Platte verlaufenden Hohlräume der Strangpress-Röhrenplatten lässt sich das Gewicht der Platten reduzieren. OSB Platten (**O**riented **S**trand **B**oard) sind spezielle Flachpressplatten, die aus langen schmalen, miteinander verleimten Stäben bestehen. Die Besonderheit ergibt sich aufgrund der Ausrichtung und Länge der Späne. Dadurch ergibt sich in einer Plattenachse eine, im Vergleich zu konventionellen Spanplatten, hohe Biegefestigkeit. Die Biegefestigkeit der zweiten Plattenachse fällt dahingegen deutlich geringer aus, ist jedoch aufgrund der Größe der Späne immer noch deutlich höher als bei Strang- und Flachpressplatten. Aufgrund der groben Späne ist die Oberfläche jedoch rau.

3.3.5 Holzfaserplatten

Holzfaserplatten bestehen aus extrem feinen Spänen, die ungerichtet miteinander verleimt werden. Aufgrund der Feinheit der Späne ergeben sich glatte hochwertige Oberflächen, die   für Lackierungen und weitere Beschichtungsverfahren sehr gut geeignet sind. Holzfaserplatten werden in unterschiedlichen Dichten angeboten. Weitere Unterschiede, insbesondere im Hinblick auf die Bezeichnung der Platten, ergeben sich infolge des Produktionsprozesses.

3.4 Literatur (Kapitel 3)

[1] „Fertighaus.de - bester Überblick für Preise, Häuser & Anbieter", *Fertighaus.de*. [Online]. Verfügbar unter: https://www.fertighaus.de/. [Zugegriffen: 28-Nov-2018].

[2] H. G. Ambrozy und Z. Giertlová, *Planungshandbuch Holzwerkstoffe: Technologie, Konstruktion, Anwendung*. Wien: Springer, 2005.

[3] R. von Halász und C. Scheer (Hrsg.), *Grundlagen, Entwurf, Bemessung und Konstruktionen*, 9. Berlin: Ernst, 1996.

4 Kunststoffe

Kunststoffe bieten gegenüber dem Naturwerkstoff Holz den entscheidenden Vorteil, dass sich ihre physikalischen und chemischen Materialeigenschaften beim Produktionsprozess sehr präzise steuern lassen. Dadurch entstehen hochwertige Materialien gleichbleibender Qualität, die darüber hinaus ein sehr breites Anwendungsspektrum ermöglichen. Zudem existiert eine Vielzahl von Verfahren, um Kunststoffkörpern nahezu beliebige Geometrien zu verleihen.

Kunststoff ist ein Werkstoff, welcher aus synthetisch oder halbsynthetisch erzeugten, organischen Polymeren besteht. Unter dem Begriff **Polymer** wird ein chemischer Stoff verstanden, der aus mehreren Makromolekülen zusammengesetzt ist. Diese Makromoleküle werden durch eine Vielzahl von Grundeinheiten, den sogenannten Monomeren, gebildet. Kunststoffe setzen sind aus mehreren solcher Polymere zusammen. Beispielsweise besteht der Kunststoff Polypropylen (PP) aus sich vielfach wiederholenden Propylen Einheiten (C_3H_6).

Kunststoffe zeichnen sich dadurch aus, dass sich ihre technischen Eigenschaften, wie beispielsweise die Formbarkeit, Härte, Elastizität, Bruchfestigkeit und Beständigkeit gegenüber Temperatur, Wärme sowie chemischen Angriffen, durch die Auswahl der Ausgangsmaterialien, der Art der Herstellung und der Verwendung von Additiven in weiten Grenzen variieren lassen.

Als vorteilhafte Eigenschaften von Kunststoffen können das relativ geringe Gewicht, die isolierende Eigenschaft, die gute Formbarkeit, die hohe Zugfestigkeit, die große Diffusionsdichtigkeit und die hohe chemische Beständigkeit genannt werden. Nachteile können sich aus der geringen Wärmebeständigkeit, der ausgeprägten Temperaturabhängigkeit, der Brennbarkeit sowie einer unter Umständen schnellen Alterung des Materials ergeben [1].

Im Bauwesen werden Kunststoffe insbesondere aufgrund der hohen Dauerhaftigkeit sowie Wirtschaftlichkeit als Werkstoffe, Halbzeuge und Bauteile verwendet. Als Werkstoffe werden Materialien bezeichnet, die der Herstellung von Halbzeugen und Bauteilen dienen. Hierunter fallen beispielsweise Fußbodenbeschichtungen, Dichtungsmassen für Dehnungsfugen, Zusätze für Mörtel und Betone sowie Fliesenkleber. Halbzeuge sind Werkstücke einfacher Formen, die in der Regel nur aus einem Rohmaterial bestehen und auf der Baustelle meist noch angepasst werden. Beispiele hierfür sind Abwasserrohre, Dichtungsbahnen sowie Platten zur Wärme- und Schalldämmung. Bauteile hingegen sind vorgefertigte Teilstücke, die zu einem Bauwerk zusammengesetzt werden können, wie beispielsweise Fenster, Lichtschächte und Regenabläufe.

4.1 Herstellung von Kunststoffen

Die Herstellung von Kunststoffen untergliedert sich in zwei Phasen. Zunächst werden reaktionsfähige Einzelmoleküle, sogenannte Monomere, hergestellt. Diese Monomere werden im Anschluss zu Makromolekülen verknüpft, welche als Polymere bezeichnet werden. Die Ausgangsstoffe von Kunststoffen sind Erdöl, Erdgas, Kohle, Kalk, Wasser und Luft. Chemisch betrachtet beinhalten sie als wichtigste Elemente Wasserstoff (H) und Kohlenstoff (C), ebenso wie Sauerstoff (O), Stickstoff (N), Schwefel (S) und Silicium (Si). Diese Grundstoffe dienen als Ausgangsstoffe für die Herstellung der reaktionsfähigen Monomere. Die Verknüpfung der Monomere zu Polymeren kann in drei unterschiedlichen Syntheseverfahren erfolgen, welche sich in zwei verschiedene Reaktionstypen einteilen lassen (Abbildung 4.1).

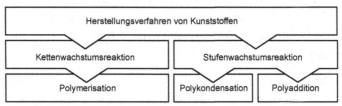

Abbildung 4.1:   Überblick über die Herstellungsverfahren von Kunststoffen

Unterschieden wird zwischen Stufen- und Kettenwachstums-reaktionen. **Stufenwachstumsreaktionen** kennzeichnen sich durch die Bildung von reaktionsfähigen Zwischenprodukten, den sogenannten Oligomeren, aus denen sich bei fortschreitender Reaktion Makromoleküle zusammensetzen und dadurch letztendlich die Polymere gebildet werden. Bei der **Kettenwachstumsreaktion** wird zunächst ein Monomer durch eine Startreaktion aktiviert. Im Anschluss werden fortlaufend Monomere angebunden, sodass eine wachsende Polymerkette entsteht. Beide Reaktionstypen sind in Abbildung 4.2 und Abbildung 4.3 dargestellt.

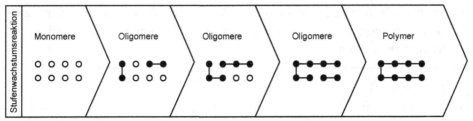

Abbildung 4.2:   Stufenwachstumsreaktion, schematisch

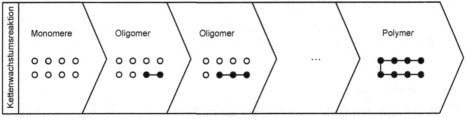

Abbildung 4.3:   Kettenwachstumsreaktion, schematisch

Bezüglich der beiden Reaktionstypen lassen sich drei Syntheseverfahren unterscheiden, die nachfolgend aufgelistet sind und in den nächsten Unterkapiteln näher erläutert werden.

- **Polymerisation (Kettenwachstumsreaktion)**: Reaktionsfähige Monomere werden ohne Abspaltung von Nebenprodukten zu Makromolekülen verknüpft.
- **Polykondensation (Stufenwachstumsreaktion)**: Gleich- oder verschiedenartige Monomere werden unter Abspaltung eines niedermolekularen Stoffes (bspw. Wasser) miteinander verknüpft.
- **Polyaddition (Stufenwachstumsreaktion)**: Verschiedene Monomere werden zu Makromolekülen ohne Abspaltung von Nebenprodukten verknüpft.

4.1.1 Polymerisation

Die **Polymerisation** ist eine Kettenwachstumsreaktion in deren Verlauf reaktionsfähige, in der Regel gleichartige Monomere ohne Abspaltung von Nebenprodukten zu Makromolekülen verknüpft werden. Durch den Einsatz von Katalysatoren oder durch die Zufuhr von Energie spalten sich die Doppelbindungen jeweils zwischen zwei Kohlenstoffatomen der Monomere auf und werden reaktionsfähig. Die aufgespalteten Doppelbindungen eines Monomers bilden jeweils Atombindungen mit weiteren Monomeren. Dieser Mechanismus läuft als Kettenreaktion ab, bei der sich jeweils ein Monomer an das nächste bindet (Abbildung 4.4). Als Katalysatoren werden chemische Stoffe bezeichnet, welche eine Reaktion beschleunigen ohne dabei selbst verbraucht zu werden.

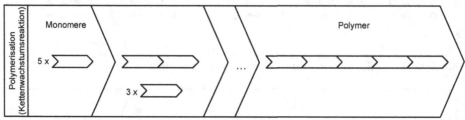

Abbildung 4.4:   Polymerisation, schematisch

4.1.2 Polykondensation

Die **Polykondensation** ist eine Stufenwachstumsreaktion, bei der gleich- oder verschiedenartige Monomere zu Makromolekülen unter der Abspaltung einfacher Nebenprodukte, wie beispielsweise Wasser, verbunden werden (Abbildung 4.5). Die entstehenden Makromoleküle sind kettenförmig, wenn sich die reaktionsfähigen Gruppen an den Enden der Ausgangsmoleküle befinden. Sind mehr als zwei funktionelle Endgruppen vorhanden, so entstehen räumlich vernetzte Makromoleküle.

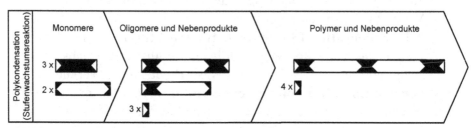

Abbildung 4.5:   Polykondensation, schematisch

4.1.3 Polyaddition

Die **Polyaddition** ist eine Stufenwachstumsreaktion und beschreibt die Verknüpfung verschiedener Monomere zu Makromolekülen ohne Abspaltung von Nebenprodukten. Die Monomere besitzen zwei reaktionsfähige Endgruppen, die sich zu linearen Makromolekülen verbinden. Die Reaktion stoppt, sobald den funktionellen Gruppen eines Ausgangsstoffes keine anderen Komponenten mehr zur Verfügung stehen.

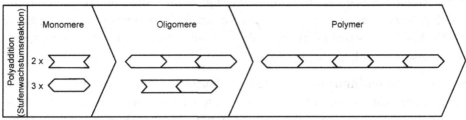

Abbildung 4.6:   Polyaddition, schematisch

4.1.4 Molekulare Kräfte

Auf molekularer Ebene der Kunststoffe werden zwei verschiedene Arten von Bindungskräften unterschieden.

- Hauptvalenzkräfte bezeichnen die chemischen Bindungskräfte innerhalb einer Polymerkette.
- Nebenvalenzkräfte bezeichnen die physikalischen Bindungskräfte zwischen den Polymerketten.

Eine Übersicht der beiden Hauptgruppen molekularer Kräfte und ihren unterschiedlichen Ausprägungen liefert Abbildung 4.7.

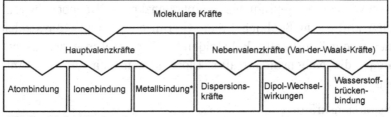

Abbildung 4.7:   Übersicht über die verschiedenen Arten molekularer Kräfte

Je nach Art der Wechselwirkung können drei verschiedene chemische Bindungskräfte (**Hauptvalenzkräfte**) unterschieden werden. Hierzu zählen die Atombindung, die Ionenbindung und die Metallbindung.

Die **Atombindung**, welche auch kovalente Bindung genannt wird, ist eine Form der chemischen Bindung zwischen zwei Atomen durch die Bildung eines gemeinsamen Elektronenpaares (Valenzelektronen). Dadurch erreichen beide Atome die sogenannte Edelgaskonfiguration[16]. Atombindungen sind für den festen Zusammenhalt von Atomen in molekular aufgebauten chemischen Verbindungen verantwortlich. Die Atombindung ist die wichtigste Bindungsart zwischen Nichtmetallen.

Bei der **Ionenbindung** werden Valenzelektronen zwischen Atomen übertragen. Dabei werden elektronenabgebende Atome zu Kationen und solche die Elektronen aufnehmen zu Anionen. Die Anzahl der aufgenommen entspricht der Anzahl der abgegebenen Elektronen. Die Ionenbindung ist die wichtigste Bindungsart zwischen Metallen und Nichtmetallen. Aufgrund des großen Unterschiedes in der Elektronegativität gibt das Metallatom Elektronen an das Nichtmetallatom ab. Dabei entstehen positiv geladenen Anionen und negative Kationen, die sich gegenseitig anziehen.

Metalle neigen zur Abgabe von Elektronen (niedrige Elektronegativität). Bei der **Metallbindung** liegen im Gegensatz zur Atom- und Ionenbindung frei bewegliche Elektronen vor. So ergeben sich positiv geladene Atomrümpfe, zwischen denen sich frei bewegliche Valenzelektronen befinden, die für den Ladungsausgleich sorgen. [1]

Nebenvalenzkräfte (Van-der-Waals-Kräfte) beruhen auf der elektrostatischen Anziehung, ausgelöst durch Van-der-Waals-Kräfte und sind deutlich schwächer ausgeprägt als Hauptvalenzkräfte. Dennoch bestimmen Nebenvalenzkräfte maßgeblich die thermischen und physikalischen Eigenschaften der Kunststoffe. Bei steigenden Temperaturen reduzieren sich in der Regel die Nebenvalenzkräfte. Diese setzen sich aus drei Anteilen zusammen:

- Dispersionskräfte
- Dipol-Wechselwirkungen[17]
- Wasserstoffbrückenbindungen.

Dispersionskräfte sind die grundlegenden Bindungskräfte zwischen Molekülen. Sie beruhen darauf, dass die Elektronen in der Elektronenhülle statistisch verteilt sind und sich ständig bewegen. Dadurch resultieren kurzzeitige unsymmetrische Ladungsverteilungen („kurzzeitige Dipole") in

---

16 Als Edelgaskonfiguration wird die Elektronenkonfiguration eines Atoms bzw. Ions bezeichnet, die der Elektronenkonfiguration des Edelgases der jeweiligen Periode oder der vorherigen Periode entspricht. In der Regel entspricht dies acht Elektronen auf der äußersten Schale.

17 Als Dipol wird an dieser Stelle ein elektrisch neutrales Molekül mit unsymmetrisch verteilten Elektronen, wie beispielsweise ein Wassermolekül, verstanden.

den Atomen bzw. Molekülen. Die „kurzzeitigen Dipole" verschiedener Moleküle stehen in gegenseitiger Wechselwirkung und ziehen sich elektrostatisch an (Abbildung 4.8).

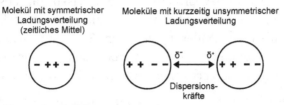

Abbildung 4.8:   Dispersionskräfte

Als **Dipol-Wechselwirkungen** werden elektrostatische Anziehungskräfte entweder zwischen zwei Dipolen oder einem Dipol und einem unpolaren Molekül bezeichnet (Abbildung 4.9). Zweiteres ergibt sich daraus, dass die Teilladung eines Dipolmoleküls eine Umverteilung der Elektronen eines benachbarten Moleküls mit eigentlich symmetrischer Ladungsverteilung bewirkt. Daraus resultiert ein Molekül mit einem induzierten Dipol, welches anziehende Kräfte zu dem Dipolmolekül ausbildet.

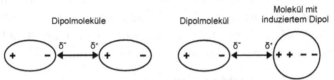

Abbildung 4.9:   Dipol-Wechselwirkungen zwischen zwei Dipolen (links) und
                  zwischen einem Dipol und einem Molekül mit induziertem Dipol
                  (rechts)

Ist ein Wasserstoffatom an ein stark elektronegatives Element gebunden, so bilden sich aufgrund der starken Polarität eine positive Teilladung am Wasserstoffatom und eine negative Teilladung an dem anderen Element aus. Das positiv geladene Wasserstoffatom des Moleküls zieht folglich ein freies Elektronenpaar eines Nachbarmoleküls an (Abbildung 4.10). Die sich daraus bildende Bindung wird **Wasserstoffbrückenbindung** genannt. [1]

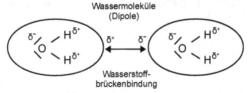

Abbildung 4.10: Wasserstoffbrückenbindung

Eine **Vernetzung** ist eine Bindung (Atom- oder Ionenbindung), die eine Polymerkette mit einer anderen verbindet. Der Grad der Vernetzung kann gezielt modifiziert werden, um gewünschte Eigenschaften zu erreichen. Der Vernetzungsgrad ist direkt proportional zur Viskosität des Kunststoffes. Vernetzungen können durch chemische Reaktionen entstehen, die durch Hitze, Druck, pH-Wert Änderungen oder Strahlung ausgelöst werden. Abbildung 4.11 verdeutlicht exemplarisch den Unterschied zwischen linearen, verzweigten und vernetzten Makromolekülstrukturen.

Im Allgemeinen können Stoffe anhand ihrer inneren Struktur in amorphe, teilkristalline und kristalline Stoffe unterteilt werden (Abbildung 4.12). Auch Kunststoffe können diese verschiedenen inneren Strukturen aufweisen. Dies ergibt sich daraus, dass Makromoleküle in der Lage sind, sich zu falten und somit Bereiche mit parallel ausgerichteten Makromolekülen ausbilden. Technisch hergestellte Kunststoffe weisen jedoch nie eine komplett kristalline Struktur auf. In den Bereichen der Faltung, an Kettenenden sowie an anderen Fehlordnungen bleibt der Kunststoff amorph. Der maximale Kristallisationsgrad, welcher den Anteil der kristallinen Bereiche an der Gesamtmasse beschreibt, beträgt etwa 80 % [2]. In Abhängigkeit des Kristallisationsgrads variieren die Eigenschaften des Kunststoffes. Je kristalliner ein Stoff ist, desto stabiler und fester ist er in der Regel. Amorphe Strukturen hingegen begünstigen ein elastisches Verhalten.

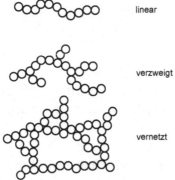

Abbildung 4.11: Unterscheidung zwischen linearen, verzweigten und vernetzten Strukturen

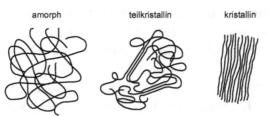

Abbildung 4.12: Unterscheidung zwischen amorpher, teilkristalliner und kristalliner Struktur

4.2 Kunststoffarten

Je nach Art der Vernetzung der Molekülketten des Kunststoffs können drei verschiedene Hauptgruppen unterschieden werden, die in den nachfolgenden Unterkapiteln näher beschrieben werden.

- Thermoplaste (amorph oder teilkristallin)
- Duroplaste
- Elastomere

Eine weitere Kunststoffart bilden die **Silikone**, welche sich durch ihre Zusammensetzung von den übrigen Kunststoffen unterscheiden. Silikone bestehen im Vergleich zu anderen Kunststoffen aus Silicium anstelle von Kohlenstoff. Die Eigenschaften von Silikonen hängen von der Länge der Makromoleküle ab. Fadenförmige Makromoleküle liegen als Silikonöle vor, schwach vernetzte Strukturen werden als Silikonkautschuke bezeichnet und stark vernetzte Silikone besitzen Eigenschaften eines Harzes.

4.2.1 Thermoplaste

Thermoplaste bestehen aus linearen oder verzweigten (vgl. Abbildung 4.11), fadenförmigen und unvernetzten Makromolekülen, die lediglich durch Nebenvalenzkräfte zusammen gehalten werden [2]. Sie sind beliebig oft erweichbar und lassen sich schweißen [3]. In Abhängigkeit der inneren Struktur werden amorphe und teilkristalline Thermoplaste unterschieden. Amorphe Thermoplaste zeichnen sich durch eine ungeordnete Molekülstruktur aus. Bei Erwärmung werden sie weich und verfestigen sich bei Abkühlung wieder [4]. In Abhängigkeit der Temperatur können amorphe Thermoplaste in drei unterschiedlichen Zustandsformen (hartelastisch, weichelastisch, plastisch) vorliegen. Die Temperatur beim Übergang vom hartelastisch spröden in einen weichelastischen Zustand wird auch als

Glasübergangstemperatur (T$_g$) bezeichnet. Über dieser Temperatur erweichen die amorphen Bereiche, die Beweglichkeit der Molekülketten nimmt zu und die Nebenvalenzkräfte nehmen ab. Sind diese Kräfte komplett abgebaut, so nimmt der Thermoplast einen plastischen Zustand ein. Die Übergangstemperatur in den plastischen Zustand wird auch als **Fließtemperatur (T$_f$)** bezeichnet. Wird das Material weiter erhitzt, erfolgt ab der sogenannten **Zersetzungstemperatur (T$_z$)** die Spaltung der Atombindungen innerhalb der Makromoleküle. Die Entwicklung der Zugfestigkeit und der Dehnung in Abhängigkeit der Temperatur ist in Abbildung 4.13 dargestellt. Die genannten charakteristischen Temperaturen sind als Temperaturbereiche zu verstehen, die graphische Darstellung mit Zeitpunkten dient als Vereinfachung. Die Vorteile des amorphen Thermoplasts sind insbesondere die vielseitige Verarbeitbarkeit. Das entsprechende temperaturabhängige Materialverhalten steht dem jedoch nachteilig gegenüber. Amorphe Thermoplaste sind häufig transparent [3].

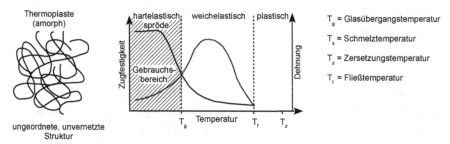

Abbildung 4.13: Übersicht über die Eigenschaften von amorphen Thermoplasten nach [2]

Teilkristalline Thermoplaste hingegen weisen in der ungeordneten Molekülstruktur auch geordnete, kristalline, Bereiche auf. Oberhalb der Glasübergangstemperatur erweichen lediglich die amorphen Bereiche. Die kristallinen Anteile weisen einen starken Zusammenhalt auf und sorgen dafür, dass das Material weiter fest bleibt. Beim Erreichen der sogenannten **Schmelztemperatur (T$_s$)** findet ein sprunghafter Wechsel in den plastischen Zustand statt. Beim Schmelzen löst sich das Kristallgitter der kristallinen Teilbereiche auf. Dies führt zu einer schlagartigen Verringerung der Festigkeit sowie einer Zunahme der Dehnung. [2] Ein weichelastischer Zustand wie bei den amorphen Thermoplasten wird nicht erreicht. Dadurch ergibt sich ein kleineres Verarbeitungsfenster von teilkristallinen Thermoplasten im Vergleich zu amorphen Thermoplasten [5]. Die Entwicklung der Zugfestigkeit und der Dehnung in Abhängigkeit der

Temperatur ist in Abbildung 4.14 dargestellt. Teilkristalline Thermoplaste sind in der Regel fester, härter sowie zäher und weisen eine höhere chemische Beständigkeit auf als amorphe Thermoplaste [3].

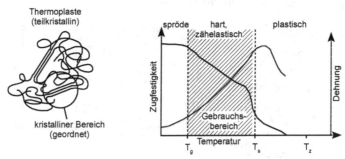

Abbildung 4.14: Übersicht über die Eigenschaften von teilkristallinen Thermoplasten nach [2]

Beispiele für amorphe Thermoplaste sind unter anderem Polystyrol (PS), Polycarbonat (PC), Polymethylmethacrylat (PMMA) und Polyvinylchlorid (PVC). Polypropylen (PP), Polyamid (PA) und Polyethylen (PE) sind hingegen den teilkristallinen Thermoplasten zuzuordnen. Thermoplaste sind in den meisten Lösungsmitteln löslich, da die Lösungsmittelmoleküle die schwachen Nebenvalenzkräfte leicht überwinden können. [1] Außerdem sind Thermoplaste quellbar [3]. Im Bauwesen werden Thermoplaste beispielsweise für Rohre, Dachrinnen, Fenster- und Türrahmen, Bedachungen und Bodenbeläge sowie als Dichtungsmaterial verwendet.

4.2.2 Duroplaste

Duroplaste bestehen aus engmaschig vernetzten Makromolekülen (vgl. Abbildung 4.11), die vorwiegend durch Atombindungen verknüpft sind. Zwischen den Molekülketten bestehen zudem Nebenvalenzkräfte. Bei Raumtemperatur liegen Duroplaste als harte, spröde Werkstoffe vor. Ihre starre Form und mechanische Festigkeit behalten sie bis zum Erreichen der Zersetzungstemperatur bei (Abbildung 4.15).

Sie verformen sich im ausgehärteten Zustand unterhalb der Zersetzungstemperatur auch bei starker Erwärmung nur sehr wenig. Aus diesem Grund existiert für Duroplaste keine wirkliche Glasübergangstemperatur. Ihr Versagen ist nach Erreichen der Zersetzungstemperatur spröde. Duroplaste sind in organischen Lösungsmitteln praktisch unlöslich, kaum quellbar und besitzen neben ihrer hohen thermischen auch eine gute chemische Widerstandsfähigkeit [1]. Sie lassen sich zudem nicht Schmelzen und Schweißen [2]. Beispiele für Duroplaste sind unter anderem Epoxidharz (EP), Polyurethanharz (PUR) und Phenolharz (PF). Im Bauwesen werden Duroplaste beispielsweise für Bedachungen und als Holzleim verwendet.

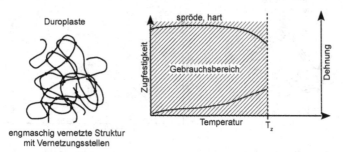

Abbildung 4.15: Übersicht über die Eigenschaften von Duroplasten nach [2]

4.2.3 Elastomere

Elastomere bestehen aus weitmaschig vernetzten Makromolekülen (vgl. Abbildung 4.11), deren Vernetzungsstellen durch Atombindungen gebildet werden. Zwischen den Molekülketten bestehen zudem Nebenvalenzkräfte. Elastomere weisen gummielastische Eigenschaften auf. Sie lassen sich durch Belastung leicht verformen, kehren jedoch bei Entlastung wieder in ihren Ursprungszustand zurück. Dieses reversible Dehnungsverhalten beruht auf der Fähigkeit von weitmaschig vernetzten Molekülketten, sich bei Belastung zu strecken. Wird die Struktur wieder entlastet, so gehen die Makromoleküle in ihre ursprüngliche verknäulte Lage zurück [4]. Die reversible Dehnung von Elastomeren kann auf das acht- bis zehnfache der Ausgangslänge erfolgen. Elastomere sind in Lösungsmitteln kaum löslich, können jedoch durch Einlagerung von Lösungsmittelmolekülen in das weitmaschige Netzwerk quellen [4].

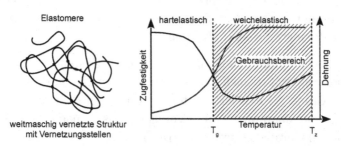

Abbildung 4.16: Übersicht über die Eigenschaften von Elastomeren nach [2]

Beispiele für Elastomere sind unter anderem Ethylen-Vinylacetat (EVA), synthetisches Polyisopren (IR) und Polybutadien (BR). Elastomere finden beispielsweise Anwendung zur Dämpfung und Dichtung von Fugen.

4.3 Eigenschaften von Kunststoffen

Verglichen mit anderen Werkstoffen wie beispielsweise Stahl, Glas und Holz weisen Kunststoffe im Allgemeinen geringere Zugfestigkeiten auf (Thermoplaste: 2 N/mm² bis 70 N/mm², Duroplaste: 40 N/mm² bis 80 N/mm²) (Abbildung 4.17). Die in Abbildung 4.17 dargestellte Hysterese ergibt sich aufgrund von Umordnungen in der Makromolekülstruktur von Elastomeren bei Belastung. Die Zugfestigkeit kann durch eine Verstärkung der Kunststoffe zum Beispiel mit Glasfasern erheblich erhöht werden (Glasfaserverstärkte Duroplaste: 200 N/mm² bis 630 N/mm²). Demgegenüber ist die Druckfestigkeit von Kunststoffen zum Teil relativ hoch (Thermoplaste: 80 N/mm² bis 140 N/mm², Duroplaste: 100 N/mm² bis 300 N/mm²). Die Dehnung von Kunststoffen unter Zugbeanspruchung ist im Vergleich zu anderen Werkstoffen, wie beispielsweise Stahl, Glas und Holz recht hoch. Insbesondere Elastomere weisen eine große Verformungsfähigkeit auf [2].

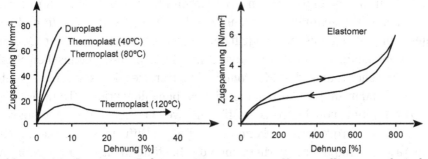

Abbildung 4.17: Spannungs-Dehnungs-Diagramme von Kunststoffen, exemplarisch

Im Allgemeinen lassen sich drei Vorgänge bezüglich der Verformung von Kunststoffen bei steigender Spannung unterscheiden.

- Strecken der Molekülketten
- Scheren des Molekülgerüstes (Gleiten)
- Elastische Dehnung der gestreckten Molekülketten

Zum einen werden verknäulte Makromolekülketten bei einer Belastung gestreckt, sodass eine parallelisierte Struktur entsteht. Wird die Belastung weiter erhöht, so werden Nebenvalenzkräfte zwischen den Makromolekülen aufgebrochen. Die Molekülketten gleiten folglich auseinander. Außerdem können auch gestreckte Molekülketten an sich durch eine Belastung elastisch gedehnt werden.

Je nach Ausmaß der Vernetzung und je nach Kristallisationsgrad (Dichte) weisen Kunststoffe sehr unterschiedliche Eigenschaften auf. Im Allgemeinen sind ihre Spannungs- und Verformungseigenschaften sehr zeit- und temperaturabhängig. Werden Kunststoffe einer Zugbelastung ausgesetzt, parallelisiert sich zunächst ihre ungeordnete Makromolekülstruktur. Unter einer andauernden, gleichbleibenden Belastung findet zudem eine weitere, zeitabhängige Verformung statt. Dieses Verhalten wird als Kriechen bezeichnet und ist insbesondere bei den Thermoplasten und Elastomeren stark ausgeprägt. Infolge der andauernden Belastung verschieben sich die Molekülketten gegeneinander, die Nebenvalenzkräfte nehmen ab und es kommt infolgedessen zu größeren Verformungen des Werkstoffes im Zeitverlauf. Unter einer konstant aufgebrachten Verformung relaxiert der Kunststoff aufgrund von Umordnungen der Makromolekülstruktur, die Spannung nimmt also im Zeitverlauf ab.

Kunststoffe weisen im Allgemeinen eine gute Beständigkeit gegen chemische Angriffe auf. In Abhängigkeit von der inneren Makromolekülstruktur ergeben sich bei den Kunststoffen jedoch unterschiedliche Beständigkeiten. In der Regel führt ein chemischer Angriff auf einen Kunststoff zu einer Quellung oder Erweichung. Hierbei diffundieren die Moleküle des chemischen Stoffes in die Zwischenräume der Makromolekülketten des Kunststoffes, schieben sie auseinander und lockern dabei die Nebenvalenzkräfte. Teilweise kann dies zur Bildung von Mikrorissen führen, welche sich unter mechanischer Belastung vergrößern können. Da Diffusionsprozesse stark temperaturabhängig sind, variiert auch die Beständigkeit von Kunststoffen in Abhängigkeit der Temperatur. Für jeden Kunststoff existieren in der Regel tabellarisch aufgelistet Informationen über die jeweilige Beständigkeit des Materials in unterschiedlichen angreifenden Medien.

4.4 Fertigungsverfahren

Als Fertigungsverfahren beschreibt die DIN 8580 alle Verfahren zur Herstellung von geometrisch bestimmten festen Körpern. Sie schließen die Verfahren zur Gewinnung erster Formen aus dem formlosen Zustand, zur Veränderung dieser Form sowie zur Veränderung der Stoffeigenschaften ein.

Die Fertigungsverfahren werden nach DIN 8580 in sechs verschiedene Hauptgruppen eingeteilt.

- Urformen
- Umformen
- Trennen
- Fügen
- Beschichten
- Stoffeigenschaft verändern

Beim **Urformen** wird ein fester Körper durch Schaffen des Zusammenhaltes aus formlosem Stoff gefertigt. Dabei treten die Stoffeigenschaften des Werkstückes in Erscheinung. Grundsätzlich findet das Urformen bei Thermoplasten nur durch physikalische Prozesse statt. Das Material wird durch Erhitzen aufgeschmolzen und nach der Formgebung wieder abgekühlt. Dieser Vorgang ist bei Thermoplasten reversibel. Bei Duroplasten und Elastomeren ist das Urformen mit chemischen Reaktionen verbunden. Das bedeutet, dass gleichzeitig eine irreversible stoffliche Änderung im Material stattfindet. Eine Umformung ist im Anschluss nicht mehr möglich.

Unter **Umformen** wird die Veränderung der Form eines festen Körpers verstanden, wobei die Masse als auch der Zusammenhalt beibehalten werden. Diese Hauptgruppe der Fertigungsverfahren besitzt in der Kunststofftechnik eine besondere Bedeutung für die Weiterverarbeitung bzw. Bearbeitung von Thermoplasten. Hierbei werden zwei verschiedene Verfahren unterschieden. Zum einen können Thermoplaste ohne Erwärmen des Materials über die Raumtemperatur umgeformt werden (Kaltformen). Und zum anderen kann auch eine Umformung unter vorheriger Wärmezufuhr stattfinden (Warmformen). Zweiteres wird in der Praxis in der Regel aufgrund des charakteristischen Verhaltens von Thermoplasten beim Erwärmen vorgezogen.

Trennen, auch Spanen genannt, bezeichnet das Fertigen durch Aufheben des Zusammenhaltes von Körpern. Die Eigenschaften von Kunststoffen sind hierbei besonders zu beachten, da sie sich erheblich von denen anderer Werkstoffe, wie beispielsweise Metallen, abgrenzen. Unter anderem muss aufgrund der geringen Temperaturbeständigkeit von Kunststoffen darauf geachtet werden, dass an der Schnittstelle keine übermäßige Erwärmung auftritt. Für das Trennen von Kunststoffen existieren besondere Richtlinien. Gängige Verfahren sind unter anderem das Bohren, Fräsen, Polieren und Sägen.

Beim sogenannten **Fügen** werden zwei oder mehrere Werkstücke dauerhaft verbunden. Die in der Kunststofftechnik am häufigsten realisierten Fügeverfahren sind das Schweißen und Kleben. Für das Schweißen sind lediglich Thermoplaste geeignet, da sie sich im Gegensatz zu den anderen Kunststoffarten durch Erwärmung aufschmelzen lassen. Kleben lassen sich prinzipiell alle Kunststoffarten.

Das **Beschichten** hingegen ist das Aufbringen einer fest haftenden Schicht aus einem formlosen Stoff auf ein Werkstück. In der Regel werden zum Beschichten Polymere verwendet mit dem Ziel, einen festen Verbund zwischen der Beschichtung und dem Trägermaterial zu erreichen.

Die sechste Hauptgruppe der Fertigungsverfahren beschreibt Verfahren zur **Änderung der Stoffeigenschaften**. In der Kunststofftechnik kommt in diesem Kontext der Veredelung eine besondere Bedeutung zu. Das Veredeln ist eine nachträgliche Oberflächenbehandlung in der Regel mit dem Ziel der Erhöhung des Wertes. Dies kann sich aus dekorativen oder technischen Gründen ergeben. Verfahren zur Veredelung von Kunststoffen sind unter anderem das Lackieren, Bedrucken und Beflocken [6].

4.5 Literatur (Kapitel 4)

[1]   R. Benedix, *Bauchemie - Einführung in die Chemie für Bauingenieure und Architekten*. Wiesbaden: Springer Vieweg, 2015.

[2]   A. Franck und K. Biederbick, *Kunststoff-Kompendium*, 3. Würzburg: Vogel Buchverlag, 1990.

[3]   E. Roos, K. Maile, und M. Seidenfuss, *Werkstoffkunde für Ingenieure - Grundlagen, Anwendung, Prüfung*, 6. Berlin und Heidelberg: Springer Vieweg, 2017.

[4]   G. Neroth und D. Vollenschar (Hrsg.), *Wendehorst Baustoffkunde: Grundlagen - Baustoffe - Oberflächenschutz*, 27. Wiesbaden: Vieweg + Teubner Verlag, 2011.

[5]   B. Schepper und J. Ewering, „Teilkristalline und amorphe Kunststoffe - Deutliche Unterschiede", *Plastverarbeiter*, Bd. 55. Jahrg., Nr. 12, S. 2, 2003.

[6]   W. Kaiser, *Kunststoffchemie für Ingenieure - Von der Synthese bis zur Anwendung*, 3. München: Carl Hanser Verlag, 2011.

Stichwortverzeichnis

© Der/die Herausgeber bzw. der/die Autor(en), exklusiv lizenziert durch
Springer Fachmedien Wiesbaden GmbH, ein Teil von Springer Nature 2020
E. Koenders et al., *Werkstoffe im Bauwesen*,
https://doi.org/10.1007/978-3-658-32216-8

Printed in the United States
By Bookmasters